NIUCHANG

SHOUYAO ANQUAN SHIYONG
YU NIUBING FANGZHI JISHU

牛场兽药安全使用
与牛病防治技术

谢红兵　王秀杰　韩俊伟　主编

化学工业出版社

·北京·

图书在版编目（CIP）数据

牛场兽药安全使用与牛病防治技术/谢红兵，王秀杰，韩俊伟主编 . —北京：化学工业出版社，2024.2
ISBN 978-7-122-44417-2

Ⅰ.①牛… Ⅱ.①谢…②王…③韩… Ⅲ.①牛病-兽用药-用药法②牛病-防治 Ⅳ.①S858.23

中国国家版本馆 CIP 数据核字（2023）第 214573 号

责任编辑：邵桂林　　　　　　　　　　文字编辑：李玲子　　陈小滔
责任校对：杜杏然　　　　　　　　　　装帧设计：韩　飞

出版发行：化学工业出版社
　　　　　（北京市东城区青年湖南街 13 号　邮政编码 100011）
印　　刷：三河市航远印刷有限公司
装　　订：三河市宇新装订厂
850mm×1168mm　1/32　印张 12¼　字数 350 千字
2024 年 3 月北京第 1 版第 1 次印刷

购书咨询：010-64518888　　　　　　售后服务：010-64518899
网　　址：http://www.cip.com.cn
凡购买本书，如有缺损质量问题，本社销售中心负责调换。

定　　价：65.00 元

编写人员名单

主　　编　谢红兵　王秀杰　韩俊伟

副主编　李振林　葛芸静　欧　涛　钱云珊

编写人员（按姓名笔画排列）

卫九健（河南省卫辉市农业农村局）

王秀杰（河南省卫辉市农业农村局）

尹耀彬（河南省卫辉市农业农村局）

任　杰（河南省濮阳县农业农村局）

李　伟（河南省潢川县农业综合行政执法大队）

李振林（河南省卫辉市农业农村局）

李海波（河南省卫辉市农业农村局）

欧　涛（河南省卫辉市农业农村局）

胡晓宁（河南省卫辉市农业农村局）

钱云珊（河南省卫辉市农业农村局）

郭玉新（河南省卫辉市农业农村局）

葛芸静（河南省卫辉市农业农村局）

韩俊伟（河南省新乡市农业综合行政执法支队）

谢红兵（河南科技学院）

魏刚才（河南科技学院）

前 言

PREFACE

　　近年来，我国养牛业稳定发展，牛的数量和牛产品产量逐年增加，规模化、集约化程度不断提高，牛场疾病控制难度也越来越大，牛病的临床诊治显得尤为重要。牛病临床诊治需要准确诊断疾病，需要选择最有效的药物，才能获得最佳治疗效果。要达到这样目标，不仅要掌握疾病防治技术，尽快准确诊断疾病、制订治疗方案，而且要掌握药物安全使用知识，避免药物的误用、滥用、不规范使用以及药不对症、药物残留和污染环境等。目前，市场上有关牛病防治的书籍不少，但都没有专门的章节介绍药物；而兽药方面的著作众多，但涉及牛病防治方面的内容又过于简单，形成脱节。市场迫切需要将临床常用药物的安全使用与常见牛病防治有机结合的读物。为此，编者组织有关人员编写了《牛场兽药安全使用与牛病防治技术》一书。

　　本书分上、下两篇，上篇是牛场兽药安全使用，包括兽药的基础知识、抗微生物药物的安全使用、抗寄生虫药物的安全使用、中毒解救药物的安全使用、中草药制剂的安全使用、其它药物的安全使用、生物制品的安全使用、消毒防腐药的安全使用；下篇是牛场疾病防治技术，包括牛场的生物安全体系、牛场疾病诊治技术。

　　本书密切结合养牛业实际，体现系统性、准确性、安全性要求，语言通俗易懂，技术先进实用，并配有大量图片，操作性和针对性强，可以帮助读者更好地掌握牛的药物安全使用和疾病防治技术。本书不仅适合牛场兽医工作者、饲养管理人员阅读，还可作为大专院校、农村函授及培训班的辅助教材和参考书。

本书图片主要来自畜禽生产课题组多年教学、科研与畜禽生产服务的资料，也少量引用了部分其他资料中的内容，在此一并致谢。

由于水平所限，书中可能会有疏漏和不当之处，敬请广大读者批评指正。

编者

目 录
CONTENTS

上篇　牛场兽药安全使用

● ● 下篇　牛场疾病防治技术 ● ●

上 篇
牛场兽药安全使用

第一章
兽药的基础知识

第一节　兽药的定义和分类

一、兽药的定义

兽药是用于预防、诊断和治疗动物疾病，或者有目的地调控动物生理功能、促进动物生长繁殖和提高生产性能的物质。

二、兽药的种类

兽药主要分为六类，具体分类情况见图1-1。

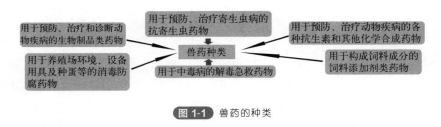

图 1-1　兽药的种类

第二节　兽药的剂型和剂量

一、兽药的剂型

剂型是指药物经过加工制成便于使用、保存和运输的一种形式。

兽医药物的剂型，按形态可分为液体剂型、半固体剂型和固体剂型。兽药的剂型及特征见表1-1。

表1-1　兽药的剂型及特征

剂型		特征
液体剂型	溶液剂	不挥发性药物的澄明液体。药物在溶媒中完全溶解，不含任何沉淀物质，可供内服或外用，如氯化钠溶液等
	注射剂（亦称针剂）	灌封于特制容器中的专供注射用的无菌溶液、混悬液、乳浊液或粉末（粉针），如5%葡萄糖注射液、青霉素钠粉针等
	合剂	两种或两种以上药物的澄明溶液或均匀混悬液。多供内服，如胃蛋白酶合剂
	煎剂	生药（中草药）加水煮沸所得的水溶液，如槟榔煎剂
	酊剂	生药或化学药物用不同浓度的乙醇浸出或溶解而制成的液体剂型，如龙胆酊、碘酊
	醑剂	挥发性药物的乙醇溶液，如樟脑醑
	搽剂	刺激性药物的油性、皂性或醇性混悬液或乳状液，如松节油搽剂
	流浸膏剂	生药的醇或水浸出液经浓缩后的液体剂型。通常每毫升相当于原生药1克
	乳剂	两种以上不相混合的液体，加入乳化剂后制成的均匀乳状液体，如外用磺胺乳
半固体剂型	软膏剂	药物和适宜的基质均匀混合制成的具有适当稠度的膏状外用制剂，如鱼石脂软膏。供眼科用的灭菌软膏称眼膏剂，如四环素眼膏
	糊剂	大量粉末状药物与脂肪性或水溶性基质混合制成的一种外用制剂，如氧化锌糊剂
	舐剂	药物和赋形剂（如水或面粉等）混合制成的一种黏稠状或面团状制剂
	浸膏剂	生药的浸出液经浓缩后的膏状或粉状的半固体或固体剂型。通常浸膏剂每克相当于原药材2～5克，如甘草浸膏等
固体剂型	散剂	一种或一种以上的药物均匀混合而成的干燥粉末状剂型，如健胃散、消炎粉等
	片剂	一种或一种以上药物与赋形剂混匀后，经压片机压制而成的含有一定药量的扁圆形状制剂，如土霉素片
	丸剂	药物与赋形剂制成的圆球状内服固体制剂。中药丸剂又分蜜丸、水丸等

续表

	剂型	特征
固体剂型	胶囊剂	药粉或药液装于空胶囊中制成的一种剂型。供内服或腔道塞用,如四氯化碳胶囊、消炎痛胶囊等
	预混剂	一种或多种药物加适宜的基质均匀混合制成供饲料用的粉末制剂,如氨丙啉预混剂等

二、兽药的剂量

药物的剂量,是指药物产生防治疾病作用所需的用量。在一定范围内,剂量愈大,药物在体内的浓度愈高,作用也就愈强。但剂量过大,会引起中毒甚至死亡。剂量与药理作用的关系见图 1-2。药物的剂量和浓度的计量单位见表 1-2。

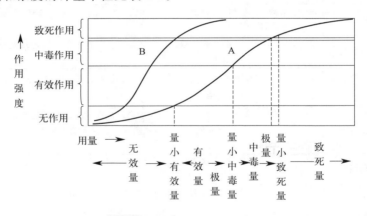

图 1-2 剂量与药理作用的关系图

表 1-2 药物的剂量和浓度的计量单位

类别	单位及表示方法	说明
重量单位	公斤或千克、克、毫克、微克,为固体、半固体剂型药物的常用剂量单位。其中以"克"作为基本单位或主单位	1 千克 = 1000 克 1 克 = 1000 毫克 1 毫克 = 1000 微克

续表

类别	单位及表示方法	说明
容量单位	升、毫升,为液体剂型药物的常用剂量单位。其中以"毫升"作为基本单位或主单位	1升＝1000毫升
百分浓度	百分浓度(%),指100份液体或固体物质中所含药物的份数	100毫升溶液中含有药物若干克(克/100毫升)
		100克制剂中含有药物若干克(克/100克)
		100毫升溶液中含有药物若干毫升(毫升/100毫升)
比例浓度	$(1:x)$,指1克固体或1毫升液体药物加溶剂配成 x 毫升溶液。如 $1:2000$ 的洗必泰溶液	如溶剂的种类未指明时,都是指的蒸馏水
其它	效价单位、国际单位,有些抗生素、激素、维生素、抗毒素(抗毒血清)、疫苗等的常用剂量单位	这些药物需经生物检定其作用的强弱,同时与标准品比较,以确定检品药物一定量中含有多少效价单位。凡是按国际协议的标准检品测得的效价单位,均称为国际单位

第三节 兽药的作用及影响因素

一、兽药的作用

药物的作用是指药物与机体之间的相互影响,即药物对机体(包括病原体)的影响或机体对药物的反应。药物对机体的作用主要是引起生理功能的加强(兴奋)或减弱(抑制),此即药物作用的两种基本形式。由于药物剂量的增减,兴奋和抑制作用可以相互转化。药物对病原体的作用,主要是通过干扰其代谢而抑制其生长繁殖,如四环素、红霉素通过抑制细菌蛋白质的合成而产生抗菌作用。此外,补充机体维生素、氨基酸、微量元素等的不足,或增强机体的抗病力等都属药物的作用。同时,"是药三分毒",药物亦会产生与防治疾病无

关，甚至对机体有毒性或对环境有危害的有害因素。

1. 药物的有益作用

（1）防治作用　用药的目的在于防治疾病，能达到预期疗效者称为治疗作用。针对病因的治疗称为对因治疗，或称治本。如应用抗生素杀灭病原微生物以控制感染，应用解毒药促进体内毒物的消除等。此外，补充体内营养或代谢物质不足的称为补充疗法或代替疗法，也可以预防此类疾病。如应用微量元素等药物治疗畜禽的某些代谢病。应用药物以消除或改善症状的治疗称为对症治疗，或称治标。当病因不明但机体已出现某些症状时，如体温上升、疼痛、呼吸困难、心力衰竭、休克等情况，就必须立即采取有效的对症治疗，防止症状进一步发展，并为进行对因治疗争取时间。如解热镇痛药解热镇痛、止咳药减轻咳嗽、利尿药促进排尿，以及有机磷农药中毒时用硫酸阿托品解除流涎、腹泻症状等都属于对症治疗。对健康或无临床症状的畜禽应用药物，以防特定病原的感染称为预防作用。

（2）营养作用　新陈代谢是生命最基本的特征。畜禽通过采食饲料，摄取营养物质，满足生命活动和产品形成的需要。在集约化饲养条件下，畜禽不能自由觅食，所需营养全靠供应。同时，品种、生产目的、生产水平、发育阶段不同的畜禽群体，对营养的需要有一定的差异。此外，饲料中的营养物质，虽然在种类上与动物体所需大致相似，但其化合物构成、存在形式和含量却有着明显的差别。因此，应当供给畜禽营养价值完全、能够满足其生理活动和产品形成需要的全价配合饲料。所以，营养性饲料添加剂（必需氨基酸、矿物质、维生素）的补充，对完善饲料的全价性具有决定意义；而且对于病畜来说，饲料添加剂的营养作用，除有利于病畜的康复、提高抗病能力外，还有治疗作用（如治疗维生素缺乏症）。

（3）调控作用　参与机体新陈代谢和生命活动过程调节的物质，属于生物活性物质，如激素、酶、维生素、微量元素、化学递质等。它们在动物体内的含量很少，有些能在体内合成（如激素、酶、化学递质、某些维生素），有些需由饲料补充（某些微量元素和维生素）。生命活动是极其复杂的新陈代谢过程，又受不断变化的内外环境的影响。因此，机体必须随时调节各种代谢过程的方向、速度和强度，以保证各种生理活动和产品形成的正常进行。畜禽新陈代谢的调节可在细胞水平和整体水平上进行，但都是通过酶完成的。药物的调控作用，主要是影响酶的活性或含量，以改变新陈代谢的方向、速度和强度。例如，肾上腺素激活腺苷酸环化酶，使细胞内激酶系统活化，促进糖原分解；许多维生素或金属离子，或参与酶的构成，或作为辅助因子，保证酶的活性，以调节新陈代谢。

（4）促生长作用 能提高畜禽生产力、繁殖力的药物作用称为促生长作用。许多化学结构极不相同的药物，如抗生素、合成抗菌药物、激素、酶、中草药等，都具有明显的促生长作用，常作为促生长添加剂应用。它们通过各不相同的作用机制，加速畜禽的生长，提高生产性能和产品形成能力。

2. 药物的毒副作用

（1）副作用 指药物在治疗剂量时所产生的与治疗目的无关的作用。一般表现轻微，多是可以恢复的功能性变化。产生副作用的原因是药物的选择性低，作用范围大。当某一效应被作为治疗目的时，其他效应就成了副作用。因此，副作用是随治疗目的的改变而改变的。例如：阿托品治疗肠痉挛时，则是利用其松弛平滑肌的作用，而其抑制腺体分泌，引起口干便成了副作用；当作为麻醉前给药时，则是利用其抑制腺体分泌的作用，而松弛平滑肌，引起肠臌胀、便秘等则成了副作用。

（2）毒性作用 指由于用药剂量过大或用药时间过长而引起的机体生理生化功能紊乱或结构的病理变化。药物的毒性作用，常因用量过大或应用时间过长引起，有时两种相互增毒的药物同时应用，也会呈现毒性作用。因用药剂量过大而立即发生的毒性，称为急性毒性；因长时间应用而逐渐发生的毒性，称为慢性毒性。毒性作用的表现，因药而异，一般常见损害神经、消化、生殖及循环系统和肝脏、肾脏功能，严重者可致死亡。药物的致癌、诱变、致畸、致敏等作用，也属毒性作用。此外，药物对畜禽免疫功能、维生素平衡和生长发育的影响，都可视为毒性作用。

（3）变态反应 变态反应是机体免疫反应的一种特殊表现。药物多为小分子，不具备抗原性；少数药物是半抗原，在体内与蛋白质结合成完全抗原，才会引起免疫反应。变态反应仅见于少数个体。例如，青霉素 G 制剂中杂有的青霉烯酸等，与体内蛋白质结合后成为完全抗原，当再次用药时，少数个体可发生变态反应。

（4）影响机体的免疫力　许多抗生素能提高机体的非特异性免疫功能，增强吞噬细胞的活性和溶酶体的消化力。若在应用抗菌药物的同时，进行死菌苗或死毒苗（灭活疫苗）抗病接种，能促进机体免疫性的产生；若利用弱毒抗原接种，则对抗体形成往往有明显的抑制作用，尤其是一些抑制蛋白质合成的抗菌药物（氟苯尼考、链霉素等），在抑制细菌蛋白质合成的同时，也影响机体蛋白质的合成，从而影响机体免疫力的产生。同时，抗菌药物也能抑制或杀灭活菌苗中的微生物，使其不能对机体免疫系统产生应有的刺激，影响免疫效果。因此，在各种弱毒抗原（活菌苗）接种前后 5～7 天内，应禁用或慎用抗菌药物。

3. 药物的其它不良作用

药物可以预防和治疗疾病，也会产生毒副作用，更能产生危害公共卫生安全的不良作用。

（1）药物残留　食用动物应用兽药后，常常出现兽药及其代谢产物或杂质在动物细胞、组织或器官中蓄积、储存的现象，称为药物残留。食用动物产品中的兽药残留对人类健康的危害，主要表现为细菌产生耐药性、变态反应、一般毒性作用、特殊毒性作用。

① 细菌产生耐药性。未经充分熟制的食品中存在的耐药菌株，被摄入消化道后，一些耐胃酸的菌株会定植于肠道，并将耐药因子通过水平基因转移，转移给人体内的特异菌株。特异菌株在体内繁殖，造成耐药因子的传播，导致细菌对多种药物产生耐药性，给人类感染性疾病的治疗选药带来困难。

② 变态反应。青霉素、磺胺类药、四环素及某些氨基糖苷类药物，具有半抗原性或抗原性，它们在肉、奶中的残留，引起少数人发生变态反应，主要临床表现为皮疹、瘙痒、光敏性皮炎、皮肤损伤、头痛等。

③ 一般毒性作用。有些药物残留在畜禽体内，人们食用后可能会出现毒性症状。

④ 特殊毒性作用。包括致畸作用、致突变作用、致癌作用和生殖毒性作用。

（2）机体微生态平衡失调 畜禽消化道的微生物菌群是一个微生态系统，存在多种有益微生物，菌群之间维持着平衡的共生状态。微生物菌群的平衡和完整是机体抗病力的一个重要指标。微生态平衡失调是指正常微生物菌群之间和正常微生物菌群与其宿主（机体）之间的微生态平衡，在外界环境影响下，由生理性组合转变为病理性组合的状态。微生物菌群的变化，尤其是抗生素诱导的变化，使机体抵抗肠道病原微生物的能力降低。同时，还可使其他药物的疗效受到影响。

如在治疗畜禽腹泻时，大量使用土霉素后，不仅杀灭了致病菌，也对肠道内的其他细菌特别是厌氧菌有明显的抑制或杀灭作用，而厌氧菌如乳酸杆菌、双歧杆菌等对维持肠道黏膜菌群的抵抗力起着重要作用。因此，抗生素的使用会使机体抵抗力下降而增加机体对外源性感染的敏感性。不合理用药导致机体正常微生态屏障破坏，使那些原来被菌群屏障所抑制的内源性病原菌或外源性病原菌得以大量繁殖，从而引起畜禽感染发病和产生耐药菌株。一些病原体在产生耐药性以后，可通过多种方式，将耐药性垂直传递给子代或水平转移给其他非耐药的病原体，造成耐药性在环境中广为传播和扩散，使应用药物防治疾病变得非常困难，这也是近年来耐药病原体逐渐增加和化学药物的抗病效果越来越差的重要原因。而更值得警惕的是，医用抗生素作为饲料添加剂，有可能增加细菌耐药菌株，因为在低浓度下，敏感菌受抗生素抑制，耐药菌则相应增殖，并可能经过二次诱变，产生多价耐药菌株。同时，动物的耐药性病原体及其耐药性还可通过动物源性食品向人体转移，可能引起人体过敏，甚至导致癌症、畸胎等严重后果，造成公共卫生问题，使人类的疾病失去药物控制。

（3）污染环境 从生态学角度看，环境中的化学物质达到或超过中毒量，环境中有敏感动物或人存在，以及环境中具备该化学物质进入机体的有效途径时，就会导致区域性中毒事件。根据食物链逐级富集理论，食物链上的每一级都称为一个营养级。每经过一个营养级，90%的食物被消耗，仅有10%进入产物中。食物链越长，易于蓄积的化学残留物就越多。一方面，在集约化畜牧业中，广泛应用某些饲料药物添加剂，以及应用酚类消毒药、含氯杀虫药等，都可能导致水源、土壤污染。另一方面，畜禽又是工业废水、废气、废渣所致环境污染的首要受害者，有害污染物在畜禽食用产品中残留，又会损害人的健康。因此，应当增强环境和生态意识，科学安全地使用药物，保护环境，避免动物和人的健康受到危害。

二、影响兽药作用的因素

药物的作用是药物与机体相互作用的综合表现，因此总会受到来自药物自身、动物机体、给药方法以及环境等方面因素的影响。这些因素不仅能影响药物作用的强度，有时甚至还能改变药物作用的性质，也影响动物性产品的安全性。因此，在临床用药时，一方面应掌握各种常用药物固有的药理作用，另一方面还必须了解影响药物作用的各种因素，才能更合理地运用药物防治疾病，以达到理想的防治效果。

1. 动物机体

（1）种属差异　多数药物对各种动物一般都具有类似作用。但由于各种动物的解剖构造、生理功能、生化特点以及进化水平等的不同，其对同一药物的反应，可以表现出很大的差异。

大多数情况下表现为量的差异，即药物作用的强弱和持续时间的长短。如反刍动物对二甲苯胺噻唑比较敏感，剂量小即可出现肌肉松弛、镇静作用，而猪对此药不敏感，剂量较大也达不到理想的肌肉松弛、镇静效果；赛拉嗪，猪最不敏感，而牛最敏感，牛达到化学保定作用的剂量仅为马、犬和猫的十分之一；对乙酰氨基酚对羊、兔等动物是安全有效的解热药，但用于猫即使很小剂量也会引起明显的毒性反应；家禽对有机磷农药及呋喃类、磺胺类、氯化钠等药物很敏感，对阿托品、士的宁、氯胺酮等能耐受较大的剂量。

少数情况下表现为质的差异。酒石酸能引起犬、猪呕吐，但对反刍动物则呈现促进反刍作用；吗啡对人、犬、大鼠表现为抑制，对猫、马和虎表现为兴奋。

（2）生理差异　不同性别、年龄、体重、健康状况和功能状态对同一药物的反应往往有一定差异，这与机体器官组织的功能状态，尤其与肝细胞微粒体混合功能氧化酶系统有密切关系。老龄和幼畜的药酶活性较低，对药物的敏感性较高，故用量应适当减少；雌性动物比雄性动物对药物的敏感性高，在发情期、妊娠期和哺乳期，除了一些专用药外，使用其他药物必须考虑母畜的生理特性。如泻药、利尿药、子宫兴奋药及其它刺激性药物，使用不慎容易引起流产、早产和不孕等。有些药物，如四环素类、氨基糖苷类等可以通过胎盘或乳腺进入胎儿或新生动物体内而影响其生长发育，甚至致畸，故妊娠期和哺乳期要慎用。某些药物，如氯霉素、青霉素肌内注射后可渗入牛奶、羊奶中，人食用后，氯霉素可引起灰婴综合征，青霉素引起过敏反应。肝脏、肾脏功能障碍，脱水、营养缺乏或过剩等病理状态，都能对药物的作用产生影响。

（3）个体差异　同种动物用药时，大多数个体对药物的反应相似；但也有少数个体，对药物的反应有明显的量的差异，甚至有质的不同，这种现象一般符合正态分布。个体差异主要表现为少数个体对药物的高敏性或耐受性。高敏性个体对药物特别敏感，应用很小剂量，即能产生毒性反应；耐受性个体对药物特别不敏感，必须给予大剂量，才能产生应有的疗效。药物代谢酶（尤其是细胞色素 P-450）的多态性是影响药物作用个体差异的最重要因素之一。相同剂量的药物在不同的个体中，有效血药浓度、作用强度和作用持续时间有很大差异。另外，个体差异还表现在应用某些药物后产生的变态反应，如马、犬等动物应用青霉素后，个别可能出现过敏反应。

2. 药物自身

（1）药物的化学结构与理化性质　大多数药物的药理作用与其化学结构有着密切的关系。这些药物通过与机体（病原体）生物大分子的化学反应，产生药理效应。因此，药物的化学结构决定着药物作用的特异性。化学结构相似的药物，往往具有类似的（拟似药）或相反的（拮抗药）药理作用。例如，磺胺类药物的基本结构是对氨基苯磺酰胺（简称磺胺），其磺酰氨基上的氢原子，如果被杂环（嘧啶、噻唑等）取代，可得到众多抗菌作用更强的磺胺类药物；而具有类似结构的对氨基苯甲酸，则为其拮抗物。有的药物结构式相同，但其各种光学异构体的药理作用差别很大。例如，四咪唑的驱虫效力仅为左旋咪唑的一半。

药物的化学结构决定了药物的物理性状（溶解度、挥发性和吸附力等）和化学性质（稳定性、酸碱度和解离度等），进而影响药物在体内的过程和作用。一般来说，水溶性药物及易解离药物容易被吸收；不易被吸收的药物，可通过对其化学结构的修饰和改造以促进吸收，如红霉素被制成丙酸乙酯或硫氰酸酯后，吸收量增加。有些药物是通过其物理性状而发挥作用的，如药用炭吸附力的大小决定于其表面积的大小，而表面积的大小与颗粒的大小成反比，即颗粒越细，表面积越大，其吸附力越强。灰黄霉素与二硝托胺（球痢灵）的口服吸收量与颗粒大小有关，细微颗粒（0.7毫克）的吸收量比大颗粒（10毫克）高2倍。

（2）剂量　同一药物在不同剂量或浓度时，其作用有质或量的差别。例如，乙醇在70％（按容积计算约为75％）时杀菌作用最强，浓度增高或降低，杀菌效力均会降低。在安全范围内，药物效应随着剂量的增加而增强，药物剂量的大小关系到体内血药浓度的高低和药效的强弱。但也有些药物，随着剂量或浓度的不同，作用的性质会发生变化，如人工盐小剂量表现为健胃作用，大剂量则表现为下泻作用；碘酊在低浓度时表现为杀菌作用，但在高浓度（10％）时则表现为刺激作用。

在临床用药治疗疾病时，为了安全用药，必须随时注意观察动物对药物的反应并及时调整剂量，尽可能做到剂量个体化。在集约化饲养条件下群体给药时，则应注意使药物与饲料混合均匀，尤其是防止有效剂量小的药物因混合不匀而导致个别动物超量中毒的问题。

（3）药剂质量和剂型　药剂质量直接影响药物的生物利用度，对药效的发挥关系重大。不同质量的药物制剂，乃至同一药厂不同批号的制剂，都会影响药物的吸收以及血液中药物浓度，进而影响药物作用的快慢和强弱。一般来说，气体剂型吸收最快，吸入后从肺泡吸收，起效快；液体剂型次之；固体剂型吸收最慢，因其必须经过崩解和再溶解的过程才能被吸收。

3. 给药方法

（1）给药时间　许多药物在适当的时间应用，可以提高药效。例如，健胃药在动物饲喂前 30 分钟内给予，效果较好；驱虫药应在空腹时给予，才能确保药效。一般口服药物在空腹时给予，吸收较快，也比较完全。目前认为，给药时间也是决定药物作用的重要因素。

（2）给药途径　给药途径主要影响药物的吸收速度、吸收量以及血液中的药物浓度，进而也影响药物作用快慢与强弱。个别药物会因给药途径不同，影响药物作用的性质。一般口服用药（包括混水、混料用药），药物在胃肠吸收比其他给药途径慢，起效也慢，而且易受许多条件如胃肠内食糜的充盈度、酸碱度（影响药物的解离度）、胃肠疾患等因素的影响，致使药物吸收缓慢而不规则。易被消化液破坏的药物不宜口服，如青霉素。口服一般适用于大多数在胃肠道易被吸收的药物，也常用于在胃肠道难以吸收从而发挥局部作用的药物，后者如磺胺脒等肠道抗菌药、驱虫药、泻药等。肌内注射的注射部位多选择在感觉神经末梢少、血管丰富、血液供应旺盛的骨骼肌组织。其吸收较皮下注射快，疼痛较轻。注射水溶液可在局部迅速散开，吸收较快；注射油溶液或混悬液等长效制剂，多形成贮库后再逐渐散开，吸收较慢，1 次用药可以维持较长的作用时间，保持药效稳定，并可减少注射次数。皮下注射是将药液注入皮下疏松结缔组织中，经毛细血管或淋巴管缓缓吸收，其发生作用的速度比肌内注射稍慢，但药效较持久。混悬的油剂及有刺激性的药物不宜做皮下注射。气体、挥发性药物以及气雾剂可采用吸入法给药，此法给药方便易行，发生作用快而短暂。

（3）用药次数与反复用药　用药的次数完全取决于病情的需要，给药的间隔时间则需参考药物的血浆半衰期。一般在体内消除快的药物应增加给药次数，在体内消除慢的药物应延长给药的间隔时间。磺胺类药物、抗生素等抗菌药物，以能维持血液中有效的药物浓度为准，一般每日 2～4 次；长效制剂每日 1～2 次。为了达到治疗的目的，通常需要反复用药一段时间，这段时间称为疗程。反复用药的目的在于维持血液中药物的有效浓度，比较彻底地治疗疾病，坚持给药至症状好转或病原体被消灭后，才停止给药。必要时，可继续第二个疗程，否则在剂量不足或疗程不够的情况下，病原体很容易产生耐药性。

（4）联合用药和药物的相互作用　2种或2种以上药物同时或先后使用，称为联合用药。联合用药时，各药之间相互发生作用，其结果可使药物作用增强或减弱、作用时间延长或缩短。联合用药药物的相互作用见图1-3。

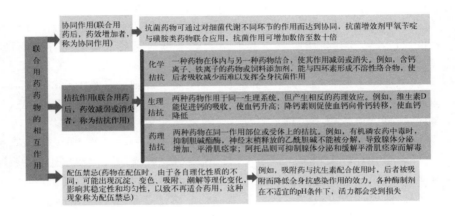

联合用药药物的相互作用	协同作用(联合用药后，药效增加者，称为协同作用)	抗菌药物可通过对细菌代谢不同环节的作用而达到协同，抗菌增效剂甲氧苄啶与磺胺类药物联合应用，抗菌作用可增加数倍至数十倍
	拮抗作用(联合用药后，药效减弱或消失者，称为拮抗作用)	化学拮抗：一种药物在体内与另一种药物结合，使其作用减弱或消失。例如，含钙离子、铁离子的药物或饲料添加剂，能与四环素形成不溶性络合物，使后者吸收减少而难以发挥全身抗菌作用
		生理拮抗：两种药物作用于同一生理系统，但产生相反的药理效应。例如，维生素D能促进钙的吸收，使血钙升高；降钙素则促使血钙向骨钙转移，使血钙降低
		药理拮抗：两种药物在同一作用部位或受体上的拮抗。例如，有机磷农药中毒时，抑制胆碱酯酶，神经末梢释放的乙酰胆碱不能被分解，导致腺体分泌增加、平滑肌痉挛；阿托品则可抑制腺体分泌和缓解平滑肌痉挛而解毒
	配伍禁忌(药物在配伍时，由于各自理化性质的不同，可能出现沉淀、变色、吸附、潮解等理化变化，影响其稳定性和均匀性，以致不再适合药用，这种现象称为配伍禁忌)	例如，吸附药与抗生素合用时，后者被吸附而降低全身抗感染作用的效力。各种酶制剂在不适宜的pH条件下，活力都会受到损伤

图 1-3 联合用药药物的相互作用

4. 饲养管理和环境

药物的作用是通过动物机体来表现的，因此机体的功能状态与药物的作用有密切的关系。例如，化学治疗药物的作用与机体的免疫力、网状内皮系统的吞噬能力有密切的关系，有些病原体的消除最后还要依靠机体的防御机制。所以，机体的健康状态对药物的效应可以产生直接或间接的影响。

饲养和管理水平高低直接影响到动物的健康状况和用药效果。饲养方面要注意饲料营养全面，根据动物不同生长时期的需要合理调配日粮的成分，以免出现营养不良或营养过剩。管理方面应考虑动物群体的大小，防止密度过大，房舍的建设要注意通风、采光和动物活动的空间，要为动物的健康生长创造较好的条件。上述要求对患病动物更有必要，动物疾病的恢复，单纯依靠药物是不行的，一定要配合良好的饲养管理，加强护理、提高机体的抵抗力，才能使药物的作用得到更好的发挥。

药物的作用又与外界环境因素有着密切的关系，环境因素包括温度、湿度、作用时间等，都会影响药物的作用效果。如许多消毒防腐药物的抗菌作用都受环境的温度、湿度和作用时间以及环境中的有机物多少等条件的影响。例如，甲醛的气体消毒要求空间有较高的温度（20℃以上）和较高的空气相对湿度（60％～80％）。温度低、空气相对湿度不够，甲醛容易聚合，聚合物没有杀菌力，消毒效果差。升汞的抗菌作用可因周围蛋白质的存在而大大减弱。另外，应用药物（尤其是使用化学治疗药物或环境消毒药物）时，应尽可能注意选用那些在环境中或畜禽粪便中易于降解或消除的药物，以避免或减轻对环境的污染。

第四节　用药方法

为有效地治疗疾病，需要借助一定的兽医医疗器械，选择适宜的给药途径，即用药方法。

一、注射给药

注射给药是奶牛用药最常用的方法。

1. 肌内注射

肌内注射是将药液注入肌肉组织的方法。不宜或不能作静脉注射（如混悬液），要求比皮下注射更迅速发生疗效者，采用此方法。该方法在兽医临床上最为常用。

（1）部位　应选择肌肉较厚实，离大神经、大血管较远的部位。牛以颈部和臀部肌肉为最常用。

（2）操作方法及注意事项

① 把针头垂直、快速地刺进肌肉内适当的深度。针头一般刺入肌肉 2～3 厘米，针尖不可与骨骼接触。

②　需长期作肌内注射者，注射部位应交替更换，避免硬结的发生。

③　水合氯醛、氯化钙和水杨酸钠等刺激性过强的药物，不适宜肌内注射。

2. 静脉推注

静脉推注是用注射器将药液在较短时间内注入静脉的方法，其特点是药液从静脉快速进入血液循环而迅速发生药效。对于需迅速发生药效药物以及药物因浓度高、刺激性大、量多而不宜采取其他注射方法时可采用此法。静脉推注一般要求在一定时间内注射完，例如保留麻醉药的给药、推注高浓度葡萄糖等。

（1）部位　牛多用颈静脉，其部位在颈静脉沟（胸头肌和臂头肌之间）上 1/3 与中 1/3 交界处（图1-4）。

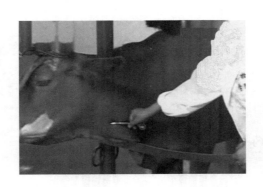

图1-4　牛静脉推注的部位

（2）操作方法及注意事项

①　如需长期静脉给药者，应由远心端逐步向近心端移行进针点。

②　进针后有血液从针头滴出，表明注射针头已刺进静脉；若局部肿胀、牛只疼痛不安，提示针头滑出静脉，应拔出针头更换部位，重新注射。

③　根据病情及药物性质，掌握注入药液的速度，并随时观察体征及病情变化。

④ 对机体组织有强烈刺激的药物，应防止药液漏出血管外而发生静脉周围炎或坏死。

3. 静脉滴注

静脉滴注又称"输液"，是应用输液器将大量药物溶液通过静脉缓慢输入体内的方法。其特点是药液容量较大，维持时间较长。静脉滴注的目的：一是补充血容量，改善微循环，维持血压，常用于治疗脱水、出血、休克等；二是补充水和电解质，以调节或维持酸碱平衡，常用于各种原因的脱水、呕吐、腹泻、饮食下降或废绝、手术后等；三是补充营养，维持热量，促进机体康复；四是输入药物，达到控制感染、解毒、利尿和治疗疾病的目的，常用于中毒、各种感染等；五是输入脱水剂，提高血液的渗透压，以达到预防或减轻脑水肿、降低颅内压、改善中枢神经系统功能的目的，同时借高渗作用，达到利尿消肿的作用。输液的质量要求与注射剂基本上是一致的，但由于这类产品注射量较大，故应为无热原溶液。

（1）部位 常用颈静脉，其部位与颈静脉推注部位相同，也可用耳静脉（图 1-5）。

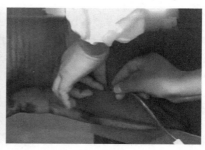

图 1-5 牛颈静脉滴注（左图：插入针头；右图：接上输液管）

（2）操作方法及注意事项

① 注意药物配伍禁忌。抗生素类药物应现配现用，注意可能出现的沉淀、混浊、变色等异常情况。

② 注意保护血管。输液中加入对血管刺激性大的药物，如钙剂

等，应待穿刺成功后再加药，宜充分稀释，输完药应再输入一定量的等渗溶液，以保护静脉。

③ 严格控制药液温度、滴注速度。

④ 及时观察并处理输液反应。

4. 皮内注射

皮内注射是将少量药物注入表皮和真皮之间的注射方法。奶牛皮内注射常用于结核病的普查，即结核菌素的过敏试验，还可用于少数药物的过敏试验。

（1）部位　取牛躯体被毛较少、颜色较浅、皮肤较细嫩且易于观察处。因这些皮肤较薄、皮色较淡，易于注射和辨认。一般在颈部皮肤作皮内注射。

（2）操作方法及注意事项

① 对过敏试验，一般不用碘酊消毒。因碘酊有颜色，对观察有影响。

② 进针不要深，拔针后不按揉。

③ 设置对侧对照试验，20分钟后，对照观察反应。

5. 皮下注射

皮下注射法是将小量药液注入皮下组织的方法。对于不宜经口给药的药物或需要延缓药物的吸收时间，可采用皮下注射。

（1）部位　躯体皮肤松软处。一般在颈部皮下或前后肢内侧。

（2）操作方法及注意事项

① 针头不宜刺入肌层。

② 尽量避免应用刺激作用过强的药物作皮下注射，如磺胺类注射液等不宜作皮下注射。

牛的肌内、皮下、静脉、皮内注射示意图见图1-6。

6. 气管内注射

气管内注射是将药液经气管环直接注入气管内的一种特殊的给药方法，常用于大动物。还可用于气管、支气管及肺部疾病的治疗。

（1）部位　第三气管环下部正中。

（2）操作方法及注意事项

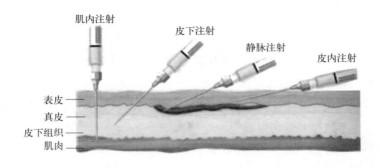

肌内注射　皮下注射　静脉注射　皮内注射

表皮 ——
真皮 ——
皮下组织 ——
肌肉 ——

图 1-6 牛的肌内、皮下、静脉、皮内注射示意图

① 病牛起立保定，头颈伸直并略抬高。

② 沿喉后方第三气管环正中将针头从牛体后上方刺入气管。当针尖穿透气管内壁时可感觉空洞感、无阻力（针感），送针时针尖靠近气管内壁。

③ 刺激性较强的药物会引起动物剧烈咳嗽，不宜作气管内注射。

④ 注入药液量不宜太大，一般不要超过 20 毫升，注入速度宜缓慢。

7. 关节腔内注射

关节腔内注射是借助注射器将药物注入关节腔的一种临床常用治疗方法（为治疗关节炎或滑液囊炎等），例如应用醋酸可的松溶液作关节腔内注射治疗关节炎症等。

（1）部位　不同关节的关节腔内注射方法略有不同，都应避开血管、神经和韧带，且关节空隙较宽处。

（2）操作方法及注意事项

① 触摸关节四周，寻找关节缝隙较宽处且避开血管、神经和韧带，确定进针点。如果对某关节解剖结构清楚则直接确定进针点。

② 进针突破关节囊后应无较大阻力，针尖不可触及骨骼。穿透关节囊后有明显的突破感，回抽有少量滑液，证明针已进入关节腔。

③ 在注射药物前，应适当抽取少量关节内的积液，以减少对关节腔内压力的影响。如果关节内有感染，则应冲洗后给药。

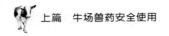

二、内服给药

内服给药是将药物经口或经胃投喂到动物胃内的一种常见的给药方法。牛内服给药主要有 3 种方法，即口服、投胃管、饮服。

1. 口服

口服药物是牛常用的给药方法之一，它是将药物通过盛器投入口腔，再由动物自行咽下进入胃内的一种临床给药方法。对于溶液性药液常用投药器，对于少量丸剂或其他固体药物（粉剂除外）也可以直接口服。此法适用于大剂量但刺激性不太强、适口性较好的药物的投服。

（1）部位　口腔。

（2）操作方法及注意事项

① 一只手捏住鼻中隔向上抬起牛头，使牛头与脊背等高。拒绝捏鼻中隔的牛只，可用手抬高下颌予以固定。

② 一只手持投药器（专用的投药塑料瓶或矿泉水瓶）从嘴角插入并轻轻向内、向后顶压，使牛自动张开口腔，然后将瓶口伸至舌中部，缓缓投入药液。

③ 直接经口投时，投药后要用双手将上下颌闭合一会儿，待牛只吞咽后重复操作。

④ 如果牛只出现咳嗽等异常反应，应立即停止给药，并将牛头向下片刻。

2. 投胃管

药物投胃管是将药液经由胃导管送入胃内的一种给药方法，也用于食管探诊、胃内容物获取。此法适用于大剂量药液的给予，特别是药物的刺激性大、适口性差时，经胃导管给药最为合适，如中药、粉剂调和后。其还可用于胃内容物的排出，瘤胃臌气时的排气治疗，尤其适合于泡沫性臌气、前胃弛缓、瘤胃积食、瘤胃酸中毒的治疗等。

（1）部位　通常从鼻腔插入胃导管，也可用口腔，但需要开口器。

（2）操作方法及注意事项

① 投胃管前先将胃导管消毒、软化、湿润。

② 将插入端经鼻孔缓缓插入至咽喉部。动物产生吞咽动作时，

适时将胃导管插进食管内并继续深插到颈部下 1/3 处。确定胃导管准确无误地插入食管后，继续将胃导管送入胃内。

③ 抬高牛头并保定，将漏斗与胃导管连接，缓缓倒入药液，直至投药结束；投入少量清水，冲净胃导管内残留的药液。

④ 患病动物呼吸极度困难或有鼻炎、咽炎、喉炎或高温时，忌用胃导管投药。

⑤ 经证实胃导管插入食管深部后，方可进行投药。如果投药引起咳嗽气喘，应立即停止；胃导管移动脱出时，应重新插入，判断无误后再继续投药。

⑥ 拔出胃导管前应折叠外端胃导管，以防胃导管内的药液在拔出咽部时流出并进入气管内，造成异物性肺炎乃至窒息。

⑦ 异物性肺炎或药物误投的处理。在投入液体过程中，应密切注意病畜表现，随时观察脉搏、呼吸的变化，并做好详细记录。液体误投入呼吸道后，动物立即表现不安、频繁咳嗽、呼吸急促、鼻翼张开或张口呼吸；继之可见肌肉震颤、出汗、黏膜发绀、心跳加快、心音增强、音界扩大；数小时后体温升高，肺部出现明显广泛的啰音，并进一步呈现异物性肺炎的症状。如灌入大量液体时，可造成动物的窒息或迅速死亡。牛只一旦发现异常，首先应立即停止用药并使动物低头，促进咳嗽，呛出液体。其次应用强心剂或给予呼吸中枢兴奋剂，同时应大量注射抗生素制剂，直至其恢复。严重者，可按异物性肺炎的疗法进行抢救。

胃导管插入食管或气管的鉴别要点见表 1-3。

表 1-3　胃导管插入食管或气管的鉴别要点

鉴别方法	插入食管内	插入气管内
胃导管送入的感觉	插入时稍感前送有阻力	无阻力
观察咽、食管及动物的动作	胃导管前端通过咽部时，可引起吞咽动作或伴有咀嚼，动物安静	无吞咽动作，可引起剧烈咳嗽，动物不安
触诊颈沟部	食管内可摸到有一坚硬探管	无
将胃导管外端放耳边听诊	可听到不规则的咕噜声，但无气流冲耳	随呼气动作而有强力的气流冲耳

续表

鉴别方法	插入食管内	插入气管内
鼻嗅胃导管外端	有刺鼻酸臭味	无
排气和呼气动作	不一致	一致
将橡皮球打气或捏扁橡皮球后再接于胃管外端	打入气体时可见颈部食管呈波动状膨起，接上捏扁的橡皮球后不再鼓起	不见波动状膨起，橡皮球迅速鼓起

3. 饮服

饮服也叫混水给药，是将水剂药物或水溶性药物按规定的剂量称好或量好，溶解于少量的水中而后再倒入按牛群大小计算出的饮水量中，让牛只饮用。

三、混饲料给药

混饲料给药是将药物与牛的精料充分混合后饲喂牛只的给药方法。一般单个或少许牛只给药不采取此方法，但大群或小群牛只长期给药可采用此方法，如饲料添加剂（包括钙剂）、围产期营养调控以及驱虫等。操作时应注意：一是要根据动物采食量按照给药量配制混饲药物，保证药物剂量相对准确。如果药物剂量要求非常精准、安全范围窄则不适合此方法。二是如果有必要，药物应现配现用。

四、局部给药

1. 皮肤涂布

皮肤涂布是将药物制成膏剂涂布在牛只患部皮肤上，直接作用于患部的一种给药方法。其可用于治疗皮肤病、皮肤的各种创伤等。

（1）部位　患部皮肤。

（2）操作方法及注意事项

① 清洁局部皮肤，如果局部污染严重，如创面、痂皮等，应先进行局部处理。

② 药物应涂布均匀。

③ 观察牛只是否有局部过敏等不良反应。

2. 喷洒或浇淋

喷洒或浇淋是将液体药物喷洒或浇淋到体表皮肤，以达到治疗目的的一种给药方法。其主要用于外寄生虫病的防治。

（1）部位　患病部位或脊背。

（2）操作方法及注意事项

① 局部清洁。必要时给药部位皮肤应剪毛，将污染物清除干净。

② 药液应喷洒均匀，药液浇淋沿背中线从肩部向后直到尾根部。

③ 防止其他牛只舔食，以免引起中毒。

五、其他给药方法

除以上常见的给药方法外，奶牛还有直肠给药、尿路及膀胱内给药、瘤胃内注射、瓣胃内注射、子宫内灌注、乳管内灌注等给药方法。有些给药方法又是临床常用的治疗方法，如乳管内灌注、子宫冲洗等。

1. 直肠给药

直肠给药是将药液灌入直肠内，达到局部或全身给药目的的一种给药方法。其用于治疗直肠（如直肠损伤等）或全身性疾病以及直肠解痉（如需对牛只进行直肠检查而导致直肠紧张或挛缩时，可灌注水合氯醛等药物）。此法不常用。

（1）部位　经肛门进入直肠内。

（2）操作方法及注意事项

① 直肠内粪便清除。可通过直肠检查方式掏出粪便。

② 将药液用常规输液管（短橡胶管）灌入直肠内。药液量不应太大，否则会引起牛只短时间内排便，将药液排出，达不到治疗的目的。一般给药的药液量应在 500 毫升左右。

③ 防止牛只将药液排出。给药后让牛只站立半小时以上。

2. 子宫内灌注

子宫内灌注是将药液经由阴道、子宫颈送入子宫腔内的一种给药方法。针对子宫内疾病，特别是子宫内膜炎、子宫炎、子宫蓄脓进行治疗。

（1）部位　子宫腔内。

（2）操作方法及注意事项

① 清洁并消毒阴户，防止将粪便、细菌等引入子宫内。

② 将输精管或导尿管缓慢经由阴门、阴道、子宫颈插入子宫腔内，用过氧化氢和高锰酸钾溶液冲洗子宫腔，吸出冲洗液（可反复2～3次）。

③ 灌注药液进子宫腔，缓慢拔出输精管或导尿管。

④ 药物应该留置较长的时间。药量不要太大，根据情况一般应该在100～500毫升之间。

3. 尿路及膀胱内给药

尿路及膀胱内给药是将药液经由尿道送入膀胱的一种给药方法。其用于治疗膀胱炎、尿道炎等。

（1）部位　尿道、膀胱。

（2）插入方法

① 公牛。公牛导尿管插入方法是常见动物最难的。

选择合适长度的导尿管，其最小长度应该从"十字部"经由尾根、肛门口向下从股内侧到达包皮囊开口，实际操作时应该比以上长度长30厘米。拉出阴茎，将已消毒、润滑处理的导尿管前端从尿道口插入尿道；至"S"弯曲部遇有阻力，按压导尿管前端，回抽少许后再继续插入；至骨盆区遇有阻力，按压导尿管前端使其弯曲，继续插入；插至膀胱内有尿液流出，再向前插入5厘米。

② 母牛。母牛尿道结构相对简单，但有尿道口憩室，导尿管插入方法也不容易。

选择合适长度的导尿管，其最小长度应该从"十字部"到达阴道口下缘，实际操作时应该比以上长度长30厘米。右手持已消毒、润滑处理的导尿管前端沿左手指前行至憩室口，插入憩室的同时，左手指下压憩室下口或下压导尿管，右手将导尿管前端从尿道口插入尿道。如遇阻力不能前行时，导尿管可能未进入尿道，应回抽导尿管重新插入；一旦进入尿道，导尿管阻力小，母牛会排尿，尿液从管内和管外流出，继续前行将导尿管插入膀胱内。

（3）给药方法及注意事项

① 导尿管插入膀胱后，排出全部尿液和炎性产物，用高锰酸钾溶液冲洗膀胱 2～3 次，排干全部冲洗溶液。

② 将药液用导尿管注入膀胱内，缓慢拔出导尿管。

③ 操作过程应小心谨慎，切忌损伤尿道和膀胱。

4. 乳管内灌注

乳管内灌注是用通乳针或秃针头插入乳头管内，把药液注入乳池，是治疗乳腺炎的常用给药方法。

（1）部位　乳头管及乳池。

（2）操作方法及注意事项

① 挤净乳池内的乳汁，用酒精棉球消毒乳头。

② 将乳导管从乳头孔插入乳池。乳导管插入深度适中，避免伤及乳头和乳池。

③ 如有必要，在给药前做适当冲洗，然后缓缓注入药液。注毕拔出乳导管，轻轻捏住乳头孔，并按摩乳房片刻使药液均匀分布。

5. 瓣胃内注射

瓣胃内注射是将药液直接注入瓣胃内的一种给药方法。将药液直接注入瓣胃中，使其内容物软化通畅。其主要用于治疗瓣胃阻塞，也用于不经过瘤胃的内服给药。

（1）部位　瓣胃体表投影位于腹部右侧第七到第九肋间、肩关节水平线上下各 2 厘米处，进针点在第八肋间（图 1-7）。

（2）操作方法及注意事项

① 在牛右侧第八肋间，针头向左侧肘突方向刺入 8～10 厘米，确保针尖在瓣胃内。刺入瓣胃后有"沙沙"感，阻力小，针头呈水平的"8"字形运动；也可先注入少量生理盐水并回抽，如见混有淡黄色草屑样瓣胃内容物，即可确认。

② 注入药物。药物缓慢注入瓣胃内，如果操作熟练，可改变刺入深度和方向，分别注入药液。

③ 注入部位、方向和深度一定要准确，不可伤及肝脏、肺脏，药液不能进入其他组织或腹腔。

图 1-7　瓣胃内注射

6. 瘤胃内注射

瘤胃内注射（瘤胃穿刺术）是将药液直接注入瘤胃内的一种给药方法。其用于瘤胃臌气的治疗、瘤胃内容物的获取等。

（1）部位　给药（或穿刺放气）选择左腹肷部中央或左侧髂骨外角与最后肋骨中点连线的中央（图 1-8）。

图 1-8　瘤胃内注射位置图

（2）操作方法及注意事项

① 将套管针或采血针在左腹肷部中央朝向左前肢的方向刺入瘤胃内。如果用套管针，也可先用手术刀在穿刺点皮肤做一小切口后再

刺入。

② 固定套管，缓慢拔出针芯，即可将药液注入瘤胃内（瘤胃穿刺也可用于排气治疗瘤胃臌气）。

③ 拔出套管时，将针芯插回套管，压定针孔周围的皮肤，再拔出套管针。

第五节　用药的原则

畜禽养殖科学安全用药的原则是发挥药物的有利作用，避免有害作用，消除不良影响因素，达到安全、有效、经济、方便的目的。

一、预防为主原则

养牛业的规模化和集约化发展，对环境条件要求越来越高，应激因素不断增多，病原传播的机会增加，疾病危害越来越严重。因此用药预防、控制疾病发生显得更加重要。

一年四季中，随着温度、湿度以及外界环境的变化，牛的一些疫病的发生和流行具有较明显的季节性。夏季随着外界温度升高，空气湿度增大，卫生条件差，饲料极易发霉变质，牛的机体抵抗力减弱，牛群的疫病发生率就会增高。如奶牛更易发生乳腺炎、牛流行热（暂时热或三日热）、腐蹄病、奶牛梨形虫病、霉菌中毒、瘤胃酸中毒和其他消化系统疾病。冬春季节气温很低，投喂的饲料品质较差，如果管理措施不到位，牛最易患消化系统和呼吸系统疾病。如瓣胃阻塞（俗称"百叶干"，因饲喂劣质草料或缺水造成）、病毒性腹泻、流感（冬季最易发生，多因受风寒侵袭后引起）、皮肤真菌病、螨病、肝片吸虫病（在牛吃草、喝水时，吞入肝片吸虫囊蚴而造成感染。一般是夏季感染，没有进行驱虫，到冬季表现出症状）、绦虫病（因吃草时吃进了含有似囊尾蚴的甲螨而被感染，常见的病原虫是扩展莫尼茨绦虫、贝氏莫尼茨绦虫）以及饲料中毒等。

牛的不同的生理阶段（或年龄阶段），疾病的发生也有其不同的特点。如犊牛腹泻是最常见的疾病，新生犊牛 2 周内多发（由于细菌、病毒感染引发或管理因素造成，如初乳质量差、先天营养不良、环境因素不良等），犊牛肺炎、脐带炎等也是犊牛易发生的疾病。所以，要有效地控制疾病，必须采取综合预防措施。

除了加强饲养管理，提供适宜的环境条件外，还要注意药物预防：一是制订消毒制度，使用消毒药物进行消毒。牛场入口设立消毒池和消毒间。场门、生产区和牛舍入口处都应设立消毒池，内置1%～10%漂白粉溶液，或3%～5%来苏尔、3%～5%烧碱溶液，并经常更换，保持应有的浓度。牛舍、牛床、运动场应定期消毒（每月1～2次），消毒药一般用10%～20%石灰乳、1%～10%漂白粉、0.5%～1%菌毒敌或百毒杀等。牛粪要堆积发酵，也可喷洒渗入消毒液。用2%～3%敌百虫溶液杀灭蚊、蝇等吸血昆虫。

二是使用生物制品，加强免疫接种。免疫接种可以提高牛机体的免疫能力，使之能抵抗相应传染病的侵害，需定期对健康牛群进行疫苗或菌苗的预防注射。目前，我国应用于奶牛、肉牛的疫（菌）苗很多，为使预防接种取得预期的效果，应在掌握本地区传染病种类和流行特点的基础上，结合牛群生产、饲养管理和流动情况，制订出比较合理而又切实可行的防疫计划，特别是对某些重要的传染病如炭疽、口蹄疫、牛流行热、牛出血性败血症等应适时地进行预防接种。

三是使用驱虫药物定期进行驱虫。一般在每年春秋两季各进行一次全牛群的驱虫，通常结合转群、转饲或转场实施。犊牛在1月龄和6月龄各驱虫1次。驱虫前最好做一次粪便虫卵检查，查清牛群寄生虫的种类和危害程度，或根据当地寄生虫发生情况有的放矢地选择驱虫药物。驱虫后的粪便应集中无害化处理，防止病原扩散。

四是使用抗生素预防犊牛消化道疾病和呼吸道疾病。如土霉素粉，犊牛出生后，每天1次，每次直接向口中喂服2克或注射用链霉素，早晚各口服一瓶（100单位）预防犊牛副伤寒。为了防止新生犊牛下痢，可每天给予250毫克的金霉素（金霉素可溶于乳中供给），供给时间可以从生后的第3天，直至生后30天为止等。

二、特殊性原则

反刍动物与其它动物在解剖生理、生化代谢、遗传繁殖等方面，有明显的差异。它们对药物的敏感性、反应性和药物的体内过程，既遵循共同的药理学规律，又存在着各自的种属差异。特别是在集约化饲养条件下，行为变化、群体生态和环境因素都对药物作用的发挥产生很大的影响。牛、羊、骆驼等动物因其消化道的结构和功能特点，在其消化饲草过程中，需要一个反复咀嚼的慢动作——反刍，因而被称为反刍动物，也称反刍兽。反刍动物因为具有复杂的消化器官——多室胃（有四个胃），在消化功能上与单胃动物（如猪、犬、禽等）有很大不同，因而在给药的品种、途径、用药剂量和剂型上均与单胃动物有很大不同。

反刍动物具有复杂的前胃，其中最具代表意义的是瘤胃，瘤胃从体积上超过其他三个胃的总和（成年牛瘤胃体积约占胃总体积的80％），前胃（瘤胃、网胃、瓣胃）复杂的消化功能也主要体现在瘤胃上。反刍动物的瘤胃内含有大量的微生物——瘤胃细菌和瘤胃纤毛虫（两者比例大体为1∶1），其重量约占瘤胃内容物的3.6％。瘤胃微生物对于动物机体的重要作用表现在以下几方面：一是作为提供畜体日常所需的营养成分的来源之一（成年牛每昼夜约有100克微生物蛋白质由瘤胃进入皱胃而被机体吸收，约占牛蛋白质最低需要量的30％），特别是瘤胃纤毛虫的蛋白质含有丰富的赖氨酸等必需氨基酸，它的品质超过瘤胃细菌的菌体蛋白。二是纤维素在瘤胃细菌和瘤胃纤毛虫体内的纤维素分解酶的作用下，通过逐级分解（如瘤胃纤毛虫能撕裂、分解、吞噬纤维素），最终产生挥发性脂肪酸而被吸收入血。与此同时，瘤胃微生物分解淀粉、葡萄糖和其他糖类，产生低级脂肪酸和形成糖原，糖原经小肠的消化吸收利用成为机体葡萄糖，泌乳牛则将进入血液的葡萄糖用来合成牛乳。当这些有益微生物受到破坏时，家畜出现消化紊乱。由于抗生素具有抑制和杀灭微生物的作用，内服抗生素会杀灭或抑制消化道内某些有益的敏感细菌，破坏平衡，使一些不敏感或耐药的细菌过度繁殖而造成二重感染就会干扰和破坏胃内有益微生物群的正常活动，使一系列复杂的消化过程无法进行，表现出厌食、瘤胃臌气、前胃弛缓、腹泻等消化系统疾病。另外，一些药物在胃内酸性环境下可以被破坏而失去作用（如磺胺药类药物）。因此，对于反刍动物来说，不宜内服广谱抗生素，而适宜肌内注射或静脉注射。大多数西药反刍动物口服效果都很差，西药的量都很少，且进入胃内在瘤胃的发酵过程中，大多起化学反应使药效降解；对于幼年哺乳期反刍家畜，由于瘤胃尚未发育完全，微生物菌群也未建立，食物以母乳为主，因此，当出现消化道疾病时，可内服抗生素进行治疗。

瘤胃内食物在微生物发酵过程中，不断地产生大量气体（二氧化碳、甲烷），这些气体少部分被吸收入血液经肺排出或被瘤胃微生物所利用。大部分气体通过瘤胃后背盲囊收缩，由后向前推进，移向瘤胃前庭，驱入食管，引起嗳气排出。由于抗胆碱药（如硫酸阿托品、盐酸消旋山莨菪碱等）具有抑制平滑肌收缩作用，用药后瘤胃及食管的收缩受到抑制，瘤胃内所产生的气体就不能及时排出，易造成臌气。因此临床上对于抗胆碱药，除作为某些农药中毒（有机磷酸酯类、氨基甲酸酯类农药中毒）的生理拮抗药外，应少用为宜。否则，易造成前胃弛缓、瘤胃臌气。

反刍家畜前胃的节律性蠕动和正常的反刍动作以及瘤胃内有益微生物菌群的作用是构成食物消化的重要因素。当某些致病因素使其正常蠕动和反刍减弱或停止时，就易引起消化障碍疾病，此时在临床治疗上，不宜采用助消化药物（如稀盐酸、胃蛋白酶、干酵母、乳酶生等），而应以兴奋瘤胃、促进蠕动和恢复反刍为治疗原则。肌注新斯的明、氢溴酸加兰他敏，或静注浓氯化钠，或内服健胃酊剂（以马钱子酊、姜酊为主药配合其他健胃酊剂，混合后加等量水灌服）。对于瘤胃臌气还应及时排气（采用瘤胃穿刺或投放胃导管排气）或内服消沫药（泡沫性臌气）。

反刍动物的瘤胃微生物能合成某些 B 族维生素（包括硫胺素、核黄素、生物素、维生素 B_6、泛酸和维生素 B_{12}）以及维生素 K。所以，在一般情况下，即使日粮中缺少这类维生素，也不会影响反刍动物的健康，即成年反刍动物的日粮中一般不需要添加这类维生素。但幼畜（如犊牛、羔羊）因瘤胃尚未发育完全，微生物区系没有充分建立，则有可能患 B 族维生素缺乏症，应注意在日粮中添加。同时应注意成年反刍动物在日粮中钴缺乏时，可使维生素 B_{12} 缺乏，因为瘤胃微生物在缺钴的情况下不能合成维生素 B_{12}，于是导致动物出现食欲抑制，幼畜生长不良，所以，反刍动物的日粮中不能缺钴。

呕吐是一种保护性反应，动物借助于呕吐将进入消化道的有害物质排出。肉食和杂食动物易发生呕吐，而草食和啮齿动物由于呕吐中枢不发达一般不发生呕吐。因此，临床上对于反刍动物食物中毒或瘤胃积食病例，需把内容物排出体外时，应采用下泻方法，如内服盐类泻剂硫酸镁、硫酸钠，而不宜使用催吐剂如硫酸铜。

由于反刍家畜（尤其是牛）对敌百虫较敏感，耐受性差，稍微过量易发生药物中毒。临床上牛羊驱虫时宜选用一些较安全的抗寄生虫药和杀虫剂。如选用左旋咪唑、驱蛔灵、丙硫苯咪唑作为肠道线虫的驱虫药物，而用拟除虫菊酯类农药作为体外杀虫剂。一般不选用敌百虫作为肠道驱虫药和体外杀虫剂。在非用敌百虫不可时，应注意药物浓度不宜过高（一般以小于 2％为宜），用药面积不宜过大，每次用药一般不宜超过体表 1/4 范围，以免引起中毒。

三、综合性原则

疾病是病因、传播媒介和宿主三者相互作用的结果。病因有物理因素（如温度、湿度、光线、声音、机械力等）、化学因素（如有害气体、药物、毒素等）和生物因素（如细菌、病毒、霉菌、寄生虫等）；传播媒介有蚊、虫、鼠类，以及恶劣的环境和不良的饲养管理条件等；宿主即牛体。在有传播媒介存在的条件下，病因较强而机体的抵抗力较弱，牛就发生疾病；反之，牛抵抗力强，病因就不易诱发疾病。

在疾病防治过程中，使用药物的作用：一是消除病因，如抗生素抑制或杀灭病原微生物，维生素或微量元素治疗相应的缺乏症；二是减轻或消除症状，如抗生素退高热、止腹泻，硒和维生素 E 消除白肌症等；三是增强机体的抵抗力，如维生素、微量元素构建和强壮机体，维持正常结构和功能，提高免疫力等。但药物不能抵消理化病因，也不能完全消除传播媒介，要消除理化病因和传播媒介，主要依靠饲养管理。

综合性原则是指添加用药与饲养管理相结合，治疗用药和预防用药相结合，对因用药和对症用药相结合。如抗菌药物只对病原起作用，即抑制或杀灭病原微生物或寄生虫，但对病原的毒素无拮抗作用，也不能清除病原的尸体，更不能恢复宿主的功能，有的抗菌药物本身还有一定的毒副作用。因此，在应用抗菌药物时，还要注意采取加强营养（可以提高机体的抵抗力或免疫力，使机体能够清除病原、毒素乃至药物所致的病理作用）和饲养管理（可以减少或消除各种诱因及传播媒介，切断传播环节）以及对症或辅助用药（纠正病原及其毒素所致的机体功能紊乱以及药物所致的毒副作用）等措施。

四、规程化用药原则

牛病的发生和发展都有规律可循。大多数疾病都是在牛生长发育的某个阶段发生，如细菌感染引起的消化道疾病多发生在犊牛期。有些疾病只在某个特定的季节发生，另一些疾病只在某个区域内流行。因此，应用药物防治动物疾病时，应熟知疾病发生的规律和药物的性能，有计划地切断疾病发生、发展的关键环节。药物应用的规程化，是指针对牛的疾病在本地的发生、发展和流行规律，有计划地在牛生长发育的某一阶段、某个季节，使用特定的药物和制订具体的给药方案，以控制疾病、保障生产、避免损失。它包括针对何种疾病，使用何种（或几种）药物，何时使用，剂量多大，使用多久，休药期多长，何时重复使用（或更换为其他药物）等。规程化用药原则是针对目前一些养殖场"盲目添加、被动用药"的状况而提出的。

规程化用药不仅可以避免盲目添加和被动用药的现象，而且还是控制或消灭某些特定疾病的有效措施，是一种科学合理的用药方式。规程化用药也能减少药物残留和环境污染的发生，避免耐药微生物的产生和传播，是提高养殖场经济效益、社会效益和生产效益的有效措施。要做到规程化用药，养殖场和饲料加工厂必须密切联系。饲料厂要熟知养殖场实际用药的需要，有目的、有计划地添加符合养殖场需要的药物，而养殖场要了解饲料中药物的添加情况，将加药饲料的效果等信息及时反馈给饲料厂。

五、无公害原则

药物具有二重性。一方面，它能提高牛群生产性能，防治牛病，促进养殖生产。另一方面，药物的不合理使用和滥用，也有一些负面作用，如残留、耐药性、环境污染等公害，影响养殖业的持续发展乃至人类社会的安全。

要选择符合兽药生产标准的药物，不使用禁用药物、过期药物、变质药物、劣质药物和淘汰药物，因为这些药物会使病原菌产生耐药性和造成药物残留，危害消费者的健康。农业农村部曾公布首批《兽药地方标准废止目录》，经兽药评审后确认，以下兽药地方标准不符合安全有效审批原则，予以废止：一是沙丁胺醇、呋喃西林、呋喃妥因、替硝唑、卡巴氧和万古霉素；二是金刚烷胺类等人用抗病毒药移植兽用的；三是头孢哌酮等人医临床控制使用的最新抗菌药物用于食品动物的；四是代森铵等农用杀虫剂、抗菌药用作兽药的；五是人用抗疟药和解热镇痛、胃肠道药品用于食品动物的；六是组方不合理、疗效不确切的复方制剂。

选药时从药品的生产批号、出厂日期、有效期、检验合格证等方面着手详细检查，确认无质量问题后才可选用。

第二章

抗微生物药物的安全使用

第一节　抗微生物药物安全使用概述

一、抗微生物药物的概念和种类

1. 概念

抗微生物药是指能在体内外选择性地杀灭或抑制病原微生物（细菌、支原体、真菌等）的药物，由于常用于防治感染性疾病，又称抗感染药。其包括抗生素（是从某些放线菌、细菌和真菌等微生物培养液中提取得到、能选择性地抑制或杀灭其他病原微生物的一类化学物质，包括天然抗生素及半合成抗生素）、合成抗菌药、抗病毒药、抗真菌药、抗菌中草药等，它们在控制畜禽感染性疾病、促进动物生长、提高养殖经济效益方面具有极为重要的作用。

2. 种类

抗微生物药物的种类见表 2-1。

表 2-1　抗微生物药物的种类

分类依据		种类
抗生素	根据作用特点分	抗革兰氏阳性细菌的抗生素，如青霉素类、红霉素、林可霉素等
		抗革兰氏阴性细菌的抗生素，如链霉素、卡那霉素、庆大霉素、新霉素和多黏菌素等

续表

分类依据		种类
抗生素	根据作用特点分	广谱抗生素,如四环素类和酰胺醇类
		抗真菌的抗生素,如制霉菌素、灰黄霉素、两性霉素等
		抗寄生虫的抗生素,如依维菌素、潮霉素 B、越霉素 A、莫能菌素、马度米星等
		抗肿瘤的抗生素,如丝裂霉素、放线菌素 D、柔红霉素等
		用作饲料药物添加剂的饲用抗生素,有促进动物生长、提高生长性能的作用,如杆菌肽锌、维吉尼霉素等
	根据化学结构分	β-内酰胺类,包括青霉素类、头孢菌素类等
		氨基糖苷类,包括链霉素、庆大霉素、卡那霉素、新霉素、大观霉素、小诺霉素、安普霉素等
		四环素类,包括土霉素、四环素、多西环素等
		酰胺醇类,包括甲砜霉素、氟苯尼考等
		大环内酯类,包括红霉素、吉他霉素、泰乐菌素等
		林可胺类,包括林可霉素、克林霉素
		多烯类,包括两性霉素 B、制霉菌素
		聚醚类,包括莫能菌素、盐霉素、马度米星、拉沙洛西等
		含磷多糖类,包括黄霉素、大碳霉素等,主要用作饲料添加剂
		多肽类,包括杆菌肽、多黏菌素等
抗真菌药		多烯类,如两性霉素 B 和制霉菌素等
		非多烯类,如灰黄霉素和克霉唑等
合成抗菌药		氟喹诺酮类,如诺氟沙星、氧氟沙星、环丙沙星等
		磺胺类,如磺胺嘧啶、磺胺二甲嘧啶、磺胺-6-甲氧嘧啶、磺胺邻二甲嘧啶等
		二氨基嘧啶类,如三甲氧苄氨嘧啶、二甲氧苄氨嘧啶
		喹噁啉类,如喹乙醇、乙酰甲喹等

二、抗微生物药物的使用要求

在自然界中,引起畜禽细菌性疾病的病原非常多,由其引起的疾病危害严重，如牛流行热、巴氏杆菌病、李氏杆菌病和传染性胸膜性肺炎等，给养牛业造成了巨大的损失。药物预防和治疗是预防和控制细菌病的有效措施之一，尤其是对尚无有效的疫苗可用或免疫效果不理想的细菌病，在一定条件下采用药物预防和治疗，可收到显著的效果。在应用抗菌药物治疗牛病时，要综合考虑到病原菌、抗菌药物以及机体三者相互间对药物疗效的影响，科学合理地使用抗菌药物。

1. 根据抗菌谱和适应证选择抗菌药物

在病原确定的情况下应尽量使用窄谱抗菌药，如革兰氏阳性菌应尽可能选用青霉素类、大环内酯类和第一代头孢菌素类；革兰氏阴性菌应尽可能选用氨基糖苷类、氟喹诺酮类等。如果病原不明、混合感染或合并感染时，则可以选用广谱抗菌药或联合用药，如支原体合并感染大肠杆菌可选用四环素类、氟喹诺酮类或联合使用林可霉素和大观霉素等。用药前最好做药敏试验。细菌学诊断针对性更强，通过细菌的药敏试验以及联合药敏试验，其结果与临床疗效的吻合度可达70%～80%，而且目前药品种类繁多，同类疾病的可选药物有多种，但对于一个特定的牛群来说效果会不大一样。因此，应做好药敏试验再用药，同时也要掌握畜牛群的用药史以及过去的用药经验。

2. 根据药动学特性选择用药

对于肠道感染的疾病，应选择在胃肠道内不被破坏、吸收的药物，以使其在肠道内药物浓度最高，如氨基糖苷类、氨苄西林、磺胺脒等。泌尿道感染应选择以原型从泌尿道排出的抗菌药物，如青霉素类、链霉素、土霉素、氟苯尼考等。呼吸道感染应选择易吸收且在呼吸道和肺组织有选择性分布的抗菌药物，如达氟沙星、阿莫西林、氟苯尼考、替米考星等。

3. 剂量和疗程要准确

为了抑制或杀灭病原菌，抗菌药物必须在动物体内达到有效血药浓度并维持一段时间。一般要求血药浓度应高于最低抑菌浓度（MIC），但有剂量依赖性的氟喹诺酮类则应高出8～10倍疗效最佳。杀菌药疗程以2～3天为佳，抑菌药尤其是磺胺类疗程则应达到3～5天。每天用药剂量、次数、间隔时间等应按《兽药使用指南》规定，以期达到较好的疗效并避免耐药性的产生。切忌病情稍有好转即停用抗菌药，导致病情复发和耐药性的产生。

4. 正确联合使用抗菌药

在一些严重的混合感染或病原未明的病例，当使用一种抗菌药物无法控制病情时，可以适当联合用药，以扩大抗菌谱、增强疗效、减少用量、降低或避免毒副作用、减少或延缓耐药菌株的产生。目前一般将抗菌药分为四大类：第一类为繁殖期或速效杀菌剂，如青霉素类、头孢菌素类药物等；第二类为静止期杀菌剂，即慢效杀菌剂，如氨基糖苷类、多黏菌素类药物等；第三类为速效抑菌剂，如四环素类、大环内酯类、酰胺醇类药物等；第四类为慢效抑菌剂，如磺胺类药物等。第一类和第二类合用一般可获得增强作用，如青霉素和链霉素合用，前者破坏细菌细胞壁的完整性，使后者更易进入菌体内发挥作用。第一类与第三类合用则可出现拮抗作用，如青霉素与四环素合用，由于后者使细菌蛋白质合成受到抑制，细菌进入静止状态，因此青霉素便不能发挥抑制细胞壁合成的作用。第一类与第四类合用，可能无明显影响，第二类与第三类合用常表现为相加作用或协同作用。在联合用药时要注意可能出现毒性的协同或相加作用，而且也要注意药物之间理化性质、药物动力学和药效学之间的相互作用与配伍禁忌。

5. 避免耐药性的产生

随着抗菌药物的广泛使用，细菌耐药性的问题也日益严重，为防止耐药菌株的产生，临床防治疾病用药时应做到：一要严格掌握用药指征，不滥用抗菌药物，所用药物用量充足，疗程适当；二要单一抗菌药物有效时就不采用联合用药；三要尽可能避免局部用药和滥作预防用药；四要注意病因不明者，切勿轻易使用抗菌药物；五要尽量减少长期用药；六要确定为耐药菌株感染，应改用对病原菌敏感的药物或采取联合用药。对于抗菌药物添加剂也须强调合理使用，要改善饲养管理条件，控制药物品种和浓度，尽可能不用医用抗生素作动物药物添加剂；按照使用条件，用于合适的靶动物；严格遵照休药期和应用限制，减少药物毒性作用和残留量。

第二节　抗生素类药物的安全使用

一、青霉素类

1. 青霉素 G（苄青霉素）

【性状】属弱有机酸，性质稳定，难溶于水，其钠、钾盐则易溶于水。其水溶液不稳定、不耐热，室温中 24 小时大部分即被分解，并可产生青霉噻唑酸和青霉烯酸等致敏物质，故常制成粉针剂，临用时用注射用水溶解。遇酸、碱、醇、氧化剂、重金属离子及青霉素酶等均可使青霉素的 β-内酰胺环破坏而失效。

【适应证】青霉素 G 对"三菌一体"，即革兰氏阳性和阴性球菌、革兰氏阳性杆菌、放线菌和螺旋体等高度敏感，常作为首选药。临床上主要用于对青霉素 G 敏感的病原菌所引起的各种感染，如坏死杆菌病、炭疽病、破伤风、恶性水肿、气肿疽、牛肾盂肾炎、各种呼吸道感染、乳腺炎、子宫炎、放线菌病、钩端螺旋体病等。

【用法与用量】肌内注射，一次量，1 万～2 万国际单位/千克体重（犊牛 2 万～3 万国际单位），2～3 次/天。乳管内注入，一次量，每一乳室，牛 10 万国际单位，1～2 次/天。奶的废弃期为 3 天。

【药物相互作用（不良反应）】其与氨基糖苷类合用可提高后者在菌体内的浓度，表现为协同作用。青霉素 G 不宜与红霉素、四环素、土霉素、卡那霉素、庆大霉素、大环内酯类、磺胺类药物、碳酸氢钠、维生素 C、去甲肾上腺素、阿托品、氯丙嗪以及重金属、酸类、碱类、醇类、碘、氧化剂、还原剂等混合和配伍应用。青霉素 G 的毒性极小，其不良反应除局部刺激性外，主要是过敏反应，但牛极少发生。

【注意事项】多数细菌对青霉素 G 不易产生耐药性，但金黄色葡萄球菌在与青霉素 G 长期反复接触后，能产生并释放大量的青霉素酶（β-内酰胺酶），使青霉素的 β-内酰胺环裂解而失效。对耐药金黄色葡萄球菌感染的治疗，可采用半合成青霉素类、头孢菌素类、红霉素等进行治疗。青霉素钾（钠）遇湿易分解失效，其铝盖胶塞瓶装制剂不宜放置冰箱中。

2. 普鲁卡因青霉素

【性状】白色或淡黄色结晶性粉末。微溶于水。遇酸、碱、氧化剂等迅速失效。每克含青霉素 95 万单位以上，普鲁卡因 0.38～0.4 克。

【适应证】用于对青霉素敏感菌引起的慢性感染的治疗，如牛子宫蓄脓、乳腺炎、复杂骨折等。

【用法与用量】肌内注射，一次量，1 万～2 万单位/千克体重；犊牛，2 万～3 万单位/千克体重，每天 1 次，连用 2～3 天。

【药物相互作用（不良反应）】见青霉素 G。

【注意事项】遇湿易分解失效，其铝盖胶塞瓶装制剂不宜放置冰箱中。常与青霉素合用，治疗青霉素敏感菌引起的慢性感染。

3. 氯唑西林（邻氯青霉素）

【性状】白色粉末或结晶性粉末。有引湿性，极易溶于水。应密封在干燥处保存。

【适应证】其属耐酸、耐酶青霉素，可供内服，对金黄色葡萄球菌、链球菌、肺炎球菌（特别是耐药菌株）等，具有杀菌作用。适用于耐药金黄色葡萄球菌等大多数革兰氏阳性菌引起的感染。

【用法与用量】肌内注射，2～5 毫克/千克体重，每天 2～4 次；乳管内注入，每乳室 200 毫克，每天或隔天 1 次。

【药物相互作用（不良反应）】邻氯青霉素不宜与四环素、土霉素、卡那霉素、庆大霉素、大环内酯类药物、磺胺类抗微生物药及碳酸氢钠、维生素 C、去甲肾上腺素、阿托品、氯丙嗪等混合应用。

【注意事项】遇湿易分解失效，其铝盖胶塞瓶装制剂不宜放置冰箱中。

4. 氨苄西林（氨苄青霉素、安比西林）

【性状】白色结晶性粉末。微溶于水，其钠盐易溶于水。应密封保存于冷暗处。

【适应证】广谱青霉素，对革兰氏阳性菌和革兰氏阴性菌，如链球菌、葡萄球菌、炭疽杆菌、布鲁氏菌、大肠杆菌、巴氏杆菌、沙门菌等均有抑杀作用，但对革兰阳性菌的作用不及青霉素 G，对铜绿假单胞菌和耐药金黄色葡萄球菌无效。其主要治疗敏感菌引起的呼吸道感染、消化道感染、尿路感染和败血症。在临床上常用于犊牛白痢、牛的巴氏杆菌病、肺炎、乳腺炎，亦可用于李氏杆菌病。本品与其它半合成青霉素、卡那霉素、庆大霉素等合用易发挥协同作用。

【用法与用量】混悬注射液，皮下或肌内注射，2～7 毫克/千克体重，一天 1 次，连用 2～3 天。如为革兰氏阴性菌感染，一天可注射 2 次；注射用氨苄西林钠，皮下或肌内注射，10～20 毫克/千克体重，一天 2～3 次，连用 2～3 天；乳房注入剂乳内给药，每乳室 4.5 克，隔 3 周 1 次。

【药物相互作用（不良反应）】同青霉素 G。另外对胃肠道正常菌群有较强的干扰作用，成年反刍动物禁止内服。

【注意事项】遇湿易分解失效，其铝盖胶塞瓶装制剂不宜放置冰箱中。

5. 阿莫西林（羟氨苄青霉素）

【性状】类白色结晶性粉末，微溶于水。

【适应证】本品的作用、用途、抗菌谱与氨苄西林基本相同，但杀菌作用快而强，内服吸收比较好，对呼吸道、泌尿道及肝、胆系统感染疗效显著。与氨苄西林有完全的交叉耐药性。

【用法与用量】内服，15～20 毫克/千克体重，每天 2 次；肌内注射，4～7 毫克/千克体重，每天 2 次，连用 3 天。

【药物相互作用（不良反应）】同青霉素 G。

【注意事项】遇湿易分解失效，其铝盖胶塞瓶装制剂不宜放置冰箱中；尽量不要口服。

二、头孢菌素类

1. 头孢噻吩（先锋霉素 I）

【性状】白色结晶性粉末，易溶于水。粉末久置后颜色变黄，但不影响效力，而溶液变黄后即不可使用。应遮光、密封置阴凉干燥处保存。

【适应证】对革兰氏阳性菌和革兰氏阴性菌及钩端螺旋体均有较

强作用，但对铜绿假单胞菌、真菌、支原体、结核分枝杆菌无效。主要用于葡萄球菌、链球菌、肺炎球菌和巴氏杆菌、大肠杆菌、沙门菌等引起的呼吸道、泌尿道感染及牛乳腺炎等。

【用法与用量】肌内注射，10～20 毫克/千克体重，每天 1～2 次。

【药物相互作用（不良反应）】不宜与庆大霉素合用。

【注意事项】内服吸收不良，只供注射。对肝、肾功能有影响。

2. 头孢噻呋

【性状】本品为类白色至淡黄色粉末，难溶于水，在丙酮中微溶，在乙醇中几乎不溶。

【适应证】头孢噻呋抗菌谱广、抗菌活性强，对革兰氏阳性菌、革兰氏阴性菌及一些厌氧菌都有很强的抗菌活性。其用于防治畜禽细菌性疾病，如牛的溶血性巴氏杆菌、多杀性巴氏杆菌、昏睡嗜血杆菌引起的呼吸道病（运输热、肺炎），对化脓棒状杆菌等呼吸道感染也有效，也治疗坏死杆菌、产黑色拟杆菌引起的腐蹄病。

【用法与用量】肌内注射，一次量，1.1～2.2 毫克/千克体重，每日一次，连用 3 天。

【药物相互作用（不良反应）】其与氨基糖苷类药物有协同作用；与丙磺舒合用可提高血中药物浓度和延长半衰期；可能引起胃肠道菌群紊乱或二重感染，有一定的肾毒性；在牛可引起特征性的脱毛或瘙痒。

【注意事项】本品主要通过肾排泄，对肾功能不全者要注意调整剂量。

3. 头孢氨苄

【性状】本品为白色或淡黄色结晶性粉末；微臭。在水中微溶，在乙醇、三氯甲烷或乙醚中不溶。

【适应证】具有广谱抗菌作用。用于敏感菌所致的呼吸道、泌尿道、皮肤和软组织感染。对革兰氏阳性菌抗菌活性较强。对部分大肠杆菌、变形杆菌、克雷伯菌、沙门菌和志贺菌等有抗菌作用。铜绿假单胞菌耐药。对严重感染不宜应用。用于治疗细菌引起的呼吸道病（运输热、肺炎）、腐蹄病、乳腺炎、犊牛腹泻、犊牛脐炎。

【用法与用量】肌内注射，一次量，1.1～2.2 毫克/千克体重，一日 1 次；乳管内注入，每乳室 200 毫克，每天 2 次，连用 2 天。

【药物相互作用（不良反应）】与氨基糖苷类药物有协同作用。

【注意事项】本品罕见肾毒性，但病畜肾功能严重损害或合用其他对肾有害的药物时则易于发生。

三、大环内酯类

红霉素

【性状】大环内酯类抗生素为白色或类白色结晶或粉末，难溶于水，与酸结合成盐则易溶于水，在酸性溶液中易破坏，pH 值低于 4 时，则全部失效。

【适应证】抗菌谱同青霉素 G，对各种革兰氏阳性菌，如金黄色葡萄球菌、链球菌、肺炎双球菌、炭疽杆菌、猪丹毒杆菌、淋球菌、梭状芽孢杆菌，革兰氏阴性菌如布鲁氏菌、脑膜炎球菌、流感嗜血杆菌、多杀性巴氏杆菌有高度抑菌作用。对其它多数革兰氏阴性杆菌不敏感，此外，对肺炎支原体、立克次体、钩端螺旋体也有效。主要用于治疗耐药金黄色葡萄球菌感染和青霉素过敏的病例，也可用于敏感菌引起的各种感染，如肺炎、子宫炎、乳腺炎、败血症等。

【用法与用量】内服，犊牛，每天 6.6～8.8 毫克/千克体重，均分为 3～4 次内服，连用 3～4 天；肌内注射或静脉注射，牛 2～4 毫克/千克体重，每天 2 次，连用 2～3 天。

【药物相互作用（不良反应）】红霉素液体剂型遇到酸性物质以及丁胺卡那霉素、硫酸链霉素、盐酸四环素、复合维生素 B、维生素 C 等会出现混浊、沉淀，易失效。本品对新生仔畜毒性大，内服可引起胃肠功能紊乱。

【注意事项】细菌对红霉素易产生耐药性，但不持久，停药数月后可恢复敏感性。

四、林可胺类

林可霉素（洁霉素）

【性状】盐酸林可霉素为白色结晶粉末。有微臭或特殊臭，味苦，易溶于水和乙醇。

【适应证】主要对革兰氏阳性菌，如金黄色葡萄球菌、链球菌、肺炎球菌、破伤风梭菌、炭疽杆菌、大多数产气荚膜杆菌等有较强抗菌作用，特别适用于耐青霉素、红霉素菌株感染及对青霉素过敏的病畜。常用于支原体和嗜血杆菌感染。对革兰氏阴性菌、肠球菌作用较差。也用作促生长饲料添加剂。

【用法与用量】肌内注射或静脉注射日量，5～20毫克/千克体重，分2次注射，连用3天。

【药物相互作用（不良反应）】与大观霉素和庆大霉素合用有协同作用；与氨基糖苷类和多肽类抗生素合用，可能加剧对神经肌肉接头的阻滞作用；与红霉素合用，有拮抗作用；与卡那霉素、新霉素混合静注，发生配伍禁忌。牛内服可能引起厌食、腹泻、酮血症、奶量减少等。

【注意事项】长期大量使用可出现胃肠功能紊乱。

五、氨基糖苷类

1. 硫酸链霉素

【性状】白色或类白色粉末，无臭或几乎无臭，味微苦。有引湿性，易溶于水，不溶于乙醇或三氯甲烷。

【适应证】抗菌谱较青霉素广，主要是对结核分枝杆菌和多种革兰氏阴性菌有强大的杀菌作用。对沙门菌、大肠杆菌、布鲁氏菌、巴氏杆菌、志贺菌属、嗜血杆菌均敏感。对革兰氏阳性球菌的作用不如青霉素；对钩端螺旋体、放线菌等也有效。主要用于对本品敏感的细菌所引起的急性感染，如大肠杆菌引起的肠炎、乳腺炎、子宫炎、败血症等；巴氏杆菌引起的牛出血性败血症、犊牛肺炎等以及钩端螺旋体病、放线菌病、伤寒等。此外，也可用于控制乳牛结核病的急性发作等。

【用法与用量】肌内注射，10～15毫克/千克体重，每天2次，连用2～3天。内服，犊牛，1克/次，每天2～3次，连用3～4天。

【药物相互作用（不良反应）】在弱碱性环境中抗菌作用增强，治疗泌尿道感染时，宜同时内服碳酸氢钠；与两性霉素、红霉素、新生

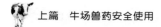

霉素钠、磺胺嘧啶钠在水中相遇会产生混浊沉淀，故在注射或饮水给药时不能合用；遇酸、碱或氯化剂、还原剂均易受破坏而失活。

【注意事项】硫酸链霉素对其他氨基糖苷类药物有交叉过敏现象，对氨基糖苷类过敏的患畜应禁用本品；患畜出现失水或肾功能损害时慎用。

2. 硫酸双氢链霉素

【性状】同硫酸链霉素。

【适应证】同硫酸链霉素。主要用于结核分枝杆菌和多种革兰氏阴性菌感染。

【制剂与规格】注射用硫酸双氢链霉素粉针，每支 0.5 克（50 万单位）、1 克（100 万单位）。

【用法与用量】肌内注射，10～15 毫克/千克体重，每天 2 次，连用 2～3 天。内服，犊牛，1 克/次，每天 2～3 次，连用 3～4 天。

【药物相互作用（不良反应）】、【注意事项】同硫酸链霉素。

3. 硫酸庆大霉素

【性状】白色或类白色粉末，无臭，有引湿性。易溶于水，在乙醇中不溶，性质稳定。

【适应证】抗菌谱广，对大多数革兰氏阴性菌及阳性菌都具有较强的抑菌或杀菌作用，特别是对耐药性金黄色葡萄球菌引起的感染有显著疗效，对结核分枝杆菌和支原体等也有效。主要用于耐药金黄色葡萄球菌、铜绿假单胞菌、变形杆菌、大肠杆菌等所引起的各种严重感染，如呼吸道、泌尿道感染，败血症，乳腺炎等。治疗犊牛败血症型、毒血症型和肠炎型大肠杆菌病有高效，对大肠杆菌、金黄色葡萄球菌或链球菌引起的急性、亚急性和慢性乳腺炎也有效。

【制剂与规格】硫酸庆大霉素注射液，每毫升含 2 万单位（20 毫克）、4 万单位（40 毫克）、8 万单位（80 毫克）。

【用法与用量】内服量，犊牛，10～15 毫克/千克体重，分 2～3 次服，连用 3～5 天。肌内注射，2～4 毫克/千克体重，每天 2 次，连用 2～3 天。

【药物相互作用（不良反应）】与 β-内酰胺类抗生素合用通常对

多种革兰氏阳性菌和阴性菌均有协同作用；与甲氧苄啶合用，对大肠杆菌及肺炎克雷伯菌也有协同作用；与四环素、红霉素合用可能出现拮抗作用；与头孢菌素类合用可能使肾毒性增强。

【注意事项】本品有呼吸抑制作用，不可静脉推注。

4. 硫酸庆大-小诺霉素

【性状】类白色或淡黄色疏松结晶粉末，无臭，有引湿性，易溶于水。

【适应证】同硫酸庆大霉素。

【制剂与规格】硫酸庆大-小诺霉素注射液，0.2 克（20 万单位）/5 毫升、0.2 克（20 万单位）/10 毫升、0.4 克（40 万单位）/10 毫升。

【用法与用量】肌内注射，1～2 毫克/千克体重，每天 2 次，连用 2～3 天。

【药物相互作用（不良反应）】、【注意事项】同硫酸庆大霉素。

5. 卡那霉素

【性状】白色或类白色粉末。有吸湿性，易溶于水。应密封保存于阴凉干燥处。

【适应证】抗菌谱广，对多种革兰氏阳性菌及阴性菌（包括结核分枝杆菌在内）都具有较好的抗菌作用。革兰氏阳性菌中，以金黄色葡萄球菌（包括耐药性金黄色葡萄球菌）、炭疽杆菌较敏感，链球菌、肺炎链球菌敏感性较差；对金黄色葡萄球菌的作用约与庆大霉素相等。革兰氏阴性菌中，以大肠杆菌最敏感，肺炎杆菌、沙门菌、巴氏杆菌、变形杆菌等近似，对其他革兰氏阴性菌的作用低于庆大霉素。主要用于敏感菌引起的呼吸道、泌尿道感染和败血症、皮肤和软组织感染的治疗。

【用法与用量】肌内注射，10～15 毫克/千克体重，每天 2 次，连用 3～5 天。

【药物相互作用（不良反应）】不宜与钙剂合用。其它参见硫酸链霉素。

【注意事项】对肾脏和听神经有毒害作用。其它参见硫酸链霉素。

6. 阿米卡星（丁胺卡那霉素）

【性状】其硫酸盐为白色或类白色结晶性粉末。几乎无臭，无味。在水中极易溶解，在甲醇中几乎不溶。

【适应证】半合成的氨基糖苷类抗生素，抗菌谱与庆大霉素相似。本品的耐酶性能较强，当微生物对其他氨基糖苷类耐药后，对本品还常敏感。主要用于对卡那霉素或庆大霉素耐药的革兰氏阴性杆菌所致的消化道、泌尿道、呼吸道、腹腔、软组织、骨和关节、生殖系统等部位的感染以及败血症等。

【用法与用量】皮下或肌内注射，一次量，5～10毫克/千克体重，每天2次，连用2～3天。

【药物相互作用（不良反应）】同硫酸链霉素。

【注意事项】主要以原形经肾排泄。患畜应足量饮水，以减少对肾小管损害；不可静脉注射，以免发生神经肌肉阻滞和呼吸抑制。

六、四环素类

1. 土霉素

【性状】土霉素为淡黄色的结晶性或无定形粉末；在日光下颜色变暗，在碱性溶液中易破坏失效。在水中极微溶解，易溶于稀酸、稀碱。

【适应证】土霉素主要是抑制细菌的生长繁殖。抗菌谱广，不仅对革兰氏阳性菌（如肺炎球菌、溶血性链球菌、部分葡萄球菌、破伤风梭菌和炭疽杆菌等）有效，而且还对革兰氏阴性菌（如沙门菌、大肠杆菌、巴氏杆菌、布鲁氏菌等）有抗菌作用；此外对立克次体、衣原体、支原体、螺旋体、放线菌和某些原虫等有效。但对铜绿假单胞菌、病毒和真菌无效；对革兰氏阳性菌的作用不如青霉素和头孢菌素；对革兰氏阴性菌的作用不如链霉素。临床用于支原体引起的牛肺炎、呼吸道感染、子宫感染和牛梨形虫病、边虫病、牛附红细胞体病等疾病的治疗。

【用法与用量】内服，犊牛，一次量，10～25毫克/千克体重，每日2～3次，连用3～5天；肌内注射，10～20毫克/千克体重，分1～2次注射（泌乳牛禁用）。

【**药物相互作用（不良反应）**】忌与碱溶液和含氯量高的水溶液混合；锌、铁、铝、镁、锰、钙等多价金属离子与其形成难溶的络合物而影响吸收，避免与乳类制品和含上述金属离子的药物和饲料共服。

【**注意事项**】应用土霉素可引起肠道菌群失调、二重感染等不良反应，故成年反刍兽不宜内服此药。

2. 金霉素

【**性状**】盐酸金霉素为金黄色或黄色结晶，微溶于水。应密封保存于干燥冷暗处。

【**适应证**】与土霉素相似。对革兰氏阳性菌（金黄色葡萄球菌）感染的疗效较土霉素好。可治疗犊牛肺炎、出血性败血症、乳腺炎和急性细菌性肠炎。低剂量可用作饲料添加剂，促进生长，改善饲料转化率。

【**用法与用量**】内服，犊牛，10～25毫克/千克体重，每天2次。其他同土霉素。

【**药物相互作用（不良反应）**】同土霉素。

【**注意事项**】同土霉素。

3. 多西环素

【**性状**】其盐酸盐为淡黄色或黄色结晶性粉末。易溶于水，微溶于乙醇。1%水溶液的pH为2～3。

【**适应证**】抗菌谱与其他四环素类相似，体内、体外抗菌活性较土霉素、四环素强。细菌对本品与土霉素、四环素等存在交叉耐药性。防治各种敏感细菌、附红细胞体、立克次体、支原体、螺旋体等引起的混合感染，如子宫炎、乳腺炎、犊牛腹泻、支气管炎、牛放线菌病、腐蹄病等及产后感染的控制。

【**用法与用量**】内服，犊牛，3～5毫克/千克体重，一天1次，连用3～5天；静脉注射，0.1毫升/千克体重。

【**药物相互作用（不良反应）**】本品与利福平或链霉素合用治疗布鲁氏菌病有协同作用。

【**注意事项**】奶牛泌乳期禁用，其他同土霉素。

七、酰胺醇类

酰胺醇类包括氯霉素、甲砜霉素和氟苯尼考，后两者为氯霉素的衍生物。氯霉素因骨髓抑制毒性及药物残留问题已被禁用所有食品动物。

1. 甲砜霉素

【性状】白色结晶性粉末，无臭，微溶与水，溶于甲醇，几乎不溶于乙醚或氯仿。

【适应证】广谱抗生素，对多数革兰氏阴性菌和革兰氏阳性菌均有抑菌（低浓度）和杀菌（高浓度）作用，对部分衣原体、钩端螺旋体、立克次体和某些原虫也有一定的抑制作用，对氯霉素耐药的菌株仍然对甲砜霉素敏感。主要用于畜禽的细菌性疾病，尤其是大肠杆菌、沙门菌及巴氏杆菌感染。

【用法与用量】内服量，犊牛，10～20毫克/千克体重，每天2次。

【药物相互作用（不良反应）】β-内酰胺类、大环内酯类和林可霉素与本品有拮抗作用。不产生再生障碍性贫血，但可抑制红细胞、白细胞和血小板生成，程度比氯霉素轻。

【注意事项】禁用于免疫接种期的动物和免疫功能严重缺损的动物；肾功能不全的患畜要减量或延长给药间隔。

2. 氟苯尼考（氟甲砜霉素）

【性状】白色或类白色结晶性粉末。无臭。在二甲基甲酰胺中极易溶解，在甲醇中溶解，在冰醋酸中略溶，在水或氯仿中极微溶解。

【适应证】畜禽专用抗生素。其抗菌活性是氯霉素的5～10倍；对氯霉素、甲砜霉素、阿莫西林、金霉素、土霉素等耐药的菌株仍有效。预防和治疗畜、禽和水产动物的各类细菌性疾病，尤其对呼吸道和肠道感染疗效显著，用于牛的呼吸道感染、乳腺炎等。

【用法与用量】内服量，犊牛，20～30毫克/千克体重，每天2次。

【药物相互作用（不良反应）】有胚胎毒性，故妊娠动物禁用。

【注意事项】本品不良反应少，不引起骨髓造血功能抑制或再生障碍性贫血。

八、多肽类

1. 多黏菌素 B

【性状】其硫酸盐为白色结晶粉末。易溶于水，有引湿性。在酸性溶液中稳定，其中性溶液在室温放置一周不影响效价，在碱性溶液中不稳定。

【适应证】本品为窄谱杀菌剂，对革兰氏阴性杆菌的抗菌活性强。用于治疗铜绿假单胞菌和其它革兰氏阴性杆菌所致的败血症及肺、尿路、肠道、烧伤创面等感染和乳腺炎。本类药物与其他抗菌药物间没有交叉耐药性。

【用法与用量】肌内注射，一天量，1毫克/千克体重，分2次注射；乳管内注入，每一乳室，奶牛5～10毫克；子宫腔注入，10毫克。内服，犊牛0.5万～1万单位/千克体重，每天2次。

【药物相互作用（不良反应）】本品易引起对肾脏和神经系统的毒性反应。现多作局部应用；本品与增效磺胺药、四环素类合用时，亦可产生协同作用。

【注意事项】一般不采用静脉注射，因可能引起呼吸抑制。

2. 多黏菌素 E（黏菌素、抗敌素）

【性状】其硫酸盐为白色或微黄色粉末。有引湿性，在水中易溶，在乙醇中微溶。

【适应证】抗菌谱与药动学特征与多黏菌素B相同。内服不吸收，用于治疗禽畜的大肠杆菌性下痢和对其他药物耐药的菌痢。外用于烧伤和外伤引起的铜绿假单胞菌局部感染和眼、耳、鼻等部位细菌的感染。

【用法与用量】注射已少用。内服，犊牛1.5～5毫克/千克体重，每天1～2次；混饲（用于促生长），每1000千克饲料，牛（哺乳期）5～40毫克；乳管内注入，每一乳室，奶牛5～10毫克。

【药物相互作用（不良反应）】本品吸收后，对肾脏和神经系统有明显毒性，在剂量过大或疗程过长，以及注射给药和肾功能不全时均

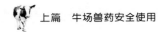

有中毒的危险。

3. 杆菌肽

【性状】杆菌肽系由苔藓样杆菌培养液中获得。白色或淡黄色粉末。具有吸湿性，易溶于水和乙醇。本品的锌盐为灰色粉末，不溶于水，性质稳定。

【适应证】对革兰氏阳性菌有杀菌作用，包括耐药的金黄色葡萄球菌、肠球菌、链球菌，对螺旋体和放线菌也有效，但对革兰氏阴性杆菌无效。本品的抗菌作用不受环境中脓、血、坏死组织或组织渗出液的影响。本品的锌盐专门用作饲料添加剂。临床上还可局部应用于革兰氏阳性菌所致的皮肤、伤口感染，眼部感染和乳腺炎等。欧盟从2000年开始禁用本品作促生长剂。

【用法与用量】混饲，每1000千克饲料，三月龄以下犊牛10～100克，3～6月龄4～40克。

【药物相互作用（不良反应）】本品与青霉素、链霉素、新霉素、多黏菌素等合用有协同作用。

【注意事项】勿在液体饲料中应用。

第三节　合成抗菌药的安全使用

一、磺胺类

1. 磺胺脒（SG）

【性状】白色针状结晶性粉末。无臭或几乎无臭，无味，遇光易变色。微溶于水。

【适应证】内服吸收少，在肠内可保持较高浓度。适用于防治肠炎、腹泻等细菌性感染。

【用法与用量】内服，犊牛，0.12克/千克体重，每天2次。

【药物相互作用（不良反应）】用量过大或肠阻塞、严重脱水等患畜应用易损害肾脏。

【注意事项】成年反刍动物少用。

2. 琥珀酰磺胺噻唑（SST）

【性状】白色或微黄色晶粉。不溶于水。

【适应证】内服不易吸收，在肠内经细菌作用后，释出磺胺噻唑而发挥抗菌作用。抗菌作用比磺胺脒强，副作用也较小。用途同磺胺脒。

【用法与用量】同磺胺脒。

【药物相互作用（不良反应）】用量过大或肠阻塞、严重脱水等患畜应用易损害肾脏。

【注意事项】成年反刍动物少用。

3. 酞酰磺胺噻唑（酞磺噻唑，PST）

【性状】本品为白色或类白色的结晶性粉末，无臭。在乙醇中微溶，在水或三氯甲烷中几乎不溶，在氢氧化钠试液中易溶。

【适应证】内服不易吸收，并在肠道内逐级释放出磺胺噻唑而呈现出抑菌作用。抗菌作用比磺胺脒强，副作用也较小。主要用于幼畜和中小动物肠道细菌感染。

【用法与用量】内服，犊牛，0.1～0.15克/千克体重，每天2次，连用3～5天。

【药物相互作用（不良反应）】、【注意事项】同磺胺脒。

4. 磺胺嘧啶（SD）

【性状】白色或类白色结晶粉。几乎不溶于水，其钠盐溶于水。

【适应证】抗菌力较强，对各种感染均有较好疗效，主要用于巴氏杆菌病、子宫内膜炎、乳腺炎、败血症、弓形虫病等，亦是治疗各种脑部细菌感染的良好药物。

【用法与用量】内服或肌内注射，首次量，0.14～0.2克/千克体重，维持量减半，每天2次，连用3～5天；复方磺胺嘧啶注射液，肌内注射，一次量，20～30毫克/千克体重，一天1～2次，连用2～3天；磺胺嘧啶注射液，静脉注射，一次量，50～100毫克/千克体重，一天1～2次，连用2～3天。

【药物相互作用（不良反应）】磺胺类药物与抗菌增效剂合用，可产生协同作用；磺胺嘧啶与许多药物之间有配伍禁忌。液体遇到氯霉素、庆大霉素、卡那霉素、林可霉素、土霉素、链霉素、四环素、万古霉素、复方维生素等，会出现沉淀；同服噻嗪类或速尿等利尿剂，可增加肾毒性和使血小板减少；本类药物的注射液不宜与酸性药物配伍使用。

【注意事项】应用磺胺类药物时，必须要有足够的剂量和疗程，通常首次用量加倍，使血中药物浓度迅速达到有效抑菌浓度；用药期间应充分饮水，增加尿量，以促进排出；肉食兽和杂食兽应同服碳酸氢钠，并增加饮水，以减少或避免其对泌尿道的损害。

5. 磺胺二甲嘧啶（SM₂）

【性状】白色或微黄色结晶或粉末。几乎不溶于水，其钠盐溶于水。

【适应证】抗菌力较强，但比磺胺嘧啶稍弱，有抗球虫作用。用于防治巴氏杆菌病、乳腺炎、子宫炎、呼吸道和消化道感染等。

【用法与用量】内服，0.05 克/千克体重，每天 1～2 次，首次用量加倍。注射用法、用量同内服。磺胺二甲嘧啶钠注射液，静脉、肌内注射，一次量，50～100 毫克/千克体重，每天 1～2 次，连用 2～3 天。

【药物相互作用（不良反应）】、【注意事项】同磺胺嘧啶。

6. 磺胺噻唑（ST）

【性状】白色或淡黄色结晶、颗粒或粉末。极微溶于水。

【适应证】抗菌作用比磺胺嘧啶强，用于敏感菌所致的肺炎、出血性败血症、子宫内膜炎等。对感染创伤可外用其软膏剂。

【用法与用量】内服，70～100 毫克/千克体重，每 8 小时 1 次，首次量加倍；肌内注射，牛 70 毫克/千克体重，每 8～12 小时 1 次。

【药物相互作用（不良反应）】、【注意事项】同磺胺嘧啶。

7. 磺胺甲噁唑（新诺明，SMZ）

【性状】白色结晶性粉末。几乎不溶于水。

【适应证】抗菌作用较其他磺胺药强。与抗菌增效剂甲氧苄啶（TMP）合用，抗菌作用可增强数倍至数十倍。主要用于治疗呼吸道、泌尿道感染。

【用法与用量】内服或肌内注射，首次量 0.1 克/千克体重，维持量 0.07 克/千克体重，每天 2 次；复方新诺明片，内服，20～25 毫克/千克体重，每天 2 次，连用 3 天。

【药物相互作用（不良反应）】同磺胺嘧啶。

【注意事项】同磺胺嘧啶。

8. 磺胺对甲氧嘧啶（磺胺-5-甲氧嘧啶、消炎磺，SMD）

【性状】白色或微黄色结晶粉。几乎不溶于水，其钠盐溶于水。

【适应证】其对革兰氏阳性菌和革兰阴性菌（如化脓性链球菌、沙门菌和肺炎杆菌）均有良好的抗菌作用，但较制菌磺弱；对尿路感染疗效显著；对生殖、呼吸系统及皮肤感染也有效；与 TMP 合用可增强疗效。

【用法与用量】磺胺对甲氧嘧啶片内服，首次量 50～100 毫克/千克体重，一天 1～2 次，连用 3～5 天；复方磺胺对甲氧嘧啶片内服，首次量 25～50 毫克/千克体重，一天 2～3 次，连用 3～5 天；注射液肌内注射（以磺胺对甲氧嘧啶计），15～20 毫克/千克体重，一天 1～2 次，连用 2～3 天。

【药物相互作用（不良反应）】、【注意事项】本品不能用葡萄糖溶液稀释。其它同磺胺嘧啶。

9. 磺胺间甲氧嘧啶（磺胺-6-甲氧嘧啶、制菌磺，SMM）

【性状】白色或微黄色结晶粉。几乎不溶于水，其钠盐溶于水。

【适应证】其是体内外抗菌作用最强的磺胺药，对球虫和弓形虫也有显著作用。用于防治各种敏感菌所致的畜禽呼吸道、消化道、泌尿道感染等。局部灌注可用于治疗乳腺炎、子宫炎等。与 TMP 合用可增强疗效。

【用法与用量】内服，0.025 克/千克体重，每天 1 次，首次量加倍。肌内注射，0.05 克/千克体重，每天 2 次。

【药物相互作用（不良反应）】、【注意事项】同磺胺嘧啶。

10. 磺胺甲氧嗪

【性状】白色或微黄色结晶粉，几乎不溶于水。

【适应证】其对链球菌、葡萄球菌、肺炎球菌、大肠杆菌、李氏杆菌等有较强的抗菌作用。

【用法与用量】 内服，首次量，0.14～0.2 克/千克体重，维持量减半，每天 2 次，连用 3～5 天；注射液，静脉或肌内注射，一次量，50 毫克/千克体重，一天 1 次；复方注射液肌内注射（以磺胺甲氧嗪钠计），一次量，15～25 毫克/千克体重。

【药物相互作用（不良反应）】、**【注意事项】** 同磺胺嘧啶。

11. 磺胺多辛（磺胺-5,6-二甲氧嘧啶、周效磺胺，SDM）

【性状】 白色或近白色结晶粉，几乎不溶于水。

【适应证】 抗菌作用同磺胺嘧啶，但稍弱。内服吸收迅速。主要用于轻度或中度呼吸道、消化道和泌尿道感染。

【用法与用量】 内服，0.01～0.1 克/千克体重，每天 1 次；肌内注射或静脉注射，0.025 克/千克体重，每天 1 次。

【药物相互作用（不良反应）】、**【注意事项】** 同磺胺嘧啶。

二、抗菌增效剂

1. 甲氧苄啶（甲氧苄氨嘧啶、三甲氧苄氨嘧啶，TMP）

【性状】 白色或淡黄色结晶粉末，味微苦。在乙醇中微溶，水中几乎不溶，在冰醋酸中易溶。

【适应证】 抗菌谱广，TMP 的抗菌作用与磺胺类相似而效力较强。本品与磺胺类药的复方制剂，对畜禽呼吸道、消化道、泌尿道等多种感染和皮肤、创伤感染、急性乳腺炎等，均有良好的防治效果。

【用法与用量】 内服或肌内注射，10 毫克/千克体重，每天 2 次。本品与各种磺胺药的复方制剂配比为 1：5。

【药物相互作用（不良反应）】 与磺胺类药及抗生素合用，抗菌作用可增加数倍甚至数十倍，并可出现强大的杀菌作用，可减少药物用量及不良反应的发生。

【注意事项】 单用易产生耐药性，一般不单独作抗菌药使用。

2. 二甲氧苄啶（二甲氧苄氨嘧啶，DVD）

【性状】 白色粉末或微金黄结晶，味微苦。在水、乙醇中不溶，在盐酸中溶解，在稀盐酸中微溶。

【适应证】其与 TMP 相同但作用较弱。内服吸收不良,在消化道内可保持较高浓度,因此,用于防治肠道感染的抗菌增效作用比 TMP 强。常与磺胺类药联合,用于防治畜禽球虫病及肠道感染等。

【用法与用量】内服,10 毫克/千克体重,每天 2 次。

【药物相互作用(不良反应)】、【注意事项】同甲氧苄啶。

三、喹诺酮类

1. 恩诺沙星

【性状】本品为白色结晶性粉末。无臭,味苦。在水中或乙醇中极微溶解,在醋酸、盐酸或氢氧化钠溶液中易溶。其盐酸盐及乳酸盐均易溶于水。

【适应证】本品为广谱杀菌药,对支原体有特效。对大肠杆菌、克雷伯菌、沙门菌、变形杆菌、铜绿假单胞菌、嗜血杆菌、多杀性巴氏杆菌、副溶血性弧菌、金黄色葡萄球菌、链球菌、化脓棒状球菌、猪丹毒杆菌、禽败血支原体、滑液囊支原体、衣阿华支原体和火鸡支原体等均有强大的作用。其抗支原体的效力比泰乐菌素和泰妙菌素强。对耐泰乐菌素、泰妙菌素的支原体,本品亦有效。

【用法与用量】内服,一次量,反刍前犊牛 2.5～5 毫克/千克体重,2 次/天,连用 3～5 天;肌内注射,一次量,2.5 毫克/千克体重,1～2 次/天,连用 2～3 天。

【药物相互作用(不良反应)】其与氨基糖苷类、广谱青霉素合用有协同作用;钙离子、镁离子、铁离子等金属离子与本品可发生螯合,影响吸收;可抑制茶碱类、咖啡因和口服抗凝血药在肝中的代谢,使上述药物浓度升高引起不良反应。

【注意事项】慎用于供繁殖用幼畜;孕畜及泌乳母畜禁用;肉食动物及肾功能不全动物慎用。

2. 环丙沙星

【性状】其盐酸盐和乳酸盐为淡黄色结晶性粉末。易溶于水。

【适应证】广谱杀菌药。对革兰氏阴性菌的抗菌活性是目前兽医临床应用的氟喹诺酮类最强的一种;对革兰氏阳性菌的作用也较强。此外,对支原体、厌氧菌、铜绿假单胞菌亦有较强的抗菌作用。用于全身各系统的感染，对消化道、呼吸道、泌尿生殖道、皮肤软组织感染及支原体感染等均有良效。

【用法与用量】肌内注射，一次量，2.5毫克/千克体重，2次/天，连用2～3天。

【药物相互作用（不良反应）】与氯霉素合用，药效降低，故使用过氯霉素的畜禽，48小时内不宜用本药。忌与含铝、镁等金属离子的药物同用。

其可使幼龄动物软骨发生变性，引起跛行及疼痛；消化系统反应有呕吐、腹痛、腹胀；皮肤反应有红斑、瘙痒、荨麻疹及光敏反应等。

【注意事项】应避光保存，其他同恩诺沙星。

3. 达氟沙星

【性状】其甲磺酸盐，为白色至淡黄色结晶性粉末。无臭，味苦。在水中易溶，在甲醇中微溶。

【适应证】本品属于广谱杀菌药。对牛溶血性巴氏杆菌、多杀性巴氏杆菌、支原体等均有较强的抗菌活性。主要用于牛巴氏杆菌病、肺炎。

【用法与用量】肌内注射，一次量，1.25～2.5毫克/千克体重，1次/天。

【药物相互作用（不良反应）】、【注意事项】同恩诺沙星。

四、喹𫫇啉类

乙酰甲喹（痢菌净）

【性状】黄色晶粉，无臭，味微苦，在水中微溶。

【适应证】广谱抗菌药，对多数细菌有较强的抑制作用，对革兰氏阴性菌作用更强，对蛇形螺旋体作用尤为突出。对大肠杆菌、巴氏杆菌、鼠伤寒沙门菌、变形杆菌的作用较强；对某些革兰氏阳性菌如金黄色葡萄球菌、链球菌亦有抑制作用。对犊牛腹泻、犊牛伤寒等均有效。

【用法与用量】内服，一次量，5～10毫克/千克体重，2次/天，连用3天；肌内注射，一次量，犊牛2.5～5毫克/千克体重，2次/

天，连用 3 天。

【药物相互作用（不良反应）】本品治疗量时安全性好，内服吸收良好。但当使用剂量过高或使用时间过长时，会引起不良反应，甚至死亡。

【注意事项】本品只能作为治疗用药，不能用作促生长添加剂。

五、硝基咪唑类

甲硝唑

【性状】本品为白色或微黄色的结晶或结晶性粉末；有微臭，味苦而略咸。本品在乙醇中略溶，在水或氯仿中微溶，在乙醚中极微溶解。

【适应证】其主要用于治疗或预防部分厌氧菌引起的系统或局部感染，如腹腔、消化道、下呼吸道、皮肤及软组织、骨和关节等部位的厌氧菌感染，对败血症、心内膜炎、脑膜感染以及使用抗生素引起的结肠炎也有效。还可用于抗滴虫和抗阿米巴原虫。本品的硝基，在无氧环境中还原成氨基而显示抗厌氧菌作用，对需氧菌或兼性需氧菌则无效。对拟杆菌属（包括脆弱拟杆菌）、梭杆菌属、梭状芽孢杆菌属（包括破伤风梭菌）、部分真杆菌和消化道链球菌等厌氧菌有较好的抗菌作用。

【用法与用量】内服，一次量，60 毫克/千克体重，1～2 次/天；静脉滴注，10 毫克/千克体重，1 次/天。连用 3 天。外用，配成 5% 软膏涂敷，配成 1% 溶液冲洗尿道。

【药物相互作用（不良反应）】本品能增强华法林等抗凝药物的作用。与土霉素合用可干扰甲硝唑清除阴道滴虫的作用。

第四节　抗真菌药的安全使用

1. 灰黄霉素

【性状】白色或近白色细粉末。难溶于水。

【适应证】对小孢子菌、表皮癣菌和毛癣菌等皮肤真菌均有抑制作用，但对深部真菌无效。主要用于治疗家畜浅部真菌感染。治疗以

内服为主，外用几乎无效。

【用法与用量】内服量，犊牛 10～20 毫克/千克体重，分 2～3 次服。皮肤毛癣连用 3～4 周，甲、爪癣连用数月，直至痊愈。

【药物相互作用（不良反应）】常见有恶心、腹泻、皮疹、头痛、白细胞减少等症状。另外，本品可能有致癌和致畸胎作用，目前不少国家已将其淘汰。

【注意事项】肝脏病畜和妊娠家畜不宜应用。

2. 制霉菌素

【性状】淡黄色粉末，有吸湿性，不溶于水。

【适应证】广谱抗真菌药。其对念珠菌、曲霉菌、毛癣菌、表皮癣菌、小孢子菌、组织胞浆菌、皮炎芽生菌、球孢子菌等均有抑菌或杀菌作用。主要用于防治胃肠道和皮肤黏膜真菌感染及长期服用广谱抗生素所致的真菌性二重感染。气雾吸入对肺部霉菌感染效果好。

【用法与用量】内服，250 万～500 万单位/次，每天 3～4 次。软膏剂、混悬剂（现用现配）供外用。

【药物相互作用（不良反应）】口服及局部用药不良反应较少，但剂量过大时可引起动物呕吐、食欲下降。

【注意事项】本品口服不易吸收，多数随粪便排出，因其毒性大，不宜用于全身治疗。

3. 两性霉素 B

【性状】黄色至橙色结晶性粉末。不溶于水。

【适应证】抗深部真菌感染药。组织胞浆菌、念珠菌、皮炎芽生菌、球孢子菌等对本品敏感。主要用于治疗上述敏感菌所致的深部真菌感染，对曲霉病和毛霉病亦有一定疗效。对胃肠道、肺部真菌感染宜用内服或气雾吸入，以提高疗效。

【用法与用量】静脉注射量，0.125～0.5 毫克/千克体重。隔日 1 次或 1 周 2 次，总剂量不超过 11 毫克/千克体重。临用时先用注射用水溶解，再用 5% 葡萄糖注射液（切勿用生理盐水）稀释成 0.1% 注射液，缓慢静脉注入。

【药物相互作用（不良反应）】本品与氨基糖苷类抗生素、氯化钠等合用药效降低，与利福平合用疗效增强。

【注意事项】本品对光热不稳定，应于15℃以下保存；肾功能不全者慎用；粉针不宜用生理盐水稀释，先用灭菌注射用水溶解，再用5％葡萄糖溶液稀释成0.1％浓度后缓缓注射。

4. 克霉唑

【性状】白色结晶性粉末。难溶于水。

【适应证】广谱抗真菌药。其对皮肤癣菌类的作用与灰黄霉素相似，对深部真菌的作用类似两性霉素B。内服适用于治疗各种深部真菌感染，外用对治疗各种浅表真菌病也有良好效果。

【用法与用量】内服日量，成年牛5～10克，犊牛0.75～1.5克，分2次服。软膏剂和水剂供外用，前者每天1次，后者每天2～3次。

【药物相互作用（不良反应）】长时间使用可见有肝功能不良反应，停药后即可恢复。

【注意事项】本品为抑菌剂，毒性小，各种真菌不易产生耐药性。

第三章

抗寄生虫药物的安全使用

第一节　抗寄生虫药物安全使用概述

一、抗寄生虫药物的概念和种类

抗寄生虫药物概念和种类见图 3-1。

抗寄生虫药物是指用来驱除或杀灭动物体内、外寄生虫的物质

抗蠕虫药			抗原虫药				杀虫药			
驱线虫药	驱绦虫药	驱吸虫药	抗球虫药	抗锥虫药	抗梨形虫药	抗滴虫药	有机磷类杀虫剂	拟除虫菊酯类杀虫药	甲脒类杀虫药	其它杀虫药

图 3-1 抗寄生虫药物概念和种类

二、抗寄生虫药物的使用要求

1. 准确选择药物

理想的抗寄生虫药应具备安全、高效、价廉、适口性好、使用方便等特点。目前，虽然尚无完全符合以上条件的抗寄生虫药，但仍可根据药品的供应情况、经济条件及发病情况等，选用比较理想的药物来防治寄生虫病。首选对成虫、幼虫、虫卵有抑杀作用且对动物机体毒性小及不良反应轻微的药物。由于动物寄生虫感染多为混合感染，可考虑选择广谱抗寄生虫药物。而且在用药过程中，不仅要了解寄生

虫的寄生方式、流行特点、季节动态、感染强度和范围等信息，还要充分考虑宿主的功能状态、对药物的反应等。只有正确认识药物、寄生虫和宿主三者之间的关系，熟悉药物的理化性状，采用合理的剂型、剂量和治疗方法，才能达到最好的防治效果。

2. 选择适宜的剂型和给药途径

由于抗寄生虫药的毒性较大，为提高驱虫效果、减轻毒性和便于使用，应根据动物的年龄、身体状况确定适宜的给药剂量，兼顾既能有效驱杀虫体，又不引起宿主动物中毒这两方面。如消化道内寄生虫可选用内服剂型，消化道外寄生虫可选择注射剂型，体表寄生虫可选外用剂型。

3. 做好相应准备工作

驱虫前做好药物、投药器械（注射器、喷雾器等）及栏舍的清理等准备工作；在对大批畜禽进行驱虫治疗或使用数种药物混合治疗之前，应先使少数畜禽预试，注意观察反应和药效，确保安全有效后再全面使用。此外，无论是大批投药，还是预试驱虫，均应了解驱虫药物特性，备好相应解毒药品。在使用驱虫药的前后，应加强对畜禽的护理观察，一旦发现体弱、患病的畜禽，应立即隔离、暂停驱虫；投药后发现有异常或中毒的畜禽应及时抢救；要加强对畜禽粪便的无害化处理，以防病原体扩散；搞好畜禽圈舍清洁、消毒工作，对用具、饲槽、饮水器等设施定期进行清洁和消毒。

4. 适时投药

寄生虫病重在预防，要根据当地寄生虫的流行特点选择适当的时间和药物进行驱虫。肉牛场一般在春秋两季选用广谱驱虫药集中两次驱虫，新引进的肉牛观察 1～2 周后集中驱虫。肉牛在肥育前可以选用丙硫咪唑、左旋咪唑、伊维菌素、阿维菌素等驱除线虫、绦虫、吸虫 1～2 次，提高肥育效果。

奶牛场每年春秋两季全群驱虫，对于饲养环境较差的养殖场（户），每年在 5 月至 6 月增加驱虫一次。犊牛在断奶前后必须进行保护性驱虫，防止断奶后产生的营养应激，诱导寄生虫的侵害。种公牛每年必须保持四次驱虫，以保证优良的健康状况。母牛要在进入围产

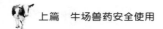

前进行驱虫，以保证母牛和犊牛免受寄生虫的侵害。育成奶牛在配种前应当驱虫，以提高受胎率。新进奶牛进场后必须驱虫并隔离15天后再合群。转场或转舍前必须进行驱虫，减少对新舍（场）的污染。

5. 避免寄生虫产生耐药性

反复或长期使用某些抗寄生虫药物，容易使寄生虫产生不同程度的耐药性。目前，世界各地均有耐药寄生虫株出现，这种耐药虫株不但使原有的抗寄生虫药合理使用治疗无效，而且还可产生交叉耐药性，降低驱（杀）虫效果。因此，应经常更换使用不同类型的抗寄生虫药物，以减少或避免耐药虫株的产生。

6. 保证人体健康

有些抗寄生虫药物在动物体内的分布和在组织内的残留量及维持时间的长短，对人体健康关系十分重要。有些抗寄生虫药物残留在供人食用的肉产品中能危害人体健康，造成严重的公害现象。因此，许多国家为了保证人体健康，制定了允许残留量的标准（高于此标准即不能上市出售）和休药期（即上市前停药时间），以免对人体造成不利影响，因此应注意在规定的休药期禁止用药。

第二节　抗蠕虫药的安全使用

一、驱线虫药

1. 伊维菌素

【性状】白色结晶性粉末。无臭，无味。几乎不溶于水，溶于甲醇、乙醇、丙酮等溶剂。

【适应证】其具有广谱、高效、低毒、用量小等优点。对家畜蛔虫、蛲虫、旋毛虫、钩虫、肾虫、心丝虫、肺线虫等均有良好驱虫效果；对牛皮蝇、疥螨、痒螨、蝇蚴等外寄生虫也有良好效果。

【用法与用量】可皮下注射、内服、灌服、混饲或沿背部浇注。0.2毫克/千克体重。必要时间隔7～10天，再用药1次。

【药物相互作用（不良反应）】伊维菌素注射液，仅供皮下注射，不宜作肌内或静脉注射，皮下注射时偶有局部反应，以马为重，用时慎重。

【注意事项】伊维菌素的安全范围大，应用过程很少见不良反应，但超剂量可以引起中毒，无特效解毒药。泌乳动物及1个月内临产母牛禁用。牛宰前28天停用本药。

2. 阿维菌素

【性状】白色或淡黄色结晶性粉末，无味。在醋酸乙酯、丙酮、氯仿中易溶，在甲醇、乙醇中略溶，在正己烷、石油醚中微溶，在水中几乎不溶。熔点157～162℃。

【适应证】其具有广谱、高效、低毒、用量小等优点。对家畜蛔虫、蛲虫、旋毛虫、钩虫、肾虫、心丝虫、肺线虫等均有良好驱虫效果；对马胃蝇、牛皮蝇、疥螨、痒螨、蝇蚴等外寄生虫也有良好效果。

【用法与用量】可皮下注射、内服、灌服、混饲或沿背部浇注。0.2毫克/千克体重。必要时间隔7～10天，再用药1次。

【药物相互作用（不良反应）】、【注意事项】阿维菌素的毒性较伊维菌素稍强，敏感动物慎用；其他同伊维菌素。

3. 左旋咪唑

【性状】白色结晶性粉末。易溶于水。在酸性水溶液中稳定，在碱性水溶液中易水解失效，应密封保存。

【适应证】广谱、高效、低毒驱线虫药，临床广泛用于驱除各种畜禽消化道和呼吸道的多种线虫成虫和幼虫及肾虫、心丝虫、脑脊髓丝虫、眼虫等，具有良好效果，并具有明显的免疫增强作用。

【用法与用量】内服、混饲、饮水、皮下或肌内注射、皮肤涂擦、点眼给药均可，依药物剂型和治疗目的不同选择用法。不同剂型、不同给药途径的驱虫效果相同。内服，7.5～8.0毫克/千克体重；皮下注射或肌内注射，7.5～8.0毫克/千克体重。

【药物相互作用（不良反应）】不良反应少，主要有恶心、呕吐及腹痛等，但症状轻微而短暂，多不需处理。偶有轻度肝功能异常，停药后可恢复。

【注意事项】中毒时可用阿托品解毒。牛宰前 7 天应停药。

4. 甲苯咪唑

【性状】白色或微黄色粉末。无臭。不溶于水，易溶于甲酸和乙酸。

【适应证】广谱抗蠕虫药，对各种消化道线虫、旋毛虫和绦虫均有良好的驱除效果，较大剂量对肝片吸虫亦有效。

【用法与用量】10～20 毫克/千克体重，1 次内服。

【药物相互作用（不良反应）】常用量不良反应较轻，少数有头昏、恶心、腹痛、腹泻；大剂量偶致变态反应、中性粒细胞减少、脱发等。具胚胎毒性，孕畜禁用。个别病例服药后因蛔虫游走而造成吐虫，同时服用噻嘧啶或改用复方甲苯咪唑可避免。

5. 阿苯达唑（丙硫咪唑、抗蠕敏）

【性状】白色或浅黄色粉末。无臭，无味。不溶于水，易溶于冰醋酸中。

【适应证】广谱、高效、低毒抗蠕虫药，对多种动物的各种线虫和绦虫均有良好效果，对绦虫卵和吸虫亦有较好效果，对棘头虫有效。

【用法与用量】粉剂、片剂可内服或混饲，粉剂亦可配成灭菌油悬液肌内注射。内服，牛，8～10 毫克/千克体重（驱线虫、绦虫）或 10～20 毫克/千克体重（驱吸虫）。

【药物相互作用（不良反应）】副作用轻微而短暂，少数有口干、乏力、腹泻等，可自行缓解。长期用药可导致血浆中转氨酶升高，偶致黄疸。有胚胎毒性和致畸作用，孕畜禁用。肝、肾功能不全，溃疡病畜慎用。

【注意事项】该药对马裸头绦虫、姜片吸虫和细颈囊尾蚴无效，对猪棘头虫效果不稳定。牛、羊宰前 14 天应停药。

6. 芬苯达唑（苯硫咪唑）

【性状】白色或类白色粉末；无臭，无味。在二甲基亚砜中溶解，在甲醇中微溶，在水中不溶，在冰醋酸中溶解，在稀酸中微溶。

【适应证】广谱、高效、低毒抗蠕虫药，对各种动物的各种胃肠道线虫、网尾线虫、冠尾线虫的成虫和幼虫均具有很好的驱除效果，并具有杀灭虫卵作用。对驱除莫尼茨绦虫、片形吸虫、矛形双腔吸虫和前后盘吸虫等亦有较好效果。

【用法与用量】 内服，5 毫克/千克体重，连用 3 天。

【药物相互作用（不良反应）】 毒性小，临床使用安全。

【注意事项】 牛宰前 14 天应停药。

7. 敌百虫

【性状】 纯品为白色结晶性粉末，有潮解性、挥发性与腐蚀性，易溶于醚、酒精等有机溶剂，水溶液呈酸性。性质不稳定，久置可分解，宜新鲜配制。碱性水溶液不稳定，可经分子重排而产生敌敌畏，在碱性作用下，再继续分解而失效。粗制品呈糊状，供外用。

【适应证】 其具有接触毒、胃毒和吸入毒作用。广谱驱虫、杀虫药，不仅广泛用于驱除家畜消化道线虫，对姜片吸虫、血吸虫等亦有一定效果。外用为杀虫药，可用于杀灭蝇蛆、螨、蜱、虱、蚤等。

【用法与用量】 驱虫常配成 2% ～3% 水溶液灌服，剂量为 0.04～0.08 克/千克体重；治疗水牛血吸虫病按 15 毫克/千克体重内服，每天 1 次，连用 5 天；防治牛皮蝇蛆用 2% 溶液 300～500 毫升涂擦牛体，隔 30～40 天重复 1 次。外用，1% ～2% 水溶液，局部涂擦或喷洒，可防治蜱、螨、虱等；杀灭蚊、蝇、蠓等外寄生虫，可用 0.1% ～0.5% 溶液喷洒环境。

【药物相互作用（不良反应）】 忌与碱性药物、胆碱酯酶抑制药配伍应用，否则毒性大为增强。家禽对敌百虫敏感，易中毒，应慎用。若发生中毒，可用阿托品解毒。

【注意事项】 用本药大规模驱虫前应先做安全试验。在水溶液中易水解失效，应现用现配。

8. 哈罗松（海罗松、哈洛克酮）

【性状】 白色结晶性粉末。无臭，无味。不溶于水，易溶于丙酮和氯仿。

【适应证】 本品为毒性很小的有机磷驱虫药。对驱除牛胃内、小肠内和肝内线虫均有良好效果，对大肠内线虫作用较弱，对钩虫和毛

首线虫效果不稳定。

【用法与用量】内服，40～44 毫克/千克体重。

【注意事项】候宰前 7 天应停药。其他参考敌百虫。

二、驱绦虫药

1. 吡喹酮

【性状】本品为白色或类白色结晶性粉末，味苦。微溶于水，溶于乙醇、氯仿等有机溶剂。应密封保存。

【适应证】广谱、高效、低毒抗蠕虫药。对各种动物的大多数绦虫成虫和未成熟虫体均具有良好的驱杀效果；对各种血吸虫病、矛形双腔吸虫病等也有较好的疗效。

【用法与用量】内服，驱绦虫，10～20 毫克/千克体重。治疗血吸虫病，40～60 毫克/千克体重内服或 30 毫克/千克体重皮下注射。

【药物相互作用（不良反应）】本品毒性虽极低，但高剂量偶尔可使动物血清谷丙转氨酶轻度升高；治疗血吸虫病时，个别会出现体温升高、肌肉震颤和瘤胃臌胀等现象；大剂量皮下注射时，有时会出现局部刺激反应。

【注意事项】毒性很小。治疗牛血吸虫病时，可采用瓣胃注射。在治疗囊虫病时，应注意因囊体破裂所引起的中毒反应。

2. 氯硝柳胺（灭绦灵）

【性状】淡黄色结晶粉末。无臭，无味。不溶于水。

【适应证】广谱高效驱虫药，对多种动物的多种绦虫均有良好的驱除效果。对吸虫亦有效，但对犬细粒棘球绦虫和多头绦虫作用较差。

【用法与用量】内服或混饲，亦可配成混悬剂使用。内服，牛 60～70 毫克/千克体重。

3. 硫双二氯酚（别丁）

【性状】白色或灰白色结晶粉末。略有酚味。难溶于水，可溶于乙醇等有机溶剂。

【适应证】其对畜禽的多种绦虫和吸虫（包括胆道吸虫）均有很

好的驱除效果，是一种广泛应用的驱虫药。

【用法与用量】内服，牛 40～60 毫克/千克体重，水牛 80 毫克/千克体重。

【注意事项】本药有拟胆碱样作用，治疗量可致部分动物暂时性腹泻等，但多在 2 日内自愈。马属动物较敏感，应慎用。

三、驱吸虫药

1. 硝氯酚（拜耳 9015）

【性状】黄色结晶粉末。不溶于水，易溶于氢氧化钠碱液、丙酮和冰醋酸。

【适应证】高效、低毒驱肝片吸虫药，对肝片吸虫成虫有良好的驱除效果，但对未成熟虫体效果较差。对前后盘吸虫移行期幼虫有较好效果。

【用法与用量】内服，3～4 毫克/千克体重；肌内注射，0.5～1.0 毫克/千克体重。

【药物相互作用（不良反应）】忌用钙制剂。

【注意事项】超量用药引起中毒，可用安钠咖、毒毛旋花苷、维生素 C 等治疗。

2. 三氯苯达唑（肝蛭净）

【性状】白色或类白色粉末。不溶于水，可溶于甲醇。

【适应证】新型高效抗片形吸虫药物，对各种日龄的肝片吸虫均有明显杀灭效果，对大片形吸虫、前后盘吸虫亦有良效。

【用法与用量】内服，12 毫克/千克体重。

【注意事项】牛宰前 28 天应停药。

3. 六氯对二甲苯（血防 846）

【性状】白色或微黄色结晶粉末。有微臭，无味。不溶于水，可溶于乙醇及动植物油。

【适应证】广谱抗吸虫药，对血吸虫幼虫和成虫均有抑杀作用。并且对幼虫作用优于成虫，对雌虫作用优于雄虫。对片形吸虫病、前后盘吸虫病、矛形双腔吸虫病亦有较好疗效；对姜片吸虫也有驱除

作用。

　　【用法与用量】治疗血吸虫病，黄牛 120 毫克/千克体重，水牛 90 毫克/千克体重，内服，每天 1 次，连服 10 天。治疗其他吸虫病，牛 200 毫克/千克体重，1 次内服。

　　【注意事项】该药排泄缓慢，可导致肝组织变性或坏死，偶有血尿、兴奋等副作用。出现血尿时，可皮下注射或静脉注射 10％维生素 C 10～20 毫升，兴奋时可肌内注射氯丙嗪（1 毫克/千克体重）。

　　4. 硝硫氰胺

　　【性状】黄色结晶粉末。无臭，无味。极难溶于水，而脂溶性很高。

　　【适应证】新型抗血吸虫药，对日本血吸虫等多种血吸虫均有较强的杀虫作用；对姜片吸虫亦有良好驱除效果；对丝虫、钩虫、蛔虫也有一定的驱除作用。主要用于治疗牛血吸虫病。

　　【用法与用量】内服，60 毫克/千克体重。

　　【注意事项】肝功能不全，妊娠、哺乳母畜禁用。

第三节　抗原虫药物的安全使用

一、抗锥虫药

　　1. 萘磺苯酰脲（拜耳 205、那加宁）

　　【性状】白色或微粉红色粉末。味涩、微苦。易溶于水。遇光逐渐分解。

　　【适应证】本品主要通过抑制锥虫的分裂繁殖而发挥杀锥虫作用，且药物可在家畜体内存留较长时间，故用于各种家畜的伊氏锥虫病、马媾疫锥虫病的治疗和预防，均有良好效果。对泰勒虫病亦有效。

　　【用法与用量】15～20 毫克/千克体重，配成 10％灭菌水溶液静脉注射，治疗时间隔 7 天再用药 1 次；预防时发病季节每 2 个月用药 1 次，也可皮下注射或肌内注射给药。

　　【注意事项】药液必须现配现用。心脏、肾脏、肝脏病患畜禁用。

2. 喹嘧胺

【性状】浅黄色或白色结晶粉末。无臭，味苦。甲基硫酸喹嘧胺易溶于水，氯化喹嘧胺难溶于水。

【适应证】本品阻碍锥虫的细胞分裂而发挥杀虫作用，对多种锥虫都有较强的杀灭效果。临床上主要用于防治牛伊氏锥虫病。

【用法与用量】治疗，按 4～5 毫克/千克体重，配成 10％水溶液，皮下或肌内注射；预防，甲基硫酸喹嘧胺 1.5 份与氯化喹嘧胺 2 份的混合剂配成注射液（35 克混合剂加水至 150 毫升，混匀），按体重 150 千克以下 0.05 毫升/千克体重，150～200 千克体重用 10 毫升，200～300 千克体重用 15 毫升，350 千克体重以上用 20 毫升，皮下注射。

【注意事项】本药用量不足时，锥虫易产生耐药性。大剂量应分点注射。

二、抗梨形虫药

1. 三氮脒（贝尼尔）

【性状】黄色或橙色结晶性粉末。无臭，微苦。易溶于水，遇光、热变成橙红色。

【适应证】其对家畜的梨形虫病和锥虫病均有治疗作用，还有一定的预防作用；对牛巴贝斯梨形虫病、双芽巴贝斯梨形虫病、柯契卡巴贝斯梨形虫病等效果好；对牛环形泰勒锥虫病和边缘边虫病也有一定的治疗作用。但如剂量不足，梨形虫和锥虫都可产生耐药性。

【用法与用量】按乳牛 2～5 毫克/千克体重，黄牛 3～7 毫克/千克体重，配成 5％水溶液分点深部肌内注射，根据病情，间隔 1 天，连用 2～3 次。

【药物相互作用（不良反应）】肌内注射局部有刺激性，引起肿胀或疙瘩。

【注意事项】水牛比黄牛稍敏感，少数水牛注射后 10 分钟可出现肌肉震颤和排尿，经 2～3 小时可消失，个别如反应严重，可肌内注射阿托品。

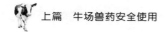

2. 硫酸喹啉脲（阿卡普林）

【性状】本品为淡黄绿色或黄色粉末。易溶于水，应遮光密闭保存。

【适应证】本品对牛双芽巴贝斯虫病、牛巴贝斯虫病、柯契卡巴贝斯虫病、羊梨形虫病都有效；对牛瑟氏泰勒梨形虫病、环形泰勒梨形虫病疗效差。如果与其他药物合用，并配合对症治疗可提高疗效。

【用法与用量】皮下注射，1 毫克/千克体重，必要时，间隔 1～2 天再用药 1 次。

【药物相互作用（不良反应）】此药有抑制胆碱酯酶的作用，因此在给动物试验后，可使动物出现站立不安、流涎、肌肉震颤、腹痛等不良反应，严重者频频起卧、呼吸困难、结膜发绀、频排粪尿，最后窒息死亡。

【注意事项】本品的治疗量与中毒量间的范围很小。为减轻或防止副作用，可同时或在用药前注射阿托品。

3. 双脒苯脲（咪唑苯脲）

【性状】本品有二盐酸盐和二丙酸盐，均为无色粉末，均易溶于水。应密封保存。

【适应证】新型抗梨形虫药，兼有治疗和预防作用，其安全性和对梨形虫病的疗效均比三氮脒和硫酸喹啉脲好，对锥虫病和边虫病亦有较好效果。

【用法与用量】1～2 毫克/千克体重，1 次皮下注射或肌内注射，每天 1 次，必要时可连用 2～4 次。用药后预防期为 2～10 周。

【注意事项】在使用本品时，如果出现中毒反应，可注射阿托品解救。休药期为 28 日，用药期间患畜乳汁不可供食用。

第四节　杀虫药的安全使用

一、有机磷类

1. 皮蝇磷

【性状】白色结晶。微溶于水，易溶于多数有机溶剂。在中性、酸性环境中稳定，在碱性环境中迅速分解失效。

【适应证】其对双翅目昆虫有特效，主要用于防治牛皮蝇、蚊皮蝇等，能有效地杀灭各期幼虫；对虱、螨、蜱、臭虫、蟑螂、蝇等外寄生虫有良好的杀灭效果；对胃肠道某些线虫亦有驱除作用。

【用法与用量】内服，100 毫克/千克体重。外用以 0.25% ～0.5% 浓度喷淋，或以 1%～2% 浓度撒粉。

【药物相互作用（不良反应）】用药过程中可能出现肠音增强、排稀便、腹痛、流涎、肌肉震颤、呼吸加快等不良反应，经 4～6 小时逐渐恢复正常。

【注意事项】泌乳牛禁用。母牛产前 10 天内禁用。屠宰前 10 天应停药。

2. 倍硫磷

【性状】无色或淡黄色油状液体。略有大蒜味。微溶于水，溶于多数有机溶剂。其对光、热、碱均较稳定。

【适应证】其是一种速效、高效、低毒、广谱、性质稳定的杀虫药。其为防治牛皮蝇蛆的首选药，对其他外寄生虫如虱、螨、蜱、蝇等也有杀灭作用。

【用法与用量】肌内注射，5～7 毫克/千克体重。内服，牛 1 毫克/千克体重，每天 1 次，连服 6 天。背部泼淋，5～10 毫克/千克体重。外用喷淋，可用 0.025%～0.1% 溶液。

【药物相互作用（不良反应）】用药过程中可能出现肠音增强、排稀便、腹痛、流涎、肌肉震颤、呼吸加快等不良反应，经 4～6 小时逐渐恢复正常。

【注意事项】犊牛和泌乳牛禁用。屠宰前 35 天应停药。

3. 二嗪农

【性状】无色油状液体。难溶于水，易溶于乙醇、丙酮、二甲苯。性质不稳定，在酸、碱溶液中均迅速分解。

【适应证】新型、广谱有机磷类杀螨、杀虫剂，对螨有特效。外用对螨、虱、蜱、蝇、蚊等有极佳的杀灭效果，对蚊、蝇的药效可保持 6～8 周。

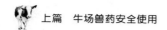

【用法与用量】喷淋或涂擦，牛用水稀释 400 倍。药浴，牛初次浸泡以 400 倍稀释，补充药液时以 170 倍稀释。场地用药，将本品 10 倍稀释后，每平方米地面喷洒 50 毫升。

【药物相互作用（不良反应）】不能与其他胆碱酯类驱虫剂同时使用。

【注意事项】本品对家畜毒性较小，但猫和禽类较敏感，对蜜蜂有剧毒。动物屠宰前 2 周停止使用，奶牛挤奶前 3 天停药。

二、拟除虫菊酯类

1. 氰戊菊酯

【性状】浅黄色结晶。难溶于水，易溶于二甲苯等多数有机溶剂。对光稳定，酸性溶液中稳定，碱性溶液中易分解。

【适应证】接触毒杀虫剂，兼有胃毒和杀卵作用。其对蜱、螨、虱、蚤、蚊、蝇等畜禽体外寄生虫均有良好杀灭作用，属高效、广谱拟除虫菊酯类杀虫剂。

【用法与用量】灭疥螨、痒螨、皮蝇蛆、蝇用 500～1000 倍稀释液；灭硬蜱、软蜱、蚊、蚤用 2500～5000 倍稀释液；灭刺皮螨、虱用 4000～5000 倍稀释液。以药浴法、喷洒法、患部涂擦法施药均可。一般用药 1～2 次，间隔 7～10 天。

【药物相互作用（不良反应）】忌与碱性药物配合使用或同用。对黏膜有轻微刺激作用，接触时表现鼻塞、流涕、流泪、口干等不适现象，但短时间内可自行恢复。

【注意事项】其对人畜禽安全，但对鱼和蜜蜂有剧毒。用水稀释本药时，水温超过 25℃降低药效，超过 50℃则失效。配制好的药液可保持 2 个月效力不降。

2. 溴氰菊酯

【性状】白色结晶粉末。无味。难溶于水，易溶于有机溶剂。在酸性和中性溶液中稳定，但遇碱则分解。

【适应证】其与氰戊菊酯相似，对杀灭畜禽体外各种寄生虫均有良好效果，而且对蟑螂、蚂蚁等害虫有很强的杀灭作用。

【用法与用量】2.5％溴氰菊酯乳油剂防治硬蜱、疥螨、痒螨，可用 250～500 倍稀释液；灭软蜱、虱、蚤用 500 倍稀释液，后喷洒、药浴、直接涂擦均可，隔 8～10 天再用药 1 次，效果更好。2.5％可湿性粉剂多用于滞留喷撒灭蚊、蝇等多翅目昆虫，按 10～15 毫克/米^2 喷撒畜禽笼舍及用具、墙壁等，灭蝇效力可维持数月，灭蚊等效果可维持 1 个月左右。

【药物相互作用（不良反应）】忌与碱性药物配合使用或同用。其对黏膜有轻微刺激作用，接触时表现鼻塞、流涕、流泪、口干等不适症状，但短时间内可自行恢复。

【注意事项】同氰戊菊酯。

三、甲脒类

双甲脒

【性状】乳白色针状结晶。几乎不溶于水，易溶于有机溶剂。在酸性介质中不稳定。

【适应证】广谱、高效、低毒新型甲脒类杀虫剂，对寄生于牛、羊、猪、兔等家畜体表的各种螨、蜱、虱、蝇等，均有良好杀灭效果。

【用法与用量】用 0.02％～0.03％水溶液，喷淋或药浴均可。

【药物相互作用（不良反应）】本品对人、畜、蜜蜂毒性极小，但对鱼有剧毒。

【注意事项】马较敏感，家禽用高浓度时会出现中毒反应。

第四章
中毒解救药物的安全使用

第一节　中毒解救药物的安全使用概述

一、概念和种类

中毒解救药是指临床上用于解救中毒的药物。其主要种类见表4-1。

表 4-1　中毒解救药的种类

分类方法	种类及特点
根据作用特点及疗效	非特异性解毒药：用以阻止毒物继续被吸收和促进其排出的药物，如吸附药、泻药和利尿药。非特异性解毒药在多种毒物或药物中毒时均可应用，但由于不具特异性，且效能较低，仅用作解毒的辅助治疗
	特异性解毒药：本类药物可特异性地对抗或阻断毒物或药物的效应，而本身并不具有与毒物相反的效应。特异性强，如果能及时应用，则解毒效果好，在中毒的治疗中占有重要地位
根据毒物或药物的性质	金属络合剂、胆碱酯酶复活剂、高铁血红蛋白还原剂、氰化物解毒剂和其他解毒剂

二、中毒解救药安全使用要求

1. 解毒的基本原则

中毒家畜的治疗，特别是大群中毒，必须及早发现、尽快处理。

2. 排出毒物

根据毒物吸收的途径进行排出。从胃肠道排出毒物的方式有洗胃催吐、泻下、灌肠。如果要阻止毒物进一步被吸收，可使用吸附药（如炭末）、黏浆药（如淀粉）及蛋白等物质；也可使用化学解毒剂如氧化剂、中和剂配合洗胃、灌肠或灌服（在煤油、腐蚀性物质、巴比妥类中毒或动物在抽搐时禁止催吐）。环境污染（如含氨化肥）或施用体表杀虫剂，毒物往往从皮肤、黏膜被吸收，此时应以清水充分冲洗、抹净。对上述或其他途径进入家畜体内并已吸收的毒物可使用利尿药或放血加速毒物排出。

3. 合理用药治疗

发生中毒后，可以使用药物对症治疗来维持中毒家畜生命功能的正常运转，直至通过上述排毒措施或机体本身的解毒机制使毒物消除，常用于对症治疗的药物包括调节中枢神经系统的兴奋药、镇静药，强心药，利尿药，抗休克药，解痉药，制酵药和补液等。

根据发病原因、症状和毒物的检出等确实的诊断，进行对因治疗。这种对因治疗往往借助药理性的拮抗作用解毒，也就是使用特效解毒剂（对相应类别毒物具有解毒性能的药物）。如有机磷酸酯类中毒可以选用阿托品（轻度中毒时）和解磷定、氯解磷定、双复磷等（中度和重度中毒时合用胆碱酯酶复活剂）；重金属及类金属中毒可选用金属络合剂；亚硝酸盐中毒可选用亚甲蓝和维生素 C 等；氰化物中毒可选用高铁血红蛋白形成剂（亚硝酸钠、大剂量亚甲蓝）和供硫剂（硫代硫酸钠）；有机氟中毒可用乙酰胺等。

第二节　特效中毒解救药的安全使用

一、有机磷酸酯类中毒的解救药

1. 阿托品

【性状】无色结晶或白色结晶性粉末，无臭，极易溶于水，易溶于乙醇。

【适应证】其具有解除平滑肌痉挛、抑制腺体分泌等作用，可用于胃肠平滑肌痉挛和有机磷中毒的解救等。

【用法与用量】肌内注射或皮下注射，一次量，30～50毫克。

【药物相互作用（不良反应）】急性有机磷农药中毒时用量达阿托品化即可，防止过量引起阿托品中毒。在与胆碱酯酶复活剂联合使用时，阿托品剂量酌减，较大剂量可引起胃肠道平滑肌强力收缩，有引起马和牛肠梗阻、急性胃扩张、肠臌胀及瘤胃臌气的危险。轻度中毒，表现为体温升高、心动过速、呼吸时有喘鸣音、瞳孔放大而且对光反应不灵敏等；严重中毒，表现为烦躁不安、躁动、肌肉抽搐、运动亢进、兴奋，随之转为抑制，常死于呼吸麻痹。解救时，可注射拟胆碱药对抗其周围作用，注射水合氯醛、安定、短效巴比妥类药物，以对抗中枢神经症状。

【注意事项】愈早用药效果愈好。

2. 碘解磷定（解磷定）

【性状】黄色颗粒状结晶或晶粉。无臭，味苦，遇光易变质。在水或热乙醇中溶解，水溶液稳定性不如氯解磷定。

【适应证】本品为胆碱酯酶复活剂。当有机磷中毒时，有机磷与胆碱酯酶结合形成稳定的磷酰化胆碱酯酶，失去水解胆碱酯酶的能力。碘解磷定具有强大的亲磷酸酯作用，能将结合在胆碱酯酶上的磷酰基夺过来，恢复酶的活性。碘解磷定亦能直接与体内游离的有机磷结合，使之成为无毒物质由尿排出，从而阻止游离的有机磷继续抑制胆碱酯酶。

【用法与用量】静脉注射，一次量，15～30毫克/千克体重。

【药物相互作用（不良反应）】在碱性溶液中易水解成氰化物，有剧毒，忌与碱性药物配合注射。大剂量静脉注射时，可直接抑制呼吸中枢，注射速度过快能引起呕吐、运动失调等反应，严重时可发生阵挛性抽搐，甚至引起呼吸衰竭。

【注意事项】

① 本品用于解救有机磷中毒时，中毒早期疗效较好，若延误用药时间，磷酰化胆碱酯酶老化后则难以复活。治疗慢性中毒无效。

② 本品在体内迅速分解，作用维持时间短，必要时2小时后重

复给药。

③ 抢救中毒或重度中毒时，必须同时使用阿托品。

二、重金属及类金属中毒的解救药

1. 二巯基丙醇

【性状】无色易流动的澄明液体，极易溶于乙醇，在水中溶解，不溶于脂肪。

【适应证】其能与金属或类金属离子结合，形成无毒、难以解离的络合物，由尿排出。其主要用于解救砷、汞、锑中毒，也用于解救铋、锌、铜等中毒。

【用法与用量】肌内注射，一次量，3.0毫克/千克体重。用于砷中毒，第1～2日每4小时一次，第3日每8小时一次，以后10天内，每日2次直至痊愈。

【药物相互作用（不良反应）】其与硒、铁金属形成的络合物，对肾脏的毒性比这些金属本身更大，故禁用于上述金属中毒的解救。

【注意事项】本品虽能使抑制的巯基酶恢复活性，但也能抑制机体的其他酶系（如过氧化氢酶、碳酸酐酶等）的活性和细胞色素 c 的氧化率，而且其氧化产物又能抑制巯基酶，对肝脏也有一定的毒害。局部用药具有刺激性，可引起疼痛、肿胀。这些缺点都限制了二巯基丙醇的应用。

2. 依地酸钙钠

【性状】白色或乳白色结晶或颗粒粉末，无臭无味，空气中易潮解。易溶于水，不溶于醇、醚等溶剂。

【适应证】依地酸钙钠在体内能与多种重金属离子络合，形成稳定且可溶的金属络合物，由尿排出而产生解毒作用。依地酸与金属离子的结合强度，随络合物稳定常数的不同而改变。与无机铅、锌等金属离子结合的稳定常数大而结合力强，与钙、镁、钾、钠等金属的结合稳定常数小而结合力弱。其主要用于治疗铅中毒，对无机铅中毒有特效；也用于镉、锰、钴、铬和铜中毒。

【用法与用量】静脉注射，一次量，3～6克，2次/天，连用4

天。用时使用生理盐水稀释成 0.25％～5％的溶液。

【药物相互作用（不良反应）】过大剂量可引起肾小管上皮细胞损害，导致急性肾功能衰竭。肾脏病变主要在近曲小管，亦可累及远曲小管和肾小球。本品可增加小鼠胚胎畸变率，但可通过增加饮食中的锌含量而预防。部分病畜可能于注入 4～8 小时后可出现全身反应，症状为疲软、过度口渴、突然发热及寒战，继以严重肌肉疼痛、食欲不振等。大剂量时可有肾小管水肿等损害，用药期间应注意查尿，若尿中出现管型、蛋白质、红细胞、白细胞甚至出现少尿或肾功能衰竭等症状时，应立即停药，停药后可逐渐恢复正常。如果静注过快、血药浓度超过 0.5％时，可引起血栓性静脉炎。

【注意事项】对铅脑病的疗效不高，与二巯基丙醇合用可提高疗效和减轻神经症状。

3. 青霉胺

【性状】白色或类白色结晶性粉末。其有臭味，性质稳定，极易溶于水（1∶1），在乙醇中微溶，在氯仿或乙醚中不溶。1％水溶液的 pH 为 4.0～6.0。

【适应证】其为青霉素的代谢产物，又名二甲基半胱氨酸，系含有巯基的氨基酸，对铜、汞、铅等重金属离子有较强的络合作用。其因络合铜离子使单胺氧化酶失活，阻断胶原的交叉联结，可促进金属毒物的排出，可用于结缔组织增生疾病。此外，其还能减少类风湿因子、稳定细胞溶酶体膜、抑制免疫反应，故具抗炎作用。临床上应用 D-盐酸青霉胺，毒性比二巯基丙醇低，且可内服，故受到医学重视，常用于慢性铜、铅、汞中毒的治疗。

【用法与用量】内服，一次量，5～10 毫克/千克体重，1 日 4 次，5～7 日为 1 个疗程；停药后 2 日可继续用下一个疗程，一般用 3 个疗程。

【药物相互作用（不良反应）】右旋青霉胺相对无毒，而左旋、混旋青霉胺有某些毒性。青霉胺有对抗吡哆醛的作用，L-青霉胺和 D，L-青霉胺的作用较强，能抑制依赖吡哆醛的一些酶，如转氨酶、去巯基酶等。D-青霉胺的作用不详，正乙酰消旋青霉胺则无此作用。

【注意事项】本品可影响胚胎发育。

三、亚硝酸盐中毒的解救药

亚甲蓝（美蓝）

【性状】深绿色、有铜样光泽的柱状结晶或结晶性粉末，无臭，在水或乙醇中易溶，水溶液呈深绿色透明的液体，在氯仿中可溶解。

【适应证】本品既有氧化作用，又有还原作用，其作用与剂量关系密切。当亚硝酸盐中毒时，静脉注射小剂量亚甲蓝，在体内脱氢辅酶作用下，还原为无色的亚甲蓝，后者能使高铁血红蛋白还原为亚铁血红蛋白，恢复携氧功能。其用于解除亚硝酸盐中毒引起的高铁血红蛋白症。大剂量亚甲蓝则能直接升高血中药物浓度，产生氧化作用，将血红蛋白中二价铁氧化为三价铁，形成高铁血红蛋白，可用于解救氰化物中毒。

【用法与用量】静脉注射，一次量，每千克体重，解救高铁血红蛋白血症 1～2 毫克，解救氰化物中毒 10 毫克（最大剂量 20 毫克）。应与硫代硫酸钠交替使用。

【药物相互作用（不良反应）】该药不可作皮下、肌内、鞘内注射，会引起坏死和瘫痪。与苛性碱、重铬酸盐碘化物、升汞、还原剂等起化学变化，故不宜与之配伍。

【注意事项】不同浓度的亚甲蓝，解毒作用不同，使用要注意剂量。

四、氰化物中毒的解救药

1. 亚硝酸钠

【性状】无色或白色、微黄色晶粉，无臭、味微咸。易溶于水，水溶液不稳定，呈碱性。

【适应证】亚硝酸钠具氧化性，能使亚铁血红蛋白氧化为高铁血红蛋白，后者与氰化物具有高度的亲和力，故可用于解救氰化物中毒。其作用较慢，但维持时间较长，是氰化物中毒的有效解毒物。

【用法与用量】静脉注射，一次量，15～25 毫升/千克体重。

【药物相互作用（不良反应）】治疗氰化物中毒时，本品与硫代硫酸钠均可引起血压下降，应注意血压变化。

【注意事项】家畜机体内有 30% 以下的血红蛋白变为变性（高

铁）血红蛋白时，不至于引起明显的中毒症状，但如果用量过大，可因高铁血红蛋白生成过多而导致亚硝酸盐中毒，因此，必须严格控制用量。若家畜严重缺氧而致黏膜发绀时，可用亚甲蓝解救。

2. 硫代硫酸钠（大苏打）

【性状】无色透明的结晶或晶粉，无臭、味咸。极易溶于水且显弱碱性，不溶于乙醇。

【适应证】本品在体内可分解出硫离子，与体内氰离子结合形成无毒且较稳定的硫氰化物，由尿排出。但其作用较慢，常与亚硝酸钠或亚甲蓝配合，解救氰化物中毒。

【用法与用量】静脉或肌内注射，一次量，5～10 克。

【注意事项】本品解毒作用产生缓慢，应先静脉注射作用产生迅速的亚硝酸钠（或亚甲蓝），然后立即缓慢注射本品，不能将两种药物混合后同时静脉注射。对内服中毒动物，还应使用本品的 5% 溶液洗胃，并于洗胃后保留适量溶液于胃中。

五、有机氟中毒的解救药

解氟灵（乙酰胺）

【性状】白色结晶性粉末，无臭，可溶于水。化学结构与氟乙酰胺、氟乙酸钠相似，可能是在体内以竞争酰胺酶的方式，对抗有机氟阻止三羧酸循环的作用。

【适应证】其为氟乙酰胺（一种有机氟杀虫农药）、氟乙酸钠中毒的解毒剂，具有延长中毒潜伏期、减轻发病症状或制止发病的作用。其解毒机制可能是由于本品的化学结构和氟乙酰胺相似，故能争夺某些酶（如酰胺酶），使之不产生氟乙酸，从而消除氟乙酸对机体三羧酸循环的毒性作用。

【用法与用量】静脉或肌内注射，一次量，50～100 毫克/千克体重。

【药物相互作用（不良反应）】本品酸性强，肌注时有局部疼痛。剂量过大可引起血尿。

【注意事项】该药用药宜早、用量要足；与解痉药、半胱氨酸合用效果较好；可配合应用普鲁卡因或利多卡因，以减轻疼痛。

第五章
中草药制剂的安全使用

第一节　中草药制剂的安全使用要求

　　使用中药防治畜禽疾病具有双向调节作用，扶正祛邪作用，低毒无害作用，不易产生耐药性、药源性疾病和毒副作用，其在畜禽产品中很少有残留，具有广阔的前景。中药有单味中药和成方制剂。单味中药即单方，成方制剂是根据临床常见的病症定下的治疗法则，将两味以上的中药配伍起来，经过加工制成不同的剂型以提高疗效，方便使用。单味中药在养牛生产中使用较少，有些成方制剂可以在疾病防治中发挥一定作用。

　　【提示】中兽医讲"有成方，没成病"，意思是说配方是固定的，而疾病是在不断发展变化的。因此应用中成药制剂在集约化饲养场进行传染病的群体治疗时要认真进行辨证，因为在一个患病群体中具体到每头（只）来讲，发病总是有先有后，出现的证候不尽相同，应通过辨证分清哪种证候是主要的，做好对证选药（在不同配方的同类产品中进行选择），这样才能取得满意的疗效。

第二节　常用中兽药方剂的安全使用

　　常用的中兽药方剂与使用见表 5-1。

表 5-1　常用的中兽药方剂与使用

名称	成分	性状	适应证	用法用量
1. 解表剂				
荆防败毒散	荆芥 45 克,防风 30 克,羌活 25 克,独活 25 克,柴胡 30 克,前胡 25 克,枳壳 30 克,茯苓 45 克,桔梗 30 克,川芎 25 克,甘草 15 克,薄荷 15 克	淡灰黄色至淡灰棕色的粗粉。气微辛,味甘苦	具有辛温解表,疏风祛湿功能。用于畜禽风寒感冒、流感	内服,牛 250～400 克
银翘散(片)	金银花 60 克,连翘 45 克,薄荷 30 克,荆芥 30 克,淡豆豉 30 克,牛蒡子 45 克,桔梗 25 克,淡竹叶 20 克,甘草 20 克,芦根 30 克	棕褐色的粗粉。气芳香,味微甘、苦、辛	具有辛凉解表,清热解毒功能。用于动物的风热感冒、咽喉肿痛、疮痈初起	内服,牛 250～400 克
桑菊散	桑叶 45 克,菊花 45 克,薄荷 30 克,连翘 45 克,苦杏仁 20 克,桔梗 30 克,甘草 15 克,芦根 30 克	棕褐色的粉末,气微香,味微苦	具有疏风清热,宣肺止咳功能。用于外感风热,咳嗽	内服,牛200～300克,犬、猫10～20克
柴葛解肌散	柴胡 30 克,葛根 30 克,甘草 15 克,黄芩 25 克,羌活 30 克,白芷 15 克,白芍 30 克,桔梗 20 克,石膏 60 克	灰黄色的粗粉。气微香,味辛、甘	具有解肌清热功能。用于感冒发热	内服,牛 200～300 克
2. 清热剂				
清瘟败毒散	石膏120克,地黄30克,水牛角 60 克,黄连 20 克,栀子 30 克,牡丹皮 20 克,黄芩 25 克,赤芍 25 克,玄参 25 克,知母 30 克,连翘 30 克,桔梗 25 克,甘草 15 克,淡竹叶 25 克	灰黄色的粗粉。气微香,味苦、微甜	具有泻火解毒,凉血养阴功能。用于牛羊出血性败血症、乳腺炎	内服,牛 300～450 克
苍术香连散	黄连 30 克,木香 20 克,苍术 60 克	棕黄色的粗粉。气香,味苦	具有清热燥湿功能。用于牛的肠黄、下痢、湿热泄泻	内服,牛 90～120 克

续表

名称	成分	性状	适应证	用法用量
2. 清热剂				
胆膏 （胆汁浸膏）	新鲜胆汁 1000 毫升,乙醇 500 毫升	黑色的稠膏状物,气腥,味极苦	具有清热解毒、镇痉止咳,利胆消炎功能。用于风热目赤,久咳不止,幼畜惊风,各种热性病	内服,牛 3～6 克
解暑星散	香薷 60 克,藿香 40 克,薄荷 30 克,冰片 2 克,金银花 45 克,木通 40 克,麦冬 30 克,白扁豆 15 克等	浅灰黄色粗粉,气香窜,味辛、甘、微苦	具有清热祛暑功能。用于畜禽中暑	内服,牛 250～350 克
清胃散	石膏 60 克,大黄 45 克,知母 30 克,黄芩 30 克,陈皮 25 克,枳壳 25 克,天花粉 30 克,甘草 30 克,玄明粉 45 克,麦冬 30 克	浅灰黄色的粗粉。气微香,味苦、涩	具有清热泻火、理气开胃功能。用于胃热食少,粪便干	内服,牛 250～350 克
3. 泻下剂				
大承气散	大黄 60 克,厚朴 30 克,枳实 30 克,玄明粉 180 克	棕褐色粗粉。气微辛香,味咸、微苦、涩	具有攻下热结、破结通肠功能。用于结症、便秘	内服,牛 300～500 克
大戟散	京大戟 30 克,滑石 90 克,甘遂 30 克,牵牛子 60 克,黄芪 45 克,玄明粉 200 克,大黄 60 克	黄色粗粉。气辛香,味咸、涩	具有逐水、泻下功能。用于牛水草肚胀,宿草不转	牛 150～300 克,加猪油 250 克内服
藜芦润燥汤	藜芦 100 克、常山 100 克、牵牛子 100 克、当归 150 克、川芎 1250 克、滑石 150 克、石蜡油 1000 克、蜂蜜 250 克为引,混合	味辛、苦,性寒	滋阴降火,润燥通便	水煎 2 次混合得药汁 3～4 千克,加油、蜂蜜灌下,1 日 1 剂

续表

名称	成分	性状	适应证	用法用量
4. 和解剂				
小柴胡散	柴胡 45 克,黄芩 45 克,姜半夏 30 克,党参 45 克,甘草 15 克	黄色粗粉,气微香,味甘、微苦	具有和解少阳,解热功能。用于少阳证,寒热往来,不欲饮食,口津少,反胃呕吐	内服,牛 100 ～ 250 克
5. 消导剂				
木香槟榔散	木香 15 克,槟榔 15 克,枳壳(炒)15 克,陈皮 15 克,醋青皮 50 克,醋香附 30 克,三棱 15 克,醋莪术 5 克,黄连 15 克,黄柏(酒炒)30 克,大黄 30 克,炒牵牛子 30 克,玄明粉 60 克	灰棕色粗粉,气香,味苦、微咸	具有行气导滞,泻热通便功能。用于痢疾腹痛,胃肠积滞	内服,牛 300 ～ 450 克
前胃活散	槟榔 20 克,牵牛子 15 克,木香 45 克,六神曲 45 克,麦芽 60 克,黄芩 30 克,甘草 20 克等	黄棕色粗粉,气清香,味辛、微苦	具有消食导滞,行气宽肠,健脾,益胃,升清降浊功能。用于牛、羊前胃弛缓	口服,牛 250 ～ 450 克
健胃散	山楂 15 克,麦芽 15 克,六神曲 15 克,槟榔 3 克	淡棕色的粗粉。气微香,味微苦	具有消食下气,开胃宽肠功能。用于伤食积滞,消化不良	口服,牛 150 ～ 250 克
大黄末	大黄	黄棕色的粉末,气清香,味苦、微涩	具有健胃消食,泻热通肠,凉血解毒,破积行淤功能。用于食欲不振,实热便秘,结症,疮黄疔毒,目赤肿痛,烧伤烫伤,跌打损伤。孕畜慎用	内服,牛 50～150 克。外用适量,调敷患处

续表

名称	成分	性状	适应证	用法用量

5. 消导剂

名称	成分	性状	适应证	用法用量
龙胆末	龙胆	淡黄棕色的粉末,气微,味甚苦	具有健胃功能。用于食欲不振	内服,牛 30～60 克
复方大黄酊	大黄 100 克,陈皮 20 克,草豆蔻 20 克	黄棕色液体,气香,味苦、微涩	具有健脾消食,理气开胃功能。用于慢草不食,消化不良,食滞不化	内服,牛 50～100 毫升
复方龙胆酊(苦味酊)	龙胆 100 克,陈皮 40 克,草豆蔻 10 克	黄棕色的液体,气香,味苦	具有健脾开胃功能。用于脾不健运,食欲不振,消化不良	内服,牛 50～100 毫升

6. 理气剂

名称	成分	性状	适应证	用法用量
丁香散(三香散)	丁香 25 克,木香 45 克,藿香 45 克,青皮 30 克,陈皮 45 克,槟榔 15 克,牵牛子(炒)45 克	黄褐色的粗粉。气芳香走窜,味辛、微苦	具有破气消胀,宽肠通便功能。用于胃肠臌气	内服,牛 200～250 克
厚朴散	厚朴 30 克,陈皮 30 克,麦芽 30 克,五味子 30 克,肉桂 30 克,砂仁 30 克,牵牛子 15 克,青皮 30 克	深灰黄色的粗粉。气辛香,味微苦	具有行气消食,温中散寒功能。用于脾虚气滞,胃寒少食	内服,牛 200～250 克

7. 理血剂

名称	成分	性状	适应证	用法用量
十黑散	知母 30 克,黄柏 25 克,栀子 25 克,地榆 25 克,槐花 20 克,蒲黄 25 克,侧柏叶 20 克,棕榈 25 克,杜仲 25 克,血余炭 15 克	深褐色的粗粉,味焦苦	具有凉血、止血功能。用于膀胱积热,尿血、便血	内服,牛 200～250 克
跛行镇痛散	当归 80 克,红花 60 克,桃仁 70 克,丹参 80 克,桂枝 70 克,牛膝 80 克,土鳖虫 20 克,醋乳香 20 克,醋没药 20 克	黄褐色至红褐色的粗粉,气香窜、微腥,味微苦	具有活血、散淤、止痛功能。用于跌打损伤,腰肢疼痛。孕畜忌服	内服,牛 200～400 克

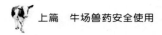

续表

名称	成分	性状	适应证	用法用量
7. 理血剂				
槐花散	炒槐花 60 克,侧柏叶(炒)60 克,荆芥(炒炭)60 克,枳壳(炒)60 克	黑棕色粗粉。气清香,味苦、涩	具有清肠止血,疏风行气功能。用于肠风下血	内服,牛 200～500 克
8. 治风剂				
五虎追风散	僵蚕 15 克,天麻 30 克,全蝎 15 克,蝉蜕 150 克,制天南星 30 克	浅灰褐色的粗粉,味辛、咸、微苦	具有熄风解痉功能。用于破伤风	内服,牛 180～240 克
镇痫散	当归 6 克,川芎 3 克,白芍 6 克,全蝎 1 克,蜈蚣 1 克,僵蚕 6 克,钩藤 6 克,朱砂 0.5 克	褐色的粉末,气微香,味辛、酸、微咸	具有和血熄风,镇痉安神功能。用于幼畜惊痫	内服,驹、犊 30～45 克
9. 祛寒剂				
健脾散	当归 20 克,白术 30 克,青皮 20 克,陈皮 25 克,厚朴 30 克,肉桂 30 克,干姜 30 克,茯苓 30 克,五味子 25 克,石菖蒲 25 克,砂仁 20 克,泽泻 30 克,甘草 20 克	浅红棕色的粗粉,气香,味辛	具有温中健脾,利水止泻功能。用于胃寒草少,冷肠泄泻	内服,牛 250～350 克
理中散	党参 60 克,干姜 30 克,甘草 30 克,白术 60 克	灰黄色的粗粉,气香,味辛、微甜	具有温中散寒,补气健脾功能。用于脾胃虚寒,食少,泄泻,腹痛	内服,牛 200～300 克
复方豆蔻酊	草豆蔻 20 克,小茴香 10 克,桂皮 25 克	黄棕色或红棕色的液体,气香,味微辛	具有温中健脾,行气止呕功能。用于寒湿困脾,翻胃少食,脾胃虚寒,食积腹胀,伤水冷痛	内服,牛 30～100 毫升

续表

名称	成分	性状	适应证	用法用量
10. 祛湿剂				
五苓散	茯苓 100 克,泽泻 200克,猪苓 100 克,肉桂 50克,白术(炒)100克	淡黄色粗粉,气微香,味甘、淡	具有温阳化气,利湿行水功能。用于水湿内停,排尿不利,泄泻,水肿,宿水停脐	内服,牛 150～250 克
独活寄生散	独活 25 克,桑寄生 45克,秦艽 25 克,防风 25 克,细辛 10 克,当归 25 克,白芍 15 克,川芎 15 克,熟地黄 45 克,杜仲 30 克,牛膝 30 克,党参 30 克,茯苓 30克,肉桂 20 克,甘草 15 克	土黄色的粗粉,气辛,味甘、微苦	具有益肝肾、补气血、祛风湿功能。用于痹症日久,肝肾两亏,气血不足	内服,牛 250～350 克
滑石散	滑石 60 克,泽泻 45 克,灯心草 15 克,茵陈 30 克,知母(酒制)25 克,黄柏(酒制)30 克,猪苓 25 克,瞿麦 25 克	淡黄色粗粉,气辛香,味淡、微苦	具有清热利湿、通淋功能。用于膀胱热结,排尿不利	内服,牛 250～300 克
五皮散	桑白皮 30 克,陈皮 30克,大腹皮 30 克,姜皮 15克,茯苓皮 30 克	褐黄色粗粉,气微香,味辛	具有行气、化湿、利水功能。用于浮肿	内服,牛 120～240 克
平胃散	苍术 80 克,厚朴 50 克,陈皮 50 克,甘草 30 克	棕黄色粗粉。气香,味苦、微甜	具有燥湿健脾、理气开胃功能。用于脾胃不和,食少,粪便稀软	内服,牛 200～250 克
11. 祛痰止咳平喘剂				
二母冬花散	知母 30 克,浙贝母 30克,款冬花 30 克,桔梗 25克,苦杏仁 20 克,马兜铃 20 克,黄芩 25 克,桑白皮 25 克,白药子 25 克,金银花 30 克,郁金 20 克	淡棕黄色粗粉,气香,味微苦	具有清热润肺,止咳化痰功能。用于肺热咳嗽	内服,牛 250～300 克

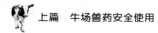
续表

名称	成分	性状	适应证	用法用量
11. 祛痰止咳平喘剂				
止咳散	知母 25 克,枳壳 20 克,麻黄 15 克,桔梗 30 克,苦杏仁 25 克,葶苈子 25 克,桑白皮 25 克,陈皮 25 克,石膏 30 克,前胡 25 克,射干 25 克,枇杷叶 20 克,甘草 15 克	棕褐色粗粉,气清香,味甘、微苦	具有清肺化痰,止咳平喘功能。用于肺热咳嗽	内服,牛 250～300 克
清肺散	板蓝根 90 克,葶苈子 50 克,浙贝母 50 克,桔梗 30 克,甘草 25 克	浅灰黄色粗粉,气清香,味微甘	具有清肺平喘,化痰止咳功能。用于肺热咳喘,咽喉肿痛	内服,牛 200～300 克
定喘散	桑白皮 25 克,炒苦杏仁 20 克,莱菔子 30 克,葶苈子 30 克,紫苏子 20 克,党参 30 克,白术(炒)20 克,关木通 20 克,大黄 30 克,郁金 25 克,黄芩 25 克,栀子 25 克	黄褐色粗粉,气微香,味甘、苦	具有清肺、止咳、定喘功能。用于肺热咳嗽,气喘	内服,牛 200～350 克
12. 补益剂				
六味地黄散	熟地黄 80 克,酒黄肉 40 克,山药 40 克,牡丹皮 30 克,茯苓 30 克,泽泻 30 克	灰棕色粗粉,味甜而酸	具有滋阴补肾,清肝利胆,涩精养血功能。用于肝肾阴虚,腰胯无力,盗汗,滑精,阴虚发热	内服,牛 100～300 克
四君子散	党参 60 克,白术(炒)60 克,茯苓 60 克,炙甘草 30 克	灰黄色粗粉,气微香,味甘	具有益气健脾功能。用于脾胃气虚,食少,体虚	内服,牛 200～300 克
补中益气散	炙黄芪(制)75 克,党参 60 克,白术(炒)60 克,炙甘草 30 克,当归 30 克,陈皮 20 克,升麻 20 克,柴胡 20 克	淡黄棕色粗粉,味辛、甘、微苦	具有补中益气,升阳举陷功能。用于脾胃气虚,久泻,脱肛,子宫脱垂	内服,牛 250～400 克

续表

名称	成分	性状	适应证	用法用量
12. 补益剂				
参苓白术散	党参60克,茯苓30克,白术(炒)60克,山药60克,甘草30克,炒白扁豆60克,莲子30克,薏苡仁(炒)30克,砂仁15克,桔梗30克,陈皮30克	浅棕黄色粗粉,气微香,味甘、淡	具有补脾胃,益肺气功能。用于脾胃虚弱,食少便稀,肺气不足	内服,牛250~350克
百合固金散	百合45克,白芍25克,当归25克,甘草20克,玄参30克,川贝母30克,生地黄30克,熟地黄30克,桔梗25克,麦冬30克	黑褐色粉末,味微甘	具有养阴清热,润肺化痰功能。用于肺虚咳嗽,阴虚火旺,咽喉肿痛	内服,牛250~300克
壮阳散	熟地黄45克,补骨脂40克,阳起石20克,淫羊藿45克,锁阳45克,菟丝子40克,五味子30克,肉苁蓉40克,山药40克,肉桂25克,车前子25克,续断40克,覆盆子40克	淡灰黄色粉末,味辛、甘、咸、微苦	具有温补肾阳功能。用于性欲减退,阳痿,滑精	内服,牛250~350克
13. 固涩剂				
白头翁散	白头翁60克,黄连30克,黄柏45克,秦皮60克	浅灰黄色粉末,气香,味苦	具有抗菌消炎,清热解毒,凉血止痢,涩肠止泻功能。用于犊牛痢疾等	口服,一次量,犊牛50~200克
速效止泻散	地榆炭30克,罂粟壳6克,厚朴6克,诃子6克,车前子6克,乌梅6克,黄连2克	淡褐棕色粉末,具有特有的清香气,味苦	具有清热利湿,敛肠止泻功能。用于犊牛腹泻	内服,犊牛每次50克
乌梅散	乌梅(去核)15克,柿饼24克,黄连6克,姜黄6克,诃子9克	棕黄色粗粉,气微香,味苦	具有清热解毒,涩肠止泻功能。用于幼畜奶泻	内服,犊30~60克
牡蛎散	牡蛎(煅)60克,黄芪60克,麻黄根30克,浮小麦120克	浅黄白色粗粉,味甘、微涩	具有敛汗固表功能。用于体虚自汗	内服,牛200~300克

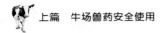

续表

名称	成分	性状	适应证	用法用量
14. 胎产剂				
催情散	淫羊藿 6 克,阳起石(酒淬)6 克,益母草 6 克,菟丝子 5 克,当归 4 克,香附 5 克等	淡灰色粉末,气香,微苦	具有催情排卵,兴奋繁殖机能,促进生殖器官创伤愈合功能。用于牛、羊不发情,受胎率低,屡配不孕,性成熟迟缓等	口服,一次量,牛 200～300 克。预防量酌减
白术散	白术 30 克,当归 25 克,川芎 15 克,党参 30 克,甘草 15 克,砂仁 20 克,熟地黄 30 克,陈皮 25 克,紫苏梗 25 克,黄芩 25 克,白芍 20 克,阿胶(炒)30 克	棕褐色粗粉,气微香,味甘、微苦	具有益气养血,安胎功能。用于胎动不安	内服,牛 250～350 克
生乳散	黄芪 30 克,党参 30 克,当归 45 克,通草 15 克,川芎 15 克,白术 30 克,续断 15 克,木通 15 克,甘草 15 克,王不留行 30 克,路路通 25 克	淡棕褐色粉末,气香,味甘、苦	具有补气养血,通经下乳功能。用于气血不足的缺乳和乳少症	内服,牛 250～300 克
15. 驱虫剂				
复方球虫散(片)	地榆 20 克,木香 20 克,甘草 5 克,山楂 15 克,大黄 5 克,黄芩 15 克,青蒿 10 克,黄连 10 克(散剂 250 克/袋,片剂 0.3 克/片)	黄棕色粉末,气清香,味苦	具有清热凉血,燥湿杀虫功能。用于牛、羊的球虫病	内服,牛每日 30 克,犊牛减半。分早晚两次用药
驱虫散	鹤虱 30 克,使君子 30 克,槟榔 30 克,芜荑 30 克,雷丸 30 克,绵马贯众 60 克,干姜(炒)15 克,淡附片 15 克,乌梅 30 克,诃子 30 克,大黄 30 克,百部 30 克,木香 15 克,榧子 30 克	褐色粗粉,气微腥,味涩、苦	具有杀虫功能。用于胃肠道寄生虫	内服,牛 250～350 克

续表

名称	成分	性状	适应证	用法用量
16. 疮黄剂				
公英散	蒲公英 60 克,金银花 60 克,连翘 60 克,丝瓜络 30 克,通草 25 克,木芙蓉叶 25 克,浙贝母 30 克	黄棕色粗粉,味微甘、苦	具有清热解毒,消肿散痈功能。用于乳痈初起,红肿热痛	内服,牛 250～300 克
生肌散	血竭 30 克,赤石脂 30 克,醋乳香 30 克,龙骨(煅) 30 克,冰片 10 克,醋没药 30 克,儿茶 30 克	淡灰红色粉末,气香,味苦、涩	具有生肌敛疮功能。用于痈疽疮疡,溃后不敛	外用适量,撒于患处
辛夷散	辛夷 60 克,知母(酒制) 30 克,黄柏(酒制)30 克,北沙参 30 克,木香 15 克,郁金 30 克,明矾 20 克	黄色至淡棕黄色的粗粉,味微辛、苦、涩	具有滋阴降火,疏风通窍功能。用于脑颡鼻脓	内服,牛 200～300 克
17. 外用剂				
青黛散	青黛、黄连、黄柏、薄荷、桔梗、儿茶各等份	灰绿色粗粉,气微香,味苦、微涩	具有清热解毒,消肿止痛功能。用于口舌生疮,咽喉肿痛	将药适量装入纱布袋内,水中浸湿,噙于口中
桃花散	陈石灰 480 克,大黄 90 克	粉红色细粉,味微苦、涩	具有收敛、止血功能。用于外伤出血	外用适量,撒于创面
擦疥散	狼毒 120 克,猪牙皂(制) 120 克,巴豆 30 克,雄黄 9 克,轻粉 5 克	棕黄色粉末,气香窜,味苦、辛	具有杀疥螨功能。用于疥癣	外用适量。将植物油烧热,调成流膏状,涂擦患处。不可内服。如疥癣面积过大应分区分期涂药,并防止患病的动物舔食

第六章

其它药物的安全使用

第一节　肾上腺皮质激素类药物的安全使用

　　肾上腺皮质激素为肾上腺皮质分泌的一类激素的总称，它们结构与胆固醇相似，故又称类固醇皮质激素。肾上腺皮质激素按其生理作用，主要分两类：一类是调节体内水和盐代谢的激素，即调节体内水和电解质平衡，称为盐皮质激素；另一类是与糖、脂肪及蛋白质代谢有关的激素，常称为糖皮质激素。糖皮质激素在超生理剂量时有抗炎、抗过敏、抗中毒及抗休克等药理作用，因而在临床中广泛应用。常用的肾上腺皮质激素类药物与使用见表6-1。

表6-1　常用的肾上腺皮质激素类药物与使用

名称	性状	适应证	用法与用量	药物相互作用(不良反应)	注意事项
氢化可的松	白色或无色的结晶性粉末。无臭，初无味，随后有持续的苦味。遇光渐变质	治疗严重的中毒性感染或其他危险性病症。局部应用有较好疗效，故常用于乳腺炎、眼科炎症、皮肤过敏性炎症、关节炎。作用时间不足12小时	静脉注射，一次量，牛0.2～0.5克。关节腔内注入，牛0.05～0.1克，1次/天	大剂量或长期(约1个月)用药后引起代谢紊乱，产生严重低血钾、糖尿、骨质疏松、肌纤维萎缩、幼龄动物生长滞呆现象；大剂量长时间用药后，一旦突然停止肾上腺皮质激素的使用，可产生停药综合征，动物软弱无力、精神沉郁、食欲减退、血糖下降、血压降低，严重时可见休克，还可见疾病复发或加剧。这是对	急性危重病例应选用注射剂作静脉注射，一般慢性病例可以口服或用混悬液肌内注射或局部关节腔内注射等。对于后者应用，应注意防止引起感染和机械的损伤。泌乳动物、幼年生长期的动物应用皮质激素，应

续表

名称	性状	适应证	用法与用量	药物相互作用(不良反应)	注意事项
地塞米松	其磷酸钠盐为白色或微黄色粉末。无臭,味微苦。有引湿性。在水或甲醇中溶解,在丙酮或乙醚中几乎不溶	其比氢化可的松强25倍,抗炎作用甚至强30倍,而水、钠潴留的副作用较弱。给药后,作用在数分钟出现,维持48～72小时。可促使钙从粪便中排出,故可引起负钙平衡。应用同其他糖皮质激素。本品还对牛的同步分娩有较好的效果	肌内或静脉注射,一次量,牛5～20毫克;关节腔内注入,一次量,牛2～10毫克;乳管内注入,一次量,每乳室10毫克;内服,一次量,牛5～20毫克	糖皮质激素形成依赖性所致,或是病情尚未被控制的结果。还可诱发和加重感染。糖皮质激素虽有抗炎作用,但其本身无抗菌作用,使用后可使机体防御功能和抗感染能力下降,致使原有病灶或加剧或扩散,甚至引发继发感染。因而一般性感染疾病不宜使用。在有危急性感染疾病时才考虑使用。使用时应配合足量的有效抗菌药物,在激素停用后仍需继续用抗菌药物治疗。糖皮质激素能抑制变态反应,能抑制白细胞对刺激原的反应,因而在用药期间可影响鼻疽菌素点眼和其他诊断试验或活菌苗免疫试验。糖皮质激素对少数马、牛有时可见有过敏反应,用药后可见有麻疹、呼吸困难、阴门及眼睑水肿、心动过速,甚至死亡,这些常发生于多次反复应用的病例	适当补给钙制剂、维生素D以及高蛋白质饲料,以减轻或消除因骨质疏松、蛋白质异化等副作用引起的疾病。缺乏有效抗菌药物治疗的感染、骨软化症和骨质疏松症、骨折治疗期、妊娠期(因可引起早产或畸胎)、结核菌素或鼻疽菌素诊断和疫苗接种期不可以使用
泼尼松(强的松)	白色或几乎白色的结晶性粉末。无臭,味苦。不溶于水,微溶于乙醇,易溶于氯仿	其进入体内后代谢转化为氢化泼尼松而起作用。其抗炎作用和糖原异生作用比天然的氢化可的松强4～5倍。由于用量小,其水、钠潴留的副作用显著减轻。常被用于某些皮肤炎症和眼科炎症,但实践证明,此种局部应用并不比天然激素优越。肌注可治疗牛酮血症。用药后作用时间为12～36小时	内服,一日量,牛200～400毫克。皮肤涂擦或点眼,适量		

第二节　解热镇痛抗炎药的安全使用

解热镇痛抗炎药是一类具有镇痛、解热和抗炎作用的药物。这类药物能抑制体内环加氧酶，从而抑制花生四烯酸转变成前列腺素（PG），减少 PG 的生物合成，因而有广泛的药理作用。本类药物能选择性地降低发热动物的体温，而对正常体温无明显影响；对轻、中度钝痛，如头痛、关节痛、肌肉痛、神经痛及局部炎症所致的疼痛有效，常用于慢性疼痛（对创伤性剧痛与平滑肌绞痛无效），通常不产生依赖性和耐受性；可以抑制 PG 的生物合成，控制炎症的继续发展，减轻局部炎症的症状。常见的解热镇痛抗炎药与使用见表 6-2。

表 6-2　常见的解热镇痛抗炎药与使用

名称	性状	适应证	用法与用量	药物相互作用（不良反应）	注意事项
阿司匹林（乙酰水杨酸）	白色结晶或结晶性粉末，难溶于水，易溶于醇。无臭或微带醋酸臭，微酸，遇湿气缓缓水解。水溶液呈酸性	具有较强的解热、镇痛、抗炎、抗风湿作用。可作中小动物的解热镇痛抗炎药。此外，本品可用于治疗感冒、神经痛和风湿病；用较大剂量时，能促进尿酸排泄，可用于治疗痛风病	内服，一次量，牛 15～30 克	其可抑制抗体产生及抗原抗体反应，使用疫苗、畜禽检疫时禁止使用；对消化道有刺激性，较大量可致食欲不振、恶心、呕吐乃至消化道出血；长期使用易引发胃肠道溃疡、出血、肾炎等	不宜用于猫。可与碳酸氢钠同用，以减轻对胃肠道的刺激。有出血倾向时忌用
氨基比林	白色晶状粉末，无臭，味微苦，易溶于水，水溶液显碱性。遇氧化剂易被氧化，见光易变质，应避光保存	本品有明显的解热镇痛与抗炎作用。广泛用于发热性疾病、关节痛、肌肉痛、神经痛和风湿症等。其消炎抗风湿作用不亚于水杨酸钠，可用于治疗急性风湿性关节炎	内服，一次量，8～20克；肌内或皮下注射，一次量，0.6～1.2 克	与巴比妥配成复方制剂能增强其镇痛效果，有利于缓和疼痛症状	长期连续用药，可引起白细胞减少症

续表

名称	性状	适应证	用法与用量	药物相互作用（不良反应）	注意事项
吲哚美辛（消炎痛）	白色晶粉，几乎无臭，无味。不溶于水，溶于乙醇、氯仿。溶于碱液，但随即分解	其有显著的抗炎和镇痛作用，其消炎作用强于氢化可的松；其解热作用与阿司匹林相近或略高。临床上主要用于各种动物急性风湿性关节炎、神经痛、腱鞘炎和肌肉损伤	内服，一次量，1毫克/千克体重	长期使用有消化道症状，如恶心、呕吐、腹痛、下痢甚至消化道溃疡；有时可造成肝功能损害	胃病及胃溃疡者禁用
对乙酰氨基酚（扑热息痛）	白色有闪光的鳞片状结晶或白色晶粉。无臭，味微苦不溶于水，难溶于热水	对乙酰氨基酚具有良好的解热作用，镇痛作用次之，无消炎抗风湿作用，作用出现快，且缓和、持久，副作用小。常用作中、小动物的解热镇痛药	内服，一次量，10～20克；肌内注射，一次量，5～10克	剂量过大或长期使用，可致高铁血红蛋白症，引起组织缺氧、发绀	禁用于猫
安乃近	白色（注射用）或略带微微黄色（口服用）结晶或结晶性粉末，无臭、味微苦，易溶于水	具有显著的解热作用、较强镇痛作用和一定的消炎、抗风湿作用，作用迅速。用于肌肉痛、风湿痛、发热性疾患及疝痛	内服，一次量，4～12克；肌内注射，一次量，3～10克	长期应用可引起粒细胞减少；本品可抑制凝血酶原的合成，加重出血倾向	不宜在穴位和关节部位注射，否则易引起肌肉萎缩和关节功能障碍
氯灭酸（抗风湿灵）	白色结晶粉末，无臭，难溶于水	具有消肿、解热、镇痛作用，对关节肿胀有明显的消炎、消肿作用，可恢复关节活动。用于治疗风湿症	内服，一次量，1～4克	—	—

第三节　作用于消化系统药物的安全使用

消化系统的疾病较为常见。由于动物的种类不同，发病率和疾病种类也各有差异。一般草食动物的发病率高于杂食动物。如果不及时治疗，将会导致严重的后果。因此，应进行综合分析治疗，选择作用于消化系统的药物来解除胃肠功能障碍，恢复胃肠功能。常用的作用于消化系统的药物与使用见表 6-3。

表 6-3　常用的作用于消化系统的药物与使用

类型	名称	性状	适应证	用法与用量	药物相互作用（不良反应）	注意事项
健胃药	马钱子	马钱子为马钱科植物马钱的成熟种子，味苦，有毒。本品含有多种类似的生物碱，主要有番木鳖碱，亦称士的宁、马钱子碱等	因味苦，故口服后主要发挥苦味健胃作用。本品有吸收作用，主要对脊髓具有选择性兴奋作用。作为健胃药，用于治疗消化不良、食欲不振、前胃弛缓、瘤胃积食等疾病	内服，一次量，10～20毫升	安全范围小，应严格控制剂量，连续用药不能超过1周，避免蓄积性中毒	其属苦味健胃药。中毒时，可用巴比妥类药物或水合氯醛解救，并保持环境安静，避免各种刺激。孕畜禁用
	龙胆	龙胆科植物龙胆或三花龙胆的干燥根茎和根。有效成分为龙胆苦苷约2%，龙胆糖约4%，龙胆碱约0.15%。味苦性寒，属苦味健胃药	因味苦，口服可促进唾液与胃液分泌，加强消化，提高食欲。其与其他胃药配伍制成散剂、酊剂、舔剂等，用于食欲不振及某些热性病引起的消化不良等	内服，龙胆末一次量，20～50克；龙胆酊和复方龙胆酊50～100毫升	—	避光保存，密闭封存
	陈皮（又名橙皮）	芸香科植物橘及其栽培变种的干燥成熟果实。含挥发油、川皮酮、橙皮苷、维生素 B_1 和肌醇等	内服发挥芳香性健胃药作用，刺激消化道黏膜，增强消化液分泌及胃肠蠕动，显现健胃驱风的功效。用于消化不良、积食气胀等	内服，一次量，30～100毫升	—	避光保存，密闭封存

续表

类型	名称	性状	适应证	用法与用量	药物相互作用（不良反应）	注意事项
健胃药	豆蔻（又名白豆蔻）	芳香性健胃药。姜科植物白豆蔻的干燥成熟果实。含挥发油，油中含有右旋樟脑成分	其具有健胃、驱风、制酵等作用。用于消化不良、前胃弛缓、胃肠气胀等	豆蔻粉，一次内服15～30克。复方豆蔻酊，一次内服30～100毫升	—	避光保存，密闭封存
	肉桂（又名桂皮）	芳香性健胃药。樟科植物肉桂的干燥树皮。含挥发油不得少于1.2％，油中主要成分为桂皮醛	其对胃肠黏膜有温和刺激作用，可增强消化功能，排出积气，缓解胃肠痉挛性阵痛，因此有扩张末梢血管作用，能改善血液循环。主要用于消化不良、风寒感冒、产后虚弱等	内服（粉），一次量，15～45克。内服（酊），一次量，30～100毫升	—	孕畜慎用
	大蒜	百合科植物大蒜的鲜茎。含挥发油、大蒜素，气特异，味辛辣	内服发挥芳香性健胃药作用。由于内含大蒜素，具有明显抑菌作用。对多种革兰氏阳性菌与阴性菌均有一定抑制作用，对白色念珠菌、隐球菌等真菌、滴虫等原虫也有作用。主要用于食欲不振、积食气胀；禽及幼畜肠炎、下痢等	内服，一次量，牛30～90克	—	避光保存

类型	名称	性状	适应证	用法与用量	药物相互作用（不良反应）	注意事项
健胃药	人工盐	白色粉末，易溶于水，水溶液呈弱碱性（pH8～8.5）	盐类健胃药。内服少量，可增加胃肠液分泌，促进蠕动，促进物质消化吸收。其有微弱中和胃酸作用；内服大量，并大量饮水，有缓泻作用，常配合制酵药用于便秘初期	健胃，一次内服量，50～150克。缓泻，一次内服量，200～400克	禁与酸性物质或酸类健胃药、胃蛋白酶等药物配合应用	内服作泻剂时宜大量饮水
助消化药	稀盐酸	无色澄明液体。为10%的盐酸溶液，无臭，呈强酸性	服后使胃内酸度增加，胃蛋白酶活性增强，可消除胃部不适、腹胀、嗳气等症状。其主要用于因胃酸减少造成的消化不良	内服，一次量，15～30毫升，用前须加水稀释成0.2%溶液	忌与碱类、有机酸、洋地黄及其制剂等配伍	用量不宜过大；应置玻璃塞瓶内，密封保存
助消化药	胃蛋白酶	白色或淡黄色粉末（来自牛、猪、羊等胃黏膜而制成的一种含有蛋白分解酶的物质）	内服可使蛋白质初步水解成蛋白胨，有助消化。常与稀盐酸同服用于胃蛋白酶缺乏症。本品在0.2%～0.4%（pH 1.6～1.8）盐酸的环境中作用最强	内服，一次量，牛4000～8000单位	禁与碱性药物、鞣酸、金属盐等配伍	宜饲前服用；用胃蛋白酶时，必须与稀盐酸同用，以确保充分发挥作用；70℃以上迅速失效；剧烈搅拌破坏活性
助消化药	乳酶生（表飞鸣）（乳酸杆菌的干燥制剂）	白色粉末，无味无臭，难溶于水（乳酸杆菌的干燥制剂）	本品为活性乳杆菌制剂，能分解糖类生成的乳酸，使肠内酸度提高，抑制肠内病原菌繁殖。其主要用于胃肠异常发酵和腹泻、肠臌气等	内服，一次量，犊牛10～30克	应用时不宜与抗菌药物、吸附药、收敛药、酊剂配伍，以免失效	应闭光密封在凉暗处保存，有效期为2年，受热效力降低

续表

类型	名称	性状	适应证	用法与用量	药物相互作用（不良反应）	注意事项
助消化药	干酵母	麦酒酵母菌或葡萄汁酵母菌的干燥菌体。淡黄白色或淡黄棕色的颗粒或粉末。有酵母的特臭,味微苦	干酵母含的多种B族维生素等生物活性物质是机体内某些酶系统的重要组成部分,能参与糖、蛋白质、脂肪的生物转化和转运。其用于食欲不振、消化不良和维生素B族缺乏症的辅助治疗	内服,一次量,牛120～150克	用量过大,可导致腹泻;可拮抗磺胺类药物的抗菌作用,不宜并用	—
	碳酸氢钠	白色结晶粉末,无臭,味微咸,易溶于水。水溶液呈弱碱性,在空气中易分解	其是一种弱碱性盐,可与其他健胃药配伍治疗慢性胃肠炎,与祛痰药配伍治疗呼吸道炎症。对败血症、化脓创伤、酸血症等,应用碳酸氢钠可缓解中毒症状	内服,30～100克/次;静脉注射,15～30克/次	其与磺胺类药物配伍使尿液呈弱碱性,可减轻磺胺类药物的副作用;不宜与酸性药物配合使用	密闭保存
瘤胃兴奋药	氨甲酰甲胆碱	属季铵化合物,白色结晶或结晶性粉末。稍有氨味。极易溶于水,易溶于乙醇,不溶于氯仿和乙醚。不易被胆碱酯酶水解	其主要兴奋M胆碱受体,呈现M样作用。其特点为对胃肠道平滑肌呈明显的收缩作用,而对心血管系统的抑制作用较弱。阿托品可快速阻止或消除M样作用,故临床应用较安全,但肠道完全阻塞、创伤性网胃炎及孕畜禁用。主要用于胃肠弛缓等	皮下注射,一次量,每千克体重,0.02～0.1毫克	发生中毒时可用阿托品解救	内服极少吸收。禁用老龄、瘦弱、妊娠、心肺疾患的动物以及顽固性便秘、肠梗阻患畜。不可肌注或静注

续表

类型	名称	性状	适应证	用法与用量	药物相互作用（不良反应）	注意事项
瘤胃兴奋药	浓氯化钠注射液	无色的澄明液体	其用于反刍动物前胃弛缓、瘤胃积食和马属动物便秘等	静注，一次量，0.1克/千克体重	心力衰竭和肾功能不全患畜慎用	静注时不能稀释，速度宜慢，不可漏至血管外
制酵药	鱼石脂	棕黑色浓厚的黏稠性液体。有特臭。易溶于乙醇，在热水中溶解，呈弱酸性	其轻度防腐、制酵、驱风作用，促进胃肠蠕动。常用于瘤胃臌胀，前胃弛缓，急性胃扩张。外用具有温和刺激作用，可消肿促使肉芽新生	内服，一次量，牛10～30克；10%～30%软膏用于慢性皮炎、蜂窝织炎等	禁与酸性药物混合使用	内服前先用2倍量乙醇稀释，再用水稀释成3%～5%的溶液灌服
制酵药	稀醋酸	无色澄明液体，味酸，与水和乙醇可以任意混合	内服作用与稀盐酸基本相同，有防腐、制酵、助消化作用，临床上用于反刍动物前胃臌胀	内服，10～50毫升。用前加水稀释成0.5%浓度灌服	—	密闭保存。2%～3%溶液可冲洗口腔治疗口腔炎
制酵药	芳香氨醑	几乎无色的澄明液体，芳香味带氨臭，久置后变黄，并有刺激性	可内服制酵、促进胃肠蠕动，有利于气体排出，刺激消化道黏膜，增加消化液分泌，改善消化功能。用于牛的瘤胃臌胀、急性肠臌气、积食性消化不良	内服，一次量，20～100毫升	配合氯化铵可以辅助治疗慢性支气管炎；忌与酸性药物及生物碱合用	置密封、闭光容器中，在阴凉处保存
消沫药	二甲二硅油	无色透明油状液体。无臭或几乎无味，无味。在水和乙醇中不溶。能与氯代烃类、乙醚、苯、甲苯等混溶	其能消除胃肠道内的泡沫，使被泡沫贮留的气体得以排出，缓解气胀。用于瘤胃泡沫性臌气。本品作用迅速，约在用药后5分钟起作用，15～30分钟时作用最强	内服，一次量，牛3～5克	—	临用时配成2%～3%酒精溶液或2%～3%煤油溶液，最好采用胃管投药。灌服前后应灌少量温水，以减轻局部刺激

续表

类型	名称	性状	适应证	用法与用量	药物相互作用（不良反应）	注意事项
泻药	硫酸钠（芒硝）	无色透明的柱形结晶，味咸苦，易溶于水。经风化作用失去结晶水时成为无水硫酸钠，为白色粉末，又名元明粉，有吸湿性，应密闭保存	导泻作用剧烈，临床主要用于排出肠内毒物及某些驱肠虫药服后连虫带药一起排出。口服高浓度硫酸镁或用导管直接注入十二指肠，因反射性引起总胆管括约肌松弛、胆囊收缩，发生利胆作用。可用于阻塞性黄疸、慢性肿囊炎	健胃，内服，一次量，15～50克。导泻，内服，一次量，400～800克	硫酸钠禁与钙剂同用	浓度一般4%～6%，不可过高；超过8%刺激肠黏膜过度，注意补液；硫酸钠不适用于小肠便秘，会继发胃扩张
	硫酸镁	无色结晶，味咸苦，易溶于水，水溶液呈中性，不溶于乙醇		导泻，内服，一次量，牛300～800克	硫酸镁禁与钙剂同用	
	液体石蜡	无色透明油状液体，无臭、无味，不溶于水或醇，在氯仿、乙醚或挥发油中溶解	作用温和，无刺激性。用于小肠阻塞，便秘，瘤胃积食等。成本高，一般只用于小肠便秘、孕畜和肠炎患畜的便秘	内服，一次量，牛500～1500毫升，犊60～120毫升	中毒时要排出毒物，要用盐类泻药，不能用油类泻药	不宜长期反复应用，有碍维生素A、维生素D、维生素E、维生素K和钙、磷吸收，降低物质消化率及减弱胃肠蠕动
	大黄	味苦、性寒。大黄末为黄色，不溶于水。大黄有效成分：苦味质、鞣质及蒽醌苷类的衍生物（大黄素、大黄酚、大黄酸）	内服小剂量大黄，呈现苦味健胃作用。中等剂量大黄，发挥鞣质效能，产生收敛，致使肠蠕动减弱，分泌减少，出现止泻效果。大剂量时蒽醌苷类衍生物大黄素等起主要作用，产生致泻作用，其下泻作用点在大肠	内服，一次量，健胃，20～40克或40～100毫升（酊）。止泻，50～100克；下泻，100～150克；犊牛10～30克	大黄与硫酸钠配合应用，可产生较好的下泻效果	孕畜慎用。密闭，防潮

类型	名称	性状	适应证	用法与用量	药物相互作用（不良反应）	注意事项
泻药	蓖麻油	大戟科植物蓖麻的种子，经压榨而得的脂肪油。淡黄色黏稠液体，微臭味，不溶于水	内服后在肠内受胰脂肪酶作用，分解生成甘油和蓖麻油酸，后者又转成蓖麻油酸钠，刺激小肠黏膜感受器，引起小肠蠕动，导致下泻。蓖麻油下泻作用点是小肠，主要用于幼畜小肠便秘	内服，一次量，牛200～300毫升；犊牛30～80毫升	长期反复应用可妨碍消化功能	不宜作排出毒物及驱虫药；本品不得作为泻剂用于孕畜、肠炎病畜
止泻药	鞣酸	淡黄色结晶粉末，味涩，溶于水	内服后鞣酸与胃黏膜蛋白结合生成鞣酸蛋白薄膜，覆盖于黏膜表面起保护作用，使黏膜免受各种因素刺激，使局部达到消炎、止血、镇痛及制止分泌作用。形成的鞣酸蛋白到小肠后再被分解，释放出鞣酸，呈现止泻作用，故内服作收敛止泻药	内服，一次量，牛10～20克；外用于湿疹、褥疮等	收敛药。鞣酸对肝有损害作用，不宜久用	鞣酸能与士的宁、奎宁、洋地黄等生物碱和重金属铅、银、铜、锌等发生沉淀，当因上述物质中毒时，可用鞣酸溶液洗胃或灌服解毒，但需及时用盐类泻药排出
	鞣酸蛋白	淡黄色粉末，无味无臭，不溶于水及酸	内服无刺激性，其蛋白成分在肠内消化后释出的鞣酸起收敛止泻作用。用于急性肠炎与非细菌性腹泻	内服，一次量，牛10～20克	—	遮光、密闭保存

续表

类型	名称	性状	适应证	用法与用量	药物相互作用（不良反应）	注意事项
止泻药	碱式硝酸铋（次硝酸铋）	白色结晶性粉末，无臭无味，不溶于水及醇，但溶于酸或碱，遇光易变质，应密封保存	其在胃肠内少部分缓慢地解离出铋离子，与蛋白质结合，起收敛保护黏膜作用。大部分次硝酸铋覆于肠黏膜表面，而且在肠内能与硫化氢结合，形成不溶性硫化铋，覆盖在黏膜上，为此表现出机械性保护作用。发挥止泻作用，用于肠炎和腹泻	内服，一次量，牛15～30克	次硝酸铋在肠内溶解后，可产生亚硝酸盐，量大时能引起吸收中毒	次硝酸铋在炎性组织中，能缓慢地解离出铋离子，其离子能同组织的蛋白和细菌蛋白质结合，产生收敛或抑菌作用。细菌引起的腹泻，应先用抗微生物药控制其感染后再用本品
	药用炭	黑褐色粉末，无臭无味，不溶于水	颗粒小、表面积大，可作吸附药。用于腹泻、肠炎、胃肠膨气和鸦片及马钱子等生物碱类药物中毒的解救	内服，一次量，牛100～300克	不宜与抗生素、磺胺类、激素、维生素、生物碱等同时服用	遮光、干燥、密闭保存；大量使用容易引起便秘
	白陶土	白色细粉或易碎的块状，加水湿润，难溶于水	吸附剂或赋形剂。内服后能吸附肠内气体和细菌毒素，减少毒物在肠道内吸收，并对发炎的肠黏膜有保护作用。主要用于腹泻	内服，一次量，50～150克	—	密闭保存，应保持干燥，吸湿后效力减弱

第四节 作用于呼吸系统药物的安全使用

咳、痰、喘为呼吸系统疾病或其他疾病在呼吸系统上的常见症状。镇咳药、祛痰药和平喘药是呼吸系统对症治疗的常用药物。呼吸系统等疾病的病因包括物理化学因素刺激，过敏反应，病毒、细菌、支原体、真菌和蠕虫感染等，对动物来说，更多的是微生物引起的炎症性疾病，所以一般首先应该进行对因治疗。在对因治疗的同时，也应及时使用镇咳药、祛痰药和平喘药，以缓解症状，防止病情发展，促进病畜的康复。常用的作用于呼吸系统药物与使用见表6-4。

表6-4 常用的作用于呼吸系统药物与使用

类型	名称	性状	适应证	用法与用量	药物相互作用（不良反应）	注意事项
祛痰药	氯化铵	酸性盐，无色或白色结晶性粉末，味咸而凉，易溶于水，难溶于乙醇，露置空气中微有吸湿性，应置于密封干燥处保存	其能局部刺激胃黏膜，反射性地使气管、支气管腺体分泌增加，使痰液变稀，易于排出。适用于急、慢性支气管炎及痰多不易咳出的患畜	祛痰：内服，一次量，牛10～25克。酸化剂：内服，一次量，牛15～30克	忌与碱性药物（如碳酸氢钠）、重金属、磺胺类药物并用。氯化铵能增加尿的酸性，使磺胺析出结晶，引起泌尿道损害，如尿闭、血尿等	服后有酸化体液和尿液作用，可纠正碱中毒。对肝肾功能异常的患畜，内服容易引起血氯过高性酸中毒和血氨增高，肝功能不好而至肝昏迷，应慎用或禁用
	碳酸铵	白色半透明结晶硬块。有强烈氨臭，易溶于水	类似氯化铵，但作用弱，在体内不易引起酸败症	内服，一次量，牛10～30克	—	避光密闭保存

续表

类型	名称	性状	适应证	用法与用量	药物相互作用（不良反应）	注意事项
祛痰药	乙酰半胱氨酸（痰易净、易咳净）	白色晶粉，性质不稳定，易溶于水及醇	其能使黏痰中连接黏蛋白肽链的二硫键断裂，变成小分子的肽链，降低痰的黏滞性，易于咳出。本品还能使脓性痰中的DNA纤维断裂，对脓性或非脓性痰都有效。雾化吸入用于治疗黏稠痰阻塞气道、咳嗽困难的患畜。紧急时气管内滴入，可迅速使痰变稀，便于吸引排痰。作为呼吸系统和眼的黏液溶解药	牛，5%溶液气管内滴入，一次量，3～5毫升，每天2～4次，连用2～3天	雾化吸入不宜与铁、铜、橡胶和氧化剂接触，应以玻璃或塑料制品作喷雾器。不宜与青霉素、头孢菌素、四环素混合，以免降低抗生素活性。有特殊臭味，可引起恶心、呕吐。对呼吸道有刺激性，可致支气管痉挛，加用异丙肾上腺素可以避免	滴入气管可产生大量分泌液，故应及时吸引排痰
镇咳药	喷托维林	白色结晶性粉末，无臭、味苦、有吸湿性，易溶于水，水溶液呈弱酸性	中枢性镇咳药，能抑制咳嗽中枢。有局部麻醉作用和阿托品样作用，能抑制呼吸道感受器和扩张支气管，所以兼有外周性镇咳作用。适用于上呼吸道感染所致的无痰干咳或痰少咳嗽。常与祛痰药配伍	内服，一次量，牛0.5～1克	心功能不全并伴有肺淤血的患畜忌用，大剂量使用易产生腹胀和便秘	遮光、密封，在干燥处保存
	可待因	无色细微针状结晶性粉末，无臭、味苦、有风化性，易溶于水，微溶于醇	直接抑制咳嗽中枢而产生较强的镇咳作用。除有镇咳作用外，还有镇痛作用，多用于无痰、剧痛性咳嗽及胸膜炎等疾病引起的干咳	内服或皮下注射，牛0.2～2克	久用也能成瘾，应控制使用	不宜用于多痰的咳嗽；大剂量可致中枢神经系统兴奋、病畜烦躁不安

续表

类型	名称	性状	适应证	用法与用量	药物相互作用（不良反应）	注意事项
镇咳药	复方樟脑酊	黄棕色液体，有樟脑和茴香油气味，味甜而辛	其主要用于剧烈干咳及痉挛性腹痛及腹泻	内服，一次量，牛20～50毫升	—	遮光、密封容器，在冷暗处保存
	甘草	豆科植物甘草的干燥根和根茎，主要成分是甘草酸	甘草酸分解为次甘草酸。具有镇咳作用，并有祛痰作用。干草还有解毒、抗炎作用	内服，一次量，浸膏15～30毫升；合剂50～100毫升；片剂，10～20片，每天3次	—	遮光密闭保存
平喘药	麻黄碱	白色微细结晶性粉末，无臭、味苦，遇光易变质，易溶于水，可溶于乙醇	麻黄碱的作用类似肾上腺素，具有α、β效应，松弛支气管平滑肌作用比肾上腺素弱，但持久。可用于减轻支气管哮喘，应配合祛痰药，治疗急、慢性支气管炎，以减弱支气管的痉挛及咳嗽	皮下注射，牛0.05～0.3克	麻黄碱短期内连续应用，易产生快速耐药性；本品可通过乳腺随乳汁排出，哺乳期禁用	应置遮光容器内保存
	氨茶碱	白色或淡黄色粉末，味苦，有氨臭，在空气中能吸收二氧化碳，析出茶碱。易溶于水、水溶液呈碱性	在咖啡因类药物中，氨茶碱对支气管平滑肌的松弛作用最强。当支气管平滑肌处于痉挛状态时，氨茶碱的作用更为明显。临床上主要用于痉挛性支气管炎、支气管哮喘等	肌内、静脉注射，一次量，牛1～2克	注射液为碱性溶液，禁与维生素C以及盐酸肾上腺素、盐酸四环素等酸性药物配伍，以免发生沉淀	氨茶碱的局部刺激性较强，应作深部肌内注射，静注时应用葡萄糖注射液稀释成2.5%以下的浓度，缓慢注入。应避光密闭保存

第五节　作用于泌尿系统药物的安全使用

作用于泌尿系统的药物主要是利尿药和脱水药。利尿药是主要作用于肾脏，能增加电解质及水的排泄，增加尿量，从而减轻或消除水肿的药物。脱水药是一类在体内不易代谢而以原形经肾排泄的低分子药物，药物经过静脉注射后通过渗透压作用引起组织脱水（主要用于降低颅内压、眼内压、脑内压等局部组织水肿）。常用的作用于泌尿系统药物与使用见表6-5。

表6-5　常用的作用于泌尿系统药物与使用

类型	名称	性状	适应证	用法与用量	药物相互作用（不良反应）	注意事项
利尿药	呋塞米（呋喃苯胺酸、速尿）	白色或微黄色结晶性粉末，无臭，无味。不溶于水，可溶于乙醇、甲醇、丙酮及碱性溶液，略溶于乙醚、氯仿。本品具有酸性，其pH为3.9	强效利尿剂，利尿作用强、迅速而短暂。主要用于治疗各种原因引起的水肿，如肺水肿、全身水肿、乳房水肿、喉水肿等，尤其对肺水肿疗效好。肾功能衰竭早期，尿量少，可用以增加尿量	内服一次量，2毫克/千克体重；肌内、静脉注射，一次量，0.5～1毫克/千克体重	与氨茶碱合用可提高氨茶碱的疗效；本品可增大氨基糖苷类抗生素的耳毒性、肾毒性；本品与肾上腺皮质激素类、促肾上腺皮质激素或两性霉素B合用，低钾血症发生率提高	长期重复使用可导致低氯血症、低钾血症性碱中毒、低钠血症及低血容量等水和电解质紊乱；长期应用，应注意补钾
	氢氯噻嗪	白色结晶性粉末；无臭，味微苦。本品微溶于水，在氢氧化钠溶液中溶解，可溶于乙醇，而在氯仿或乙醚中不溶	其属中效利尿药，可用于心性、肺性及肾小管性各种水肿，对心性水肿效果较好，对肾性水肿的效果与肾功能有关，轻者效果好，严重肾功能不全者效果差；还用于牛的产后乳房水肿	内服，一次量，牛1～2克/千克体重	忌与洋地黄配合使用	若长期应用，应配合使用氯化钾，以防低钾血症和低氯血症的出现。宜在室温密闭保存

类型	名称	性状	适应证	用法与用量	药物相互作用（不良反应）	注意事项
利尿药	螺内酯(安体舒通)	白色或类白色或奶油色至棕褐色的细微结晶性粉末；有轻微硫醇臭。易溶氯仿，在苯或醋酸乙酯中易溶，在乙醇中溶解，不溶于水	其利尿作用较弱，显效缓慢，所以在治疗时螺内酯一般不单独使用。常与噻嗪类或强效利尿药合用，治疗肝性或其他各种水肿	内服一次量，牛0.5～1.5毫克/千克体重	使用螺内酯治疗时很容易出现电解质(高钾血症、低钠血症)以及水平衡异常（脱水）。肾损害动物常发生短暂的血尿素氮升高和轻度酸中毒	不良影响轻微，停药后可恢复。久用引起高血钾，尤当肾功能不良时。肾功能不良者禁用。密闭容器内、避光、室温保存
	氨苯蝶啶	黄色结晶性粉末；无臭或几乎无臭，无味。本品在水、乙醇、氯仿或乙醚中不溶，在冰醋酸中极微溶解，在稀无机酸中几乎不溶	利尿作用较弱，很少单独应用，常与氢氯噻嗪等失钾利尿药合用或交替使用。临床上主要配合其它利尿药治疗肝性水肿或其他水肿	内服一次量，牛0.5～3克/千克体重	可能引起胃肠窘迫(例如呕吐、腹泻等)、中枢神经系统反应(嗜睡、共济失调、头痛等)和内分泌改变	久用引起高血钾，尤当肾功能不良时。肾功能不良者禁用
	丁苯氧酸	白色结晶性粉末，无臭，略酸	其是高效、速效、短效和低浓度的新型利尿药	内服，一次量，0.05毫克/千克体重	—	避光、密闭保存
	苄氟噻嗪	白色结晶性粉末，无臭，无味。几乎不溶于水	治疗充血性心力衰竭、肝性水肿等。利尿作用强	内服，一次量，50～100毫克/千克体重，每天2次	—	—
	氯噻酮	白色结晶性粉末，无臭，无味	长效利尿药，毒性较小。适用于各种水肿	内服，一次量，0.5～1克/千克体重，每天1次或隔天1次	长期服用能产生低钾血症；孕畜长期服用对胎儿有不利影响	孕畜不宜连续使用

续表

类型	名称	性状	适应证	用法与用量	药物相互作用（不良反应）	注意事项
利尿药	环戊氯噻嗪	白色结晶性粉末，无臭。几乎不溶于水	用于妊娠水肿、脑水肿等各种水肿。作用强，有显著排钠作用，排钾作用不明显	内服，一次量，0.5～0.1毫克/千克体重，每天2次	—	
脱水药	甘露醇	白色结晶性粉末，无臭，味甜。能溶于水，微溶于乙醇。5.07％水溶液为等渗溶液	用于预防急性肾功能衰竭，降低眼内压和颅内压，加速某些毒素排泄，治疗脑炎、脑外伤、脑组织缺氧、食盐中毒等所致的脑水肿以及肺水肿	静脉注射，一次量，1000～2000毫升，6～12小时用药1次	大剂量长期使用可以引起水和电解质平衡紊乱；药液外漏可能引起注射部位水肿、皮肤坏死；不能与高渗盐水混合使用	注射速度不宜过快；心功能不全禁用
	山梨醇	白色结晶性粉末，无臭，味甜。能溶于水。5.07％水溶液为等渗溶液	适应证与甘露醇基本相同。用于脑炎、脑水肿的辅助治疗	静脉注射，一次量，1000～2000毫升，每天3～4次		

第六节　作用于生殖系统药物的安全使用

哺乳动物的生殖受神经和体液双重调节。机体内外的刺激，通过感受器产生的神经冲动传到下丘脑，引起促性腺激素释放激素分泌；促性腺激素释放激素经下丘脑的门静脉系统运至垂体前叶，导致促性腺激素释放；促性腺激素经血液循环到达性腺，调节性腺的功能。性腺分泌的激素称为性激素。体液调节存在着相互制约的反馈调节机制。生殖激素分泌不足或者过多，会使机体的激素系统发生紊乱，引发产科疾病或者繁殖障碍。这时就需要使用药物进行治疗或者调节。生殖系统用药，主要是为了提高或者抑制繁殖力，调节繁殖进程，增强抗病能力。常用的作用于生殖系统的药物与使用见表6-6。

表6-6　常用的作用于生殖系统的药物与使用

名称	性状	适应证	用法与用量	药物相互作用（不良反应）及注意事项
雌二醇	白色结晶性粉末，难溶于水，易溶于油	促进子宫、输卵管、阴道和乳腺的生长和发育。小剂量可促进垂体分泌促黄体素；大剂量则可抑制垂体分泌促卵泡激素，亦能抑制泌乳，促进蛋白质合成。临床上主要用于母畜催情、子宫内膜炎、胎衣不下、子宫蓄脓、死胎滞留等。促进母畜分娩时，预先注射雌激素，能提高催产素的效果	苯甲酸雌二醇注射液，1毫克/毫升、2毫克/毫升、5毫克/毫升；肌内注射，一次量，牛5～20毫克	大剂量使用、长期使用或不适当使用，可导致母牛发生卵巢囊肿或慕雄狂、流产、卵巢萎缩、性周期停止等不良反应；雌二醇禁用于催肥。遮光、密闭保存
孕酮（黄体酮）	白色或微黄色结晶性粉末。不溶于水，在酒精及植物油中溶解	在雌激素作用的基础上，其可使子宫内膜充血、增厚，腺体生长，由增生期转化为分泌期，为受精卵着床做好准备；抑制子宫收缩，降低子宫对催产素的敏感性而保胎；促进乳腺腺泡发育。临床上主要用于习惯性流产、先兆性流产，母畜同期发情、卵巢囊肿引起的慕雄狂等	黄体酮注射液，50毫克/毫升、20毫克/毫升；肌内注射，一次量，50～100毫克；间隔48小时注射一次。复方黄体酮缓释圈，插入阴道，每头牛1个缓释圈	泌乳期奶牛禁用。应置遮光容器封保存。一般用其油注射液
卵泡刺激素（促卵泡激素）	猪、羊脑下垂体前叶提取的一种促性腺激素，是一种糖蛋白，白色粉末，易溶于水	促进母畜卵巢卵泡迅速长和发育，大剂量时可引起多数卵泡生长和排卵。能促进雄性动物精子的形成和提高精子密度。用于促进母畜发情，提高同期发情的效果，或治疗卵泡停止发育或持久黄体等卵巢功能失调症。与黄体生成素合用，大剂量黄体生成素可协同促进卵泡成熟和排卵，小剂量黄体生成素可协同促进母畜体内雌激素的分泌和发情	卵泡刺激素注射液，50毫克/支；静脉、肌内和皮下注射，一次量，牛10～50毫克。临用时以灭菌生理盐水溶解	用药前，必须检查卵巢变化，并依此修正剂量和用药次数；泌乳奶牛禁用；长期使用可使妊娠期延长；密封在冷暗处保存

续表

名称	性状	适应证	用法与用量	药物相互作用（不良反应）及注意事项
黄体生成素（促黄体素）	猪、羊的垂体前叶提取的一种促性腺类固醇激素。糖蛋白，白色或类白色的冻干块状物或粉末。易溶于水	其与促卵泡激素作用不同，可在后者的作用基础上，促进卵泡进一步成熟，诱发排卵和黄体的形成，延缓黄体的存在以利早期安胎。本品还能促进睾丸间质细胞发育（故又称促间质细胞素），增加睾酮的分泌，增进精子形成，提高雄性动物性欲。临床上主要用于促进排卵，治疗卵巢囊肿和黄体发育不全引起的早期流产和死胎，也可用于改善雄性动物性欲和提高精子密度	黄体生成素注射液，25毫克/支；静脉或者皮下注射，一次量，牛25毫克。可在1～4周内重复使用	治疗卵巢囊肿时，剂量应加倍。应密封在冷暗处保存
缩宫素（催产素）	白色粉末或者结晶。能溶于水，水溶液呈酸性，为无色澄明或几乎澄明的液体	小剂量时，能增加妊娠末期子宫的节律性收缩，适用于催产、胎衣不下、排出死胎。大剂量时可引起子宫平滑肌的强直性收缩，压迫肌纤维间血管而止血，可用于产后出血。此外，还能促进排乳和有利于乳汁分泌。临床上主要用于产前子宫收缩无力母畜的引产；治疗产后出血、胎盘滞留和子宫复旧不全，在分娩后24小时内使用	注射液，10单位/毫升、50单位/5毫升；子宫收缩，静脉、肌内或皮下注射，一次量，75～100单位。如果需要，可间隔15分钟重复使用。排乳，10～20单位	催产时，如胎位不正、产道狭窄、宫颈口未开放时应禁用；无分娩预兆时，使用无效；使用时严格掌握剂量，以免引起子宫强直性收缩，造成胎儿窒息或子宫破裂

续表

名称	性状	适应证	用法与用量	药物相互作用（不良反应）及注意事项
垂体后叶激素	白色粉末，能溶于水。性质不稳定，内含催产素和加压素	催产素对子宫平滑肌有选择性作用，对子宫体的收缩作用强，而对子宫颈的收缩作用较小；还能增强乳腺平滑肌收缩，促进排乳。升压素可使动物尿量减少，还有收缩毛细血管，引起血压升高的作用。临床上主要用于催产、产后子宫出血及促进子宫复旧	注射液，10单位/毫升、50单位/毫升；静脉、肌内和皮下注射，一次量，牛50～100单位。静脉注射时用5%葡萄糖稀释	避光放阴凉处保存。其它同缩宫素
血促性素（孕马血清）	白色或类白色无定型粉末	促进卵泡发育和成熟，引起母畜发情；也有较弱的促黄体素作用，促使成熟卵泡排卵；提高公畜性欲	注射用血促性素，1000单位/支、2000单位/支；催情，皮下、肌内注射，一次量1000～2000单位。超排，一次量母牛2000～4000单位（以灭菌生理盐水2～5毫升稀释）	不宜长久使用；现用现配，一次用完

第七节　作用于血液循环系统的药物的安全使用

作用于血液循环系统的药物主要有强心药（能提高心肌兴奋性，使心肌活动增强，从而改善血液循环状态的药物）、止血药（能促进血液凝固，或影响血小管功能、降低毛细血管通透性而使出血停止的药物）、抗贫血药（能增强造血功能，补充营养物质，以治疗贫血的药物）、抗凝血药等。

一、强心药

常用的强心药与使用见表 6-7。

表 6-7　常用的强心药与使用

名称	性状	适应证	制剂与规格	用法与用量	药物相互作用（不良反应）及注意事项
洋地黄毒苷	白色和类白色的结晶粉末，无臭。不溶于水	对心脏有高度的选择作用。临床上用于治疗慢性充血性心力衰竭、阵发性室上性心动过速和心房颤动	注射液，1毫升(0.2毫克)/支、5毫升(1毫克)/支	全效量，静脉注射，0.6～1.2毫克/千克体重，维持量酌情减少	与抗心律失常药、钙盐注射剂、拟肾上腺素合用，可导致心律失常；与两性霉素B、糖皮质激素或失钾利尿药合用可引起低血钾性洋地黄中毒；服用苯妥英钠、苯巴比妥钠、保泰松可降低洋地黄毒苷浓度；用药时要监测心脏变化，过去10天内用过强心类药物的应减量使用，以免中毒；不应与高渗葡萄糖、排钾性利尿药合用；休克、贫血、尿毒症的病牛不宜使用（除非有充血性心力衰竭）；使用过钙盐或拟肾上腺素，患有心膜炎、急性心肌炎、创伤性心包炎的病牛慎用；肾、肝功能障碍病牛用量酌减
毒毛花苷K	白色或微黄色粉末，遇光易变质。溶于水或乙醇	用于充血性心力衰竭	注射液，1毫升(0.25毫克)/支、2毫升(0.5毫克)/支	静注，一次量1.25～3.752毫克/千克体重。用5%葡萄糖注射液稀释，缓慢注射	

二、止血药

常用的止血药见表 6-8。

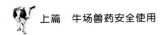

表6-8　常用的止血药

名称	性状	适应证	用法与用量	药物相互作用（不良反应）及注意事项
维生素 K	维生素 K 有维生素 K_1、维生素 K_2、维生素 K_3 及维生素 K_4 等，它们生理功能相似。维生素 K_4、维生素 K_2 是天然品，为脂溶性化合物。维生素 K_1 存在于苜蓿等植物中，维生素 K_2 为动物肠道微生物合成物，维生素 K_3、维生素 K_4 为人工合成品，结构较简单，易溶于水	维生素 K 参与肝脏合成凝血因子 Ⅱ、Ⅶ、Ⅸ、Ⅹ 和凝血酶原，促进凝血。临床上主要用于维生素 K 缺乏症引起的各种动物实质性器官及毛细血管性出血，如长期内服抗菌性药物、肠炎、肝炎、长期腹泻；也可用于动物采食腐败草木樨以及其它化学物质如水杨酸类药物引起的低凝血酶原血症	肌内、静脉注射，一次量，牛 0.5～2.5 毫克/千克体重；犊牛 1 毫克/千克体重	静注时宜缓慢，用生理盐水稀释，成年家畜每分钟不超过 10 毫克，幼畜不超过 5 毫克
安特诺新（安络血）	肾上腺色素缩氨脲（肾上腺素作用氧化后生成）与水杨酸钠生成的水溶性复合物，为橙红色粉末，易溶于水	主要作用于毛细血管，促进毛细血管收缩，降低毛细血管的通透性，增强断裂毛细血管断端的回缩作用。临床上主要用于因毛细血管损伤或通透性增加引起的出血，如鼻出血、紫癜、产后出血、术后出血、血尿等	肌注，一次量，牛 5～20 毫升，2～3 次/天	禁与垂体后叶激素、青霉素 G、盐酸氯丙嗪混合注射；本品含水杨酸，长期反复应用可产生水杨酸反应；抗组胺药物能与本品作用，联合使用时应间隔 48 小时；不影响凝血过程，对大出血、动脉出血疗效差

续表

名称	性状	适应证	用法与用量	药物相互作用（不良反应）及注意事项
酚磺乙胺（止血敏）	白色结晶性粉末，易溶于水，遇光易分解	能促进血小板的生成，增加血小板数量，增加血小板的聚集和黏附力，并促进凝血活性物质的释放，从而产生止血作用、缩短凝血时间。还具有增强毛细血管抵抗力、降低其渗透性、防止血液外渗的作用。临床上主要用于各种出血，如手术前后预防出血及止血、鼻出血，肾、肺、胃肠等出血，子宫出血，紫癜等，也可与其他止血药合用	肌内或静脉注射，一次量，牛1.25～2.5克	本品可与维生素K注射液混合使用。本品毒性低，可有恶心、呕吐、皮疹和暂时性低血压等症状，有的静脉注射后发生过敏性休克。预防外科手术出血，应在术前15～30分钟用药
6-氨基己酸	白色或黄色结晶性粉末，无臭，味苦。能溶于水，其3.25%水溶液为等渗溶液	能抑制纤维蛋白溶酶原的激活因子，从而减少纤维蛋白的溶解，达到止血的目的；高浓度时对纤维蛋白溶酶原有直接抑制作用。临床主要用于纤维蛋白溶解症所致的出血，如外科大型手术出血、子宫出血、肺出血及消化道和肝出血等。对一般出血不要滥用	静脉滴注，首次量，20～40克，加于生理盐水或5%葡萄糖溶液中稀释为等渗溶液。维持量，3～6克/次，每小时1次	用后可能发生腹泻、结膜溢血、皮疹及多尿等不良反应；对泌尿系统手术后的血尿，因易发生血凝块阻塞尿道，故禁止使用。本品作用弱而短，需给予维持量。密闭保存
氨甲苯酸	白色或黄色结晶性粉末，无臭，味微苦。可溶于水	适应证同6-氨基己酸。对一般渗血疗效好，对严重出血则无止血作用	静脉注射，一次量，0.5～1.5克	肾功能不全者慎用；用5%葡萄糖溶液或生理盐水稀释1～2倍后缓缓注入
氨甲环酸	白色或黄色结晶性粉末。可溶于水	适应证同氨甲苯酸，对创伤性止血效果显著。手术前预防用药可减少手术渗血	静脉注射，一次量，2～5克	用5%葡萄糖溶液或生理盐水稀释1～2倍后缓缓注入

三、抗贫血药

常用的抗贫血药与使用见表 6-9。

表 6-9　常用的抗贫血药与使用

名称	性状	适应证	制剂与规格	用法与用量	药物相互作用（不良反应）及注意事项
硫酸亚铁	透明淡绿色柱状结晶或颗粒，无臭，味咸，易溶于水	铁是血红蛋白构成的必需物质，同时也是肌红蛋白、细胞色素、血红素加氧酶和金属黄素蛋白的重要成分。因此，铁缺乏不仅引起贫血，还可影响其他生理功能。临床主要用于缺铁性贫血的治疗和预防	硫酸亚铁粉剂，含铁 20.1%～32.9%	内服量，2～10克。用时常制成 0.5%～1% 水溶液，于饲后饮用	铁盐可与许多化学物质或药物发生反应，故不应与其他药物同时或混合内服给药，如硫酸亚铁与四环素同服可发生螯合作用，使两者吸收均减少；使用过量铁剂，尤其是注射给药，可引起动物中毒，因此应用铁制剂时，必须避免体内铁过多，因为动物没有铁排泄或降解的有效机制。密封保存
枸橼酸铁铵	半透明棕红色小叶片或颗粒，无臭。味先咸而后呈铁味。易引湿，易溶于水，呈弱碱性			肌内注射，一次量，5～10克，每天 2～3次。常配成 10% 溶液内服	
右旋糖酐铁	右旋糖酐铁注射液为右旋糖酐与铁络合物的灭菌胶体溶液，深褐色		右旋糖酐铁注射液，0.1 克/2毫升	肌内注射，一次量，犊牛 200～600毫克	
维生素 B_{12}	深红色结晶或结晶性粉末；无臭，无味。略溶于水	主要用于治疗维生素 B_{12} 缺乏所致病症。如神经炎、再生障碍性贫血、巨幼红细胞贫血等	注射液，每 1 毫升 0.05克、0.1克、0.25克、0.5克、1克	肌内注射，一次量，1～2毫克，每天或隔天 1次	应避光密闭保存

四、抗凝血药

常用的抗凝血药与使用见表 6-10。

表 6-10 常用的抗凝血药与使用

名称	性状	适应证	制剂与规格	用法与用量	药物相互作用（不良反应）及注意事项
肝素钠	白色或淡黄色粉末，易溶于水	临床上主要用于输血、体外循环、动物交叉循环等的抗凝剂；化验室血样的抗凝剂；防治血栓栓塞性疾病	肝素钠注射液，1.25 万单位/2 毫升、0.5 万单位/2 毫升、0.1 万单位/2 毫升	高剂量方案（治疗血栓栓塞症）：静脉或者皮下注射，一次量，100～130 单位/千克体重。低剂量方案（治疗弥散性血管内凝血）：25～100 单位/千克体重	与碳酸氢钠、乳酸钠并用，可促进肝素钠抗凝血作用。肝素过量，可引起出血。禁用于出血性素质和伴有血液凝固延缓的各种疾病，慎用于肾功能不全动物，孕畜、产后、流产、外伤及手术后动物。过量严重出血时，需注射鱼精蛋白止血，通常 1 毫升鱼精蛋白在体内中和 100 单位肝素钠。其刺激性强，肌内注射可致局部血肿，应酌量加 2% 盐酸普鲁卡因溶液。作为制剂标准，应置遮光容器内密封在阴凉处保存
依地酸二钠	白色结晶粉末，略有臭味，具微酸味，可溶于水，微溶于乙醇	用于治疗高钙血症和洋地黄等强心苷中毒所致的心律失常	注射液，1 克/5 毫升	静脉注射，6～9 单位/千克体重，溶于 5% 葡萄糖溶液中缓慢滴入	用量大可致血钙浓度降低，甚至死亡

第八节 作用于神经系统药物的安全使用

作用于神经系统的药物包括中枢神经系统药物（包括兴奋药、全身麻醉药、镇静药和抗惊厥药等）和外周神经系统药物（传出神经药物和传入神经药物）两大类。

一、外周神经系统药物

1. 毛果芸香碱

【性状】毛果芸香碱的游离碱是稠厚无色的油质。其同无机酸一起很快形成盐类。硝酸毛果芸香碱是有光泽的无色晶体，极易溶于水，味微苦，遇光易变质。

【适应证】能加强所有受胆碱能神经支配的腺体的功能，使唾液腺、消化腺的分泌作用强而快，对子宫、肠管、支气管、胆囊和膀胱等平滑肌有明显的兴奋作用。无论点眼或注射，均能使虹膜括约肌收缩而使瞳孔缩小。降低眼内压。临床主要用于大动物的不全阻塞性肠便秘、前胃弛缓、瘤胃不全麻痹等。用1%～3%溶液滴眼，与扩瞳药交替应用治疗虹膜炎。

【用法与用量】皮下注射，一次量，30～300毫克。兴奋瘤胃，40～60毫克。

【药物相互作用（不良反应）】主要为流涎、呕吐、出汗等。

【注意事项】禁用于老年、瘦弱、妊娠、心肺疾病患畜；当便秘后期机体脱水时，在用药前应大量给水，以补充体液；忌用于完全阻塞的便秘，以防因肠管剧烈收缩，导致肠破裂。用于肠便秘后期，为安全起见，最好酌情补液及在用药前先注射强心药，以缓解循环障碍。应用本品后，如出现呼吸困难或肺水肿时，应积极采取对症治疗，可注射氨茶碱扩张支气管，注射氯化钙以制止渗出。

2. 新斯的明

【性状】人工合成的抗胆碱酯酶药。常用其溴化物和甲基硫酸盐，白色结晶性粉末，无臭，味苦，在水中易溶，不溶于酒精，应密封避光保存。

【适应证】其可产生完全拟胆碱效应，兴奋腺体、虹膜和支气管平滑肌以及抑制心血管作用较弱，兴奋胃肠道、膀胱和子宫平滑肌作用较强；兴奋骨骼肌作用最强，因其除抑制胆碱酯酶外，尚能直接激动骨骼肌 N_2-胆碱受体和促进运动神经末梢释放乙酰胆碱；无明显中枢作用。临床上用于牛前胃弛缓、子宫复旧不全、胎盘滞留、尿潴留，竞争型骨骼肌松弛药或阿托品过量而导致的中毒等。

【用法与用量】肌内、皮下注射，一次量，4～20 毫克。

【药物相互作用（不良反应）】治疗剂量副作用较小，过量可引起出汗、心动过速、肌肉震颤或肌肉麻痹等。

【注意事项】禁用于机械性肠梗阻或泌尿道梗阻病畜。中毒后可用阿托品解救。

3. 阿托品

【性状】临床用其硫酸盐，系无色结晶或白色结晶性粉末。无臭，在乙醇中易溶，极易溶于水，水溶液久置会变质，应遮光密闭保存。

【适应证】本品有松弛平滑肌、抑制腺体分泌和扩大瞳孔等作用，主要用于解除胃肠平滑肌痉挛、抑制唾液腺和汗腺等的分泌、抢救感染性休克或中毒性休克。配合胆碱酯酶复活剂、碘解磷定等使用可解除有机磷中毒、毛果芸香碱中毒等。

【用法与用量】肌内、皮下或静脉注射。一次量，每千克体重，麻醉前给药，牛 0.02～0.05 毫克；解除有机磷中毒，牛 0.5～1 毫克。

【药物相互作用（不良反应）】用于治疗消化道疾病时，胃肠蠕动一般都显著减弱，消化液分泌也剧减或停止，而括约肌却全收缩，故易发生肠臌胀、便秘等，尤其是当胃肠过度充盈或饲料强烈发酵时，可能造成全胃肠过度扩张甚至胃肠破裂。典型的中毒症状是口腔干燥、脉搏数及呼吸数增加、瞳孔散大、兴奋不安、肌肉震颤，进而体温下降、昏迷、感觉与运动麻痹、呼吸浅表、排尿困难，最后因窒息而死。

【注意事项】各种家畜对阿托品的感受性不同，一般是草食兽比肉食兽敏感性低。中毒的解救主要是对症处置，如随时导尿，防止肠臌胀，维护心脏功能等。中枢神经系统兴奋时可用小剂量苯巴比妥钠、水合氯醛等。新斯的明、毒扁豆碱或毛果芸香碱可解救阿托品中毒。

4. 肾上腺素

【性状】药用盐酸盐是白色或类白色结晶性粉末，无臭，味苦，遇空气及光易氧化变质。盐酸盐溶于水，在中性或碱性水溶液中不稳定。

【适应证】拟肾上腺素药。本品有兴奋心脏，收缩血管，松弛支气管、胃、膀胱平滑肌等作用。主要用于心跳骤停、过敏性休克抢救；缓解严重过敏性疾患症状；与麻醉药配伍，延长麻醉时间及局部止血等。

【用法与用量】皮下注射，一次量，2～5毫升。静脉注射，一次量，1～3毫升。

【药物相互作用（不良反应）】本品禁与洋地黄、氯化钙配伍。因为肾上腺素能增加心肌兴奋性，两药配伍可使心肌极度兴奋而转为抑制，甚至发生心跳停止。

【注意事项】注射液变色后不能使用。

5. 普鲁卡因

【性状】其盐酸盐为白色晶体或结晶性粉末。无臭，味微苦，继而有麻痹感。易溶于水，溶液呈中性。略微溶于乙醇。水溶液不稳定，遇光、热及久贮后，颜色逐渐变黄，深黄色的药液局麻作用下降。

【适应证】具有局部麻醉作用。临床上主要用于动物的浸润麻醉、传导麻醉、椎管内麻醉。在损伤、炎症及溃疡组织周围注入低浓度溶液，作封闭疗法。

【用法与用量】注射液，浸润麻醉，0.25％～0.5％溶液50～100毫升，注射于皮下、黏膜下或深部组织。封闭疗法，用0.5％溶液50～100毫升，注射在患部（炎症、创伤、溃疡）组织的周围。传导麻醉，2％～5％溶液，注射10～20毫升。硬脊膜外麻醉，2％～5％溶液，牛20～30毫升。

【药物相互作用（不良反应）】本品不可与磺胺类药物配伍，因普鲁卡因在体内分解出对氨基苯甲酸，对抗磺胺的抑菌作用。碱类、氧化剂易使本品分解，故不宜配合使用。

【注意事项】为了延长局麻时间，可在药液中加入少量肾上腺素，可延长局麻时间；本品对皮肤黏膜穿透力弱，不适用于表面麻醉。应避光密封保存。

二、中枢神经系统药物

1. 赛拉嗪（隆朋）

【性状】药用盐酸盐，为白色晶体。易溶于水，溶于有机溶剂。

【适应证】本品具有镇静、镇痛和中枢性肌肉松弛作用，主要用作马、牛、羊、犬、猫及鹿等野生动物的镇痛药与镇静药，也用于复合麻醉及化学保定。以便于长途运输、去角、锯茸、去势、剖腹术、穿鼻术、子宫复旧等。

【用法与用量】肌内注射，一次量，0.1～0.3毫克/千克体重。

【药物相互作用（不良反应）】反刍动物对本品敏感，用药后表现唾液分泌增加，瘤胃弛缓、膨胀，腹泻，心搏缓慢，运动失调等。

【注意事项】种属和个体差异大，在家畜中以牛最为敏感。用本品前应停食数小时，用药前须注射阿托品，手术时应采取伏卧姿势，并将头放低，以防发生异物性肺炎及减轻瘤胃气胀，避免压迫心肺。

2. 赛拉唑（静松灵）

【性状】白色结晶性粉末。味略苦。不溶于水，可溶于氯仿、乙醚和丙酮中，可与稀盐酸制成溶于水的赛拉唑盐酸盐注射液。

【适应证】作用基本同赛拉嗪，具有镇静、镇痛与中枢性肌肉松弛作用。用于家畜及野生动物镇痛、镇静、化学保定和复合麻醉等。

【用法与用量】肌内注射，一次量，每千克体重，黄牛、牦牛0.2～0.6毫克；水牛0.4～1毫克。

【药物相互作用（不良反应）】、【注意事项】同赛拉嗪。

3. 氯丙嗪（冬眠灵）

【性状】药用盐酸盐。白色或乳白色结晶性粉末。微臭，味极苦，有麻感。粉末或水溶液遇空气、阳光和氧化剂逐渐变成黄色、粉红色，最后呈棕紫色，毒性随之增强。易溶于水、乙醇、氯仿，不溶于乙醚。有引湿性。

【适应证】可抑制中枢神经系统，产生镇静安定、止吐、降温以及增强其他中枢抑制药作用等。临床上主要用于狂躁动物和野生动物的保定；破伤风、脑炎、中枢兴奋药中毒；麻醉前给药；高温季节运

输动物；止吐；人工冬眠等。

【用法与用量】 肌内注射，一次量，0.5～1毫克/千克体重。

【药物相互作用（不良反应）】 忌与碳酸氢钠、巴比妥类钠盐等碱性药物配伍。

【注意事项】 用量过大引起血压下降时，禁用肾上腺素解救，而应该用去甲肾上腺素；静脉注射应稀释，缓慢注入；有黄疸、肝炎及肾炎的患畜应慎用；马对本品敏感，不宜使用。应遮光、密封保存。

4. 咖啡因

【性状】 本品为白色，有丝光的针状结晶或结晶性粉末，易集结成团。无臭，味苦，有风化性，熔点235～238℃。微溶于水，易溶于热水和氯仿，略溶于乙醇和丙酮。水溶液呈中性至弱碱性。本品与等量苯甲酸钠、水杨酸钠或枸橼酸混合能增加其在水中溶解度。

【适应证】 对中枢神经系统有广泛兴奋作用，并有强心利尿作用。临床上主要用于治疗中枢神经抑制，心脏衰弱和呼吸困难的疾病；急性心内膜炎、肺炎，以及重度劳役所引起的体力衰弱和虚脱等。并可作为全身麻醉中毒的解毒剂。与溴化物合用可用于治疗马属动物的各种疝痛症。

【用法与用量】 内服，一次量，3～8克。皮下、肌内、静脉注射，一次量，2～5克。一般每日给药1～2次，重症给药间隔4～6小时。

【药物相互作用（不良反应）】 本品与鞣酸、苛性碱、碘、银盐接触可产生沉淀，禁配伍。

【注意事项】 剂量过大时，会出现呼吸加快、心跳急速、体温升高、惊厥等中毒症状，此时可用溴化物、水合氯醛、巴比妥类药物等进行抢救，但不宜使用麻黄碱或肾上腺素等强心药物，以免增加毒性。

5. 尼可刹米

【性状】 本品为无色澄明或淡黄色油状液，置冷处，即成结晶性团状块。略带特臭，味苦，有引湿性。能与水、乙醚、氯仿、丙酮和乙醇混合。25%水溶液的pH为6.0～7.8。

【适应证】 它能直接兴奋延髓呼吸中枢，使呼吸加深加快，尤其是当呼吸中枢处于抑制状态时更为明显，大剂量可兴奋大脑和脊髓，也可引起阵发性痉挛。临床主要用于各种原因引起的呼吸抑制。如中枢抑制药中毒、因疾病引起的中枢性呼吸抑制、一氧化碳中毒、溺水、新生仔畜窒息等。

【用法与用量】静脉、肌内或皮下注射，一次量，2.5～5克。

【药物相互作用（不良反应）】兴奋作用之后，常出现中枢神经抑制现象。

【注意事项】尼可刹米注射液静脉注射速度不宜过快。剂量过大，会出现血压升高、出汗、心律失常、震颤及肌肉僵直，也可引起呼吸加快、心跳急速、体温升高、惊厥等中毒症状，此时可用溴化物、水合氯醛、巴比妥类药物等进行抢救，但不宜使用麻黄碱或肾上腺素等强心药物，以免增加毒性。

6. 士的宁

【性状】用其硝酸盐。无色棱状结晶或白色结晶性粉末。无臭，味极苦。溶于水，微溶于乙醇，不溶于乙醚。应遮光密封保存。

【适应证】士的宁能选择性地提高脊髓兴奋性。士的宁可增强脊髓反射应激性，缩短脊髓反射时间，使神经冲动易传导、骨骼肌张力增加。临床主要用于治疗脊髓性不全麻痹，如后躯麻痹、膀胱麻痹、阴茎下垂。

【用法与用量】皮下注射，一次量，15～30毫克。

【药物相互作用（不良反应）】士的宁毒性大、安全范围小，过量易出现肌肉震颤、脊髓兴奋性惊厥、角弓反张等。

【注意事项】本品有蓄积性，不宜长期使用，反复给药应酌情减量；中毒时，可用水合氯醛或巴比妥类药物解救，并应保持环境安静，避免光、声音等各种刺激。

第九节 影响组织代谢的药物的安全使用

影响组织代谢的药物主要是维持机体正常代谢和生理功能所必需的一些物质，主要有维生素，矿物质，体液补充剂，电解质、酸碱平衡调节药和糖皮质激素类药物。常用的影响组织代谢的药物与使用见表6-11。

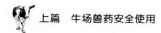

表6-11　常用的影响组织代谢的药物与使用

类型	名称	性状	适应证	用法与用量	药物相互作用（不良反应）及注意事项
脂溶性维生素	维生素A	浅黄色油状物或结晶与油的混合物，不溶于水，易溶于脂肪与油	具有维持上皮组织的完整性，参与视紫红质的合成，促进畜禽生长的作用。主要用于防治角膜软化症、干眼症、夜盲症及皮肤粗糙等维生素A缺乏症	胶囊：内服一次量，500单位/千克体重；鱼肝油：内服，一次量，20～60毫升；维生素AD油：内服，一次量，20～60毫升；维生素ADE乳剂：混饲，每吨饲料添加本品200毫升，饮水，每升水添加本品0.2毫升	长期大量服用可产生毒性，中毒时可出现食欲不振、体重减轻、皮肤增厚、骨折等症状。在空气中易氧化，遇光易变质
	维生素D	常用维生素 D_2、维生素 D_3，均为无色结晶。不溶于水，能溶于油及有机溶剂	能调节血钙浓度，促进钙磷吸收，促进骨骼正常钙化。维生素 D_3 效能比维生素 D_2 高50～100倍。用于防治维生素D缺乏症，如佝偻病、骨软化病等	胶性钙注射液，皮下或肌内注射，一次量，5～20毫升；维生素 D_3 注射液肌内注射，一次量，1500～3000单位/千克体重；维生素AD注射液，肌内注射，一次量，5～10毫升，犊牛2～4毫升	长期大量应用易引起高血钙、骨骼变脆、肾结石；注射维生素 D_3 注射液前后需补充钙剂；仅供肌注，不宜超量使用
	维生素E	微黄色或黄色透明黏稠液体，遇光渐变深。不溶于水，溶于有机溶剂	具有较强的抗氧化生物活性，抑制组织生理氧化作用，维持生殖器官、肝脏、神经系统和横纹肌的正常机能。临床主要用于犊牛、羔羊的白肌病（常与亚硒酸钠合用）	维生素E注射液，皮下、肌内注射，一次量，犊牛0.5～1.5克	—

续表

类型	名称	性状	适应证	用法与用量	药物相互作用（不良反应）及注意事项
脂溶性维生素	维生素 K	维生素 K_1 为黄色至橙色透明黏稠液体。维生素 K_3 为白色结晶性粉末，微有特臭，遇光易分解、变质，易溶于水	主要用于因缺乏维生素 K 引起的出血性疾患和预防雏禽维生素 K 缺乏症	维生素 K_1 注射液,肌内、静脉注射,一次量,每千克体重,犊牛 1 毫克;维生素 K_3 注射液,肌内注射,牛 100～300 毫克	见"第六章第七节二、止血药"。要密闭保存
	维生素 B_1	白色结晶或结晶性粉末;味苦。弱酸性,具有水溶性	用于维生素 B_1 缺乏所引起的多发性神经炎、胃肠功能下降、食欲不振。也用于高热、牛酮血症、心肌炎等辅助治疗	维生素 B_1 注射液,皮下、肌内注射,一次量,100～500 毫克;维生素 B_1 片,口服,100～500 毫克	常与其他 B 族维生素制剂联合使用,以对机体产生综合效应。维生素 B_1 与抗球虫药盐酸氨丙啉有拮抗作用
	维生素 B_2	橙黄色结晶性粉末;微溶于水,不溶于有机溶剂	主要用于维生素 B_2 缺乏症	维生素 B_2 注射液,皮下、肌内注射,一次量,100～150 毫克;内服,一次量,100～150 毫克	常与其他 B 族维生素复合应用,以发挥综合效应,不宜与氨苄青霉素、头孢霉素、四环素、土霉素、红霉素、新霉素、卡那霉素等混合注射
	复合维生素 B	由维生素 B_1、维生素 B_2、维生素 B_6、烟酰胺等制成	用于防治 B 族维生素缺乏所致的多发性神经炎、消化障碍、癞皮病、口腔炎等	肌内注射,一次量10～20 毫升;溶液内服,30～70 毫升	—

续表

类型	名称	性状	适应证	用法与用量	药物相互作用（不良反应）及注意事项
矿物质	氯化钙	白色半透明坚硬碎块或颗粒。易溶于水及醇；易潮解	治疗乳牛产后瘫痪，骨软骨病和佝偻病及荨麻疹、血清病、血管神经性水肿等过敏性疾病；用于解除镁中毒；用于血斑病等出血性素质的止血；为机体提供能量；提高肝脏解毒功能	氯化钙注射液，静注，一次量，5～15克；氯化钙葡萄糖注射液，静注，一次量，100～300毫升	静脉注射宜缓慢，因钙盐兴奋心脏，注射过快会使血钙突然升高，引起心律失常，甚至心跳暂停。应用强心苷期间或停药后7天内，忌用本品。本品有强烈刺激性，不宜皮下或皮内注射，其5％溶液不能直接静脉注射，应在注射前以等量葡萄糖注射液稀释。注射液不可漏出血管外，若漏出，受影响的局部可注射生理盐水、糖皮质激素和1％普鲁卡因
	葡萄糖酸钙	白色结晶或颗粒性粉末，易溶于沸水，在水中缓慢溶解	作用同氯化钙。本品由于含钙量较低，对组织刺激性较小，用药较安全，应用较广泛	静注，一次量，20～60克	
	碳酸钙	白色极细微结晶性粉末。几乎不溶于水，在含有铵盐或二氧化碳的水中微溶	作用同氯化钙。内服，可作为吸附性止泻药或制酸剂	内服，一次量，牛30～120克	—
	硫酸铜	蓝色透明结块或蓝色结晶性颗粒或粉末。溶于水	其为机体多种氧化酶的组分。能促进机体红细胞和血红蛋白的合成	治疗铜缺乏症。口服，一天量，0.02克/千克体重	易风化，应密闭保存
	硫酸锌	白色透明结晶或颗粒状结晶性粉末。易溶于水	主要适用于锌缺乏症。还可作为皮肤黏膜消炎、收敛药。用于奶牛乳房和四肢皲裂	内服，一天量，牛0.05～0.1克	对动物毒性过小但摄入过多也可引起中毒

续表

类型	名称	性状	适应证	用法与用量	药物相互作用（不良反应）及注意事项
矿物质	氯化钴	紫红色结晶。稍有风化性，极易溶于水	主要用于反刍家畜钴缺乏症	内服，治疗，一次量，牛500毫克，犊牛200毫克；预防，一次量，牛25毫克，犊牛10毫克	本品只能内服，注射无效。摄入过量易导致红细胞增多症
	亚硒酸钠	白色结晶性粉末；空气中稳定；水中易溶解，不溶于乙醇	临床上用于预防、治疗硒的缺乏症，防治幼畜白肌病和雏鸡渗出性素质等。补硒时同时添加维生素E，防治效果更佳	亚硒酸钠注射液，肌内注射，一次量，牛30～50毫克，犊牛5～8毫克；亚硒酸钠维生素E注射液，肌内注射，一次量，犊牛5～8毫升	皮下或肌内注射时有局部刺激性。有较强毒性，用量不宜过大。宜密闭保存
酸碱和电解质调节药物	乳酸钠	无色或几乎无色透明黏稠液体。能与水、乙醇或甘油任意混合	用于治疗代谢性酸中毒，作用不及碳酸氢钠迅速，但在高钾血症或普鲁卡因胺等引起的心律失常伴有酸血症时，用本品较适宜	静脉注射一次量，牛200～400毫升，临用时稀释5倍	肝功能障碍和乳酸血症患畜忌用。本品注射液应遮光、密闭保存
	葡萄糖	无色结晶或白色结晶性或颗粒性粉末；无臭，味甜，有吸湿性。在水中易溶，在乙醇中微溶	用于重病、久病、体质虚弱、不能摄食的衰竭患畜以补充能量，补充营养；牛酮血症、农药和化学药物及细菌毒素等中毒病解救的辅助治疗；下痢、呕吐、重伤、失血等，体内损失大量水分时，补充体液	静脉注射一次量，牛50～250克。葡萄糖氯化钠注射液静脉注射一次量，牛1000～3000毫升	10%以上葡萄糖溶液禁用于皮下及腹腔注射；静脉注射高渗糖液速度应缓慢，以免骤增血容量，加重心脏负担。在碱性条件下加热易分解。应密闭保存

127

续表

类型	名称	性状	适应证	用法与用量	药物相互作用（不良反应）及注意事项
酸碱和电解质调节药物	碳酸氢钠（小苏打）	白色结晶性粉末；无臭，味咸；不溶于乙醇，溶于水，水溶液呈弱碱性	用于严重酸中毒（酸血症），内服可治疗胃肠卡他；碱化尿液，防止磺胺类药物对肾脏的损害，以及提高庆大霉素等对泌尿道感染的疗效	内服，一次量，牛30～100克。静脉注射，一次量，牛 15～30克	碳酸氢钠溶液呈弱碱性，对局部组织有刺激性，静注时勿漏出血管外。有溃疡出血的患畜及碱中毒的患畜禁用本品。应密闭室温（18～25℃）保存
	氯化钠	无色、透明立方形结晶或结晶性粉末；无臭，味咸。易溶于水，难溶于醇，水溶液呈中性。性质稳定，吸湿，应密封保存	用于调节体内水和电解质平衡。主要用于防治各种原因所致的低血钠综合征	等渗氯化钠注射液，静脉注射，一次量，牛 1000～3000毫升	脑、肾、心脏功能不全时及血浆蛋白过低时慎用，肺气肿病畜禁用
	氯化钾	无色长棱形或立方形结晶或白色结晶性粉末；无臭，味咸、涩。水中易溶	氯化钾主要用于钾摄入不足或排钾过量所致的低血钾症，亦可用于强心苷中毒引起的阵发性心动过速等	内服，一次量，5～10克。静脉注射，一次量，2～5克。必须用 0.5%葡萄糖注射液稀释成0.3%以下浓度，且注射速度要慢	静滴过量时可出现中毒症状。脱水和循环衰竭等患畜，禁用或慎用
体液补充药物	右旋糖酐70	白色粉末；无臭、无味。在热水中易溶，在乙醇中不溶	主要用于防治低血容量性休克，如出血性休克、手术中休克、烧伤性休克。也可用于预防手术后血栓形成和血栓性静脉炎	右旋糖酐70葡萄糖或氯化钠注射液，静脉注射，一次量，牛 500～1000毫升	该药可以影响血小板的正常功能。不适用于有严重凝血症患畜，同时患有血小板减少症的动物须谨慎使用

类型	名称	性状	适应证	用法与用量	药物相互作用（不良反应）及注意事项
体液补充药物	右旋糖酐40	白色粉末；无臭，无味。在热水中易溶，在乙醇中不溶	主要用于扩充和维持血容量，治疗因失血、创伤、烧伤等引起的休克及中毒性休克	右旋糖酐40葡萄糖注射液，静脉注射，一次量，牛 500～1000毫升	静脉注射宜缓慢，肝肾疾病患畜慎用。充血性心力衰竭和有出血性疾病患畜禁用。用量过大可致出血，如鼻衄、齿龈出血、皮肤黏膜出血、创面渗血、血尿等
其它药物	二氢吡啶	淡黄色粉末或针状结晶，无味。不溶于水	用作促生长剂。能抑制脂类化合物氧化，促进矿物质吸收	混饲，每吨饲料添加 100～150 克	临用前先预混合，再与饲料混合

第七章
生物制品的安全使用

第一节　生物制品的安全使用概述

一、生物制品的概念

1. 概念

生物制品是利用免疫学原理，用微生物（细菌、病毒、立克次体等）及其代谢产物，动物血液、组织制成的，用以预防、治疗以及诊断畜禽传染病的一类物质。

2. 种类

生物制品的种类与特性见表7-1。

表7-1　生物制品的种类与特性

类别	种类	特性
预防类	菌苗	按抗原菌株的处理，分为死菌苗和活菌苗。活菌苗具有接种剂量小、接种次数少、免疫期长的特点；死菌苗性质稳定、安全性高，但免疫力不及活菌苗
	疫苗	用病毒和立克次体，接种于动物、鸡胚或经组织培养液培养后，加以处理而成的。疫苗分为弱毒疫苗和死毒疫苗（灭活苗）
	类毒素	用细菌产生的外毒素加入甲醛处理后，使之变为无毒性但仍有免疫原性的制剂

续表

类别	种类	特性
治疗类	免疫血清	经过多次免疫的动物血清。包括抗菌血清、抗病毒血清和抗毒素。抗菌血清使用较少
	免疫增效剂	通过影响机体免疫应答反应、病理反应而增强机体免疫功能的药物。畜禽免疫增效剂一般有黄芪多糖等
诊断类	诊断抗原	用已知微生物和寄生虫及其组分或浸出物、代谢产物、感染动物组织制成，用以检测血清中的相应抗体。如牛的结核菌素、布鲁氏菌病虎红平板凝集试验抗原
	诊断血清	含有经标定的已知抗体，用以检查可疑畜禽组织内有无该病的特异性抗原(病原微生物及其代谢产物)。如炭疽沉淀素血清

二、疫苗的科学安全使用要求

疫苗（或菌苗）是常用的且重要的生物制品。使用疫苗免疫接种是增加牛体特异性抵抗力、减少疫病发生的重要手段。疫苗的科学安全使用要求如下。

1. 疫苗的选购

在选购疫苗时，根据疫苗的实际效果和抗体监测结果，以及场际间的沟通和了解，选择通过 GMP 验收的生物制品企业和具有农业农村部颁发的生产许可证和批准文号的企业产品。应到国家指定或准许经销的兽用疫苗销售网点，最好是畜牧专业部门购买。防疫人员根据各类疫苗的库存量、使用量和疫苗的有效期等确定阶段购买量；一般提前 2 周，以 2~3 个月的用量为准；并注明生产厂家、出售单位、疫苗质量、疫苗种类（活苗或死苗）。在选购时应对瓶签、瓶子外观、瓶内疫苗的色泽性状等进行仔细检查，例如包装是否规范，瓶口和铝盖封闭是否完好、是否松动，瓶签上的说明是否清楚，疫苗是否过期、失效和变质。凡包装破损、瓶有裂纹、瓶口破裂、瓶盖松动、无标签或标签字迹模糊、真空度丧失、产生沉淀或变色变质、瓶中含有异物或霉团块、灭活苗破乳分层均不得使用。特别需要注意疫苗的批准文号、生产日期、有效期和使用说明书，防止因高温、日晒、冻结等保存方法不当，造成疫苗失效（图 7-1、图 7-2）。

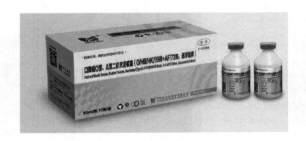

图 7-1　牛口蹄疫二价灭活疫苗

图 7-2　附有说明且封闭良好的疫苗

　　对疫苗的具体要求：一是疫苗毒株应有良好的免疫原性和抗原性。免疫原性是指抗原能刺激机体产生抗体及致敏淋巴细胞的能力；抗原性是抗原能与该致敏淋巴细胞或相应抗体发生特异性结合的反应。二是疫苗应绝对安全并有较高的含毒量，抗原必须达到一定的量，才能刺激机体产生抗体。一般活病毒及细菌的抗原性较灭活病毒及细菌的强。三是疫苗毒性应纯粹，不含外源病原微生物。疫苗内不应含其他病原微生物，否则会产生各自相应的抗体而相互抑制，降低疫苗的使用效果。

2. 疫苗的运输、保存

　　生物制品有严格的贮存条件及有效期。如果不按规定进行运输与保存，就会直接影响疫苗的质量和免疫效果、降低疫苗效价，从而使疫苗不能产生足够的免疫保护，甚至导致免疫失败。

　　（1）运输　运输疫苗应使用放有冰袋的保温箱及冷藏车厢（图7-3），做到"苗冰行，苗到未溶"。途中避免阳光照射和高温。疫苗如需长途运输，一定要将运输的要求交代清楚，约好接货时间和地点，接货人应提前到达，及时接货。疫苗运输过程中时间越短越好，中途不得停留存放，应及时运往牛场放入恒温冰箱，防止疫苗失效。油乳剂苗运输应注重切勿冻结，如果油乳剂苗冻结保存、运输，使用前解冻，会出现破乳和分层现象。

图 7-3　疫苗运输用的保温箱和冷藏车厢

（2）保存　所有的冻干活疫苗均应在低温条件下保存，其目的是保证疫苗毒的活性。给牛接种适量的活毒疫苗，疫苗毒株能在体内一过性繁殖，可诱导牛机体产生部分或坚强的免疫力，有些毒株还可诱导干扰素的产生。冻干活疫苗保存运输温度愈低，疫苗毒的活性（保存期）就愈长，但如果疫苗长时间放置于常温环境，疫苗毒的活性就会受到很大影响，冻干活疫苗就可能变成普通死苗，其免疫效果可想而知。通常情况下，冻干活疫苗保存在 -15℃ 以下，保存期可达 $1\sim2$ 年；$0\sim4$℃，保存期为 8 个月；25℃，保存期不超过 15 天。油乳剂苗应保存在 $4\sim8$℃ 的环境下，在此温度既能较好地保证疫苗毒株的抗原性，也可使油乳剂苗保证相对的稳定（不破乳、不分层）。虽然油乳剂苗属灭活苗，但也不宜保存在常温或较高温度的环境中，否则对疫苗毒株的抗原性会产生很大影响（图 7-4）。

图 7-4　疫苗的保存

保存疫苗时，一要注意检查疫苗瓶有无破损、瓶盖有无松动、标签是否完整，并记录生产厂家、批准文号、检验号、生产日期、失效日期，检查药品的物理性状与说明书是否相符等，避免购入伪劣产品；二要仔细查看说明书，严格按说明书的要求贮存；三要定时清理冰箱的冰块和过期的疫苗，冰箱要保持清洁和存放有序；四要注意如遇停电，应在停电前1天准备好冰袋，以备停电用，停电时尽量少开冰箱门。

3. 疫苗使用前的准备

疫苗使用前要逐瓶检查疫苗瓶有无破损，封口是否严密，头份是否记载清楚，物理性状是否与说明书相符，以及有效期、生产厂家。疫苗接种前应向兽医和饲养员了解牛群的健康状况，有病、体弱、食欲和体温异常的牛，暂时不能接种。不能接种的牛，要记录清楚，选择适当时机补免。免疫接种前对注射器、针头、镊子等进行清洗和煮沸消毒，备足酒精棉球或碘酊棉球，准备好稀释液、记录本。疫苗接种前后，尽可能避免一些剧烈运动，如转群、采血等，防止牛群应激影响免疫效果。

4. 疫苗的稀释

对于冷冻贮存的疫苗，稀释用的生理盐水，必须提前至少1～2天放置在冰箱冷藏，或稀释时将疫苗同稀释液一起放置在室温中停置10～20分钟，避免两者的温差太大。稀释前先将疫苗瓶口的胶蜡除去，并用酒精棉球消毒晾干；用注射器取适量的稀释液插入疫苗瓶中，无需推压，检查瓶内是否真空（真空疫苗瓶能自动吸取稀释液），失真空的疫苗瓶必须废弃。根据免疫剂量、计划免疫头数和免疫人员的工作能力来决定疫苗的稀释量和稀释次数，做到现配现用，稀释后的疫苗在3小时内用完。不能用凉开水稀释，必须用生理盐水或专用稀释液稀释。稀释后的疫苗，放在有冰袋的保温瓶中，并在规定的时间内用完，避免长时间暴露于室温中。

5. 免疫程序

根据本场的实际情况，考虑本地区牛的疫病流行特点，结合本场的饲养管理、母源抗体的干扰以及疫苗的性质、类型等各方面因素和免疫监测结果，制订适合本场的免疫程序。其中下列四点是需要我们重点考虑的因素。

（1）牛场发病史　在制订免疫程序时必须考虑本区域牛病疫情和该牛场已发生过什么病、发病日龄、发病频率及发病批次，确定疫苗的种类和免疫时机。如果是本地区、本场尚未证实发生的疾病，必须证明确实已受严重威胁时才计划接种。

（2）母源抗体干扰　免疫接种还要考虑母源抗体。尤其是犊牛初次免疫，应按母源抗体的消长情况选择适宜的时机进行接种。如果接种得早，则受到母源抗体的干扰而影响免疫效果；如果接种时间过晚，没有保护力的时间过长，牛群发生传染病的危险性较大。这个时机最好通过免疫监测，依抗体的水平来确定。

（3）不同疫苗之间的干扰　在接种疫苗时，要考虑疫苗之间的相互影响。如果疫苗间在引起免疫反应时互不干扰或有相互促进作用可以同时接种；如果相互有抑制作用，则不能同时接种，否则会影响免疫效果。因此在不了解情况时，不要几种疫苗同时接种。可联合使用的疫苗最常见的是牛瘟、牛丹毒、牛肺疫三联苗。

（4）季节性预防疫病　在可能流行口蹄疫的地区，每年春、秋两季各用同型的口蹄疫弱毒苗接种一次，肌内或皮下注射，1～2岁牛1毫升，2岁以上牛2毫升；经常发生炭疽或受威胁地区的牛，每年春季应做炭疽菌苗预防接种一次；在春季或秋季定期预防接种牛巴氏杆菌病疫苗一次等。

6. 正确操作

（1）注意保定　接近前应由饲养员牵住牛绳，呼唤安抚，其他人员由侧方贴近。如果牛仍骚动不安，用徒手保定法：保定者面向牛的头部，站于牛的一侧，一手握住内侧牛角，另一手拇指、食指（或中指）捏住牛的鼻中隔略向上提即可。

（2）注射部位消毒　先用碘酊，再用酒精脱碘，待挥发后再注射，注射完毕应按少许时间减少疫苗溢出。大批注射时，应选择专职消毒员，用0.5％碘酊先涂擦临时固定的右侧或左侧耳根后部皮肤，然后用70％酒精脱碘，待3～5分钟后注射疫苗。忌用5％碘酊在注苗时局部消毒。

（3）减少接种传播　做到每头牛一个针头，以免经针头传播疾病。没有条件的，最多只能一栏牛用一个针头。

（4）避免应激 在接种疫苗前后，应尽可能避免剧烈刺激的操作，如转群、采血等，这些应激因素会降低牛机体的免疫功能，影响疫苗的效果。确实因科研等工作需要这些操作时，要严格注意牛群的健康状况，并对抗体水平进行监测。

（5）接种后管理 接种后将剩余的疫苗及疫苗瓶无害化处理，将用具进行消毒处理。

7. 疫情发生时的免疫

在传染病发生时，为了迅速控制和扑灭疫病，对疫区和受威胁区尚未发病的牛群应进行紧急接种。在外表正常的牛只中可能混有一部分带菌（毒）者，它们在接种疫苗后不能获得保护，反而会促使其更快发病，因此在紧急接种后的一段时间内，牛群中发病数有增多的可能，但由于这些急性传染病的潜伏期较短，而疫苗接种后机体又很快产生抵抗力，因此发病数不久即下降，从而使流行很快停息。

第二节 常用生物制品的安全使用

一、常用的疫苗

1. 口蹄疫 O 型、A 型活疫苗

【性状】乳白色或淡红白色黏滞性均匀乳状液，静置后瓶底有部分含毒组织沉淀，振摇后成均匀混悬液。

【适应证】用于预防口蹄疫。用于 12 个月以上的牛。疫苗注射后，14 天产生免疫力，免疫持续期为 4～6 个月。

【用法与用量】乳剂；100 毫升/瓶、250 毫升/瓶。肌内或皮下注射，剂量：12～24 个月牛 1 毫升，24 个月以上牛 2 毫升。

【药物相互作用（不良反应）】①新注射地区的牛，注射后有20%～30%的牛口腔产生烂斑，约有 10%在蹄部出现水疱烂斑，少数奶牛可出现奶头烂斑及减奶数日，但一般不影响食欲及使役，经常注射地区的牛反应较少、较轻。②O 型疫苗注射于水牛，在注射后4～5 天平均有 30%的牛能在舌面口唇出现水疱烂斑，10%～15%的

牛能在蹄部出现水疱，仅少数牛蹄踵边缘溃裂，有轻度跛行，但一般不影响吃草及使役。

【注意事项】①疫苗注射前应充分摇匀。②注射疫苗的牛在 14 天内，不得随意移动，以便进行观察，也不得与猪同居接触。本疫苗不用于猪。免疫接种后，如果有多数牛群产生严重反应时，则应严格封锁隔离，加强护理治疗，并检查原因，进行适当处理。③如果是在注射前已经感染或在注射后产生免疫前感染上强毒出现口蹄疫症状的，按病牛处理，进行封锁隔离。④经常发生疫情地区的易感动物，第一年注射 2 次，以后每年注射 1 次即可。⑤在疫区注射疫苗后，防疫人员的衣物、交通工具及器械等应严格消毒处理后，才能参加其他地区的预防注射工作，以免机械性带毒传染与注射反应混淆不清，注射疫苗用过的注射器及疫苗瓶应煮沸消毒。⑥疫苗在 −12℃ 以下保存，不得超过 12 个月；2～6℃ 保存，不得超过 5 个月；20～22℃ 保存，限 7 天内用完。运输途中应避免阳光直接照射，冬季应防止疫苗冻结，如果冻结，必须放在 15～20℃ 条件下自行融化，不允许用火烤或热水融化。

2. 口蹄疫 A 型活疫苗

【性状】暗赤色液体，静置后瓶底有部分含毒组织沉淀，振摇后成均匀混悬液。

【适应证】用于预防 A 型口蹄疫。疫苗注射后 14 天产生免疫力，免疫持续期为 4～6 个月。

【用法与用量】100 毫升/瓶。肌内或皮下注射。剂量，6～12 个月牛 1 毫升，12 个月以上牛 2 毫升。

【药物相互作用（不良反应）】个别动物有反应。

【注意事项】①疫苗注射前应充分摇匀。②经常发生疫情的地区，第一年注射 2 次，以后每年注射 1 次即可；已经发生疫情的地区，注射疫苗时应从疫点周围开始向疫点实行包围注射。③疫苗注射后个别动物有反应，如果是注射前已经感染或者注射后产生免疫力前感染强毒出现口蹄疫时，应按病牛处理。④−18～−12℃ 保存，有效期为 24 个月；2～6℃ 保存，有效期为 3 个月；20～22℃ 保存，有效期为 5 天；运输途中应避免阳光直接照射，疫苗冻结时，应在 15～20℃ 下自行融化，不得加热。⑤防疫人员的衣物、器械、交通工具应严格消毒后才能参加其它地区的预防接种工作；本疫苗限在牧区使用。

3. 口蹄疫 O 型、亚洲 1 型二价灭活疫苗（OJMS+ JSL 株）

【性状】淡粉红色或乳白色略带黏滞性乳状液。

【适应证】用于预防牛、羊 O 型、亚洲 1 型口蹄疫，免疫期为 4～6 个月。

【用法与用量】肌内注射，牛每头 2 毫升。

【药物相互作用（不良反应）】①一般不良反应。注射部位肿胀、一过性体温反应，减食或停食 1～2 天，奶牛可出现一过性泌乳量减少，随着时间延长，症状逐渐减轻，直至消失。②严重不良反应。因品种、个体的差异，个别牛接种后可能出现急性过敏反应，如焦躁不安、呼吸加快、肌肉震颤、可视黏膜充血、瘤胃臌气、鼻腔出血等，甚至因抢救不及时死亡；少数怀孕母畜可能出现流产。

【注意事项】①疫苗应冷藏（但不得冻结），并尽快运往使用地点。运输和使用过程中避免日光直接照射。使用前应仔细检查疫苗，疫苗中若存在有其他异物、瓶体有裂纹或封口不严、破乳、变质者不得使用。使用时应将疫苗恢复至室温并充分摇匀。疫苗瓶开启后限当日用完。②该疫苗仅接种健康牛。病畜、瘦弱牛、怀孕后期母畜及断奶前幼畜慎用；严格遵守操作规程。注射器具和注射部位应严格消毒，每头（只）更换一次针头。曾接触过病畜人员，在更换衣、帽、鞋和进行必要消毒之后，方可参与疫苗注射。③疫苗对安全区、受威胁区、疫区牛羊均可使用。疫苗注射应从安全区至受威胁区，最后再注射疫区内受威胁畜群。大量使用前，应先小试，在确认安全后，再逐渐扩大使用范围；在非疫区，注苗后 21 天方可移动或调运；在紧急防疫中，除用本品紧急接种外，还应同时采用其他综合防制措施。④个别牛出现严重过敏反应时，应及时使用肾上腺素等药物进行抢救，同时采用适当的辅助治疗措施。⑤用过的疫苗瓶、器具和未用完的疫苗进行消毒处理。⑥2～8℃保存，有效期为 12 个月。

4. 牛口蹄疫 O 型、 A 型二价灭活疫苗

【性状】乳白色或淡红白黏滞性均匀乳状液。

【适应证】预防牛、羊 O 型、A 型口蹄疫。

【用法与用量】乳剂，250 毫升/瓶。肌内注射，6 月龄以上牛，每头 2 毫升。

【药物相互作用（不良反应）】一般情况下，注射部位肿胀、体温升高、减食 1～2 天。严重情况下，个别动物发生急性过敏反应，甚至因抢救不及时而死亡，妊娠母畜流产。建议用肾上腺素等药物治疗。

【注意事项】2～8℃避光保存，有效期 1 年。

5. 伪狂犬病活疫苗（伪克灵）

【性状】本品为淡黄色海绵状疏松团块，易与瓶壁脱离，加稀释液后迅速溶解。本品系用伪狂犬病病毒 Bartha-Kb1 基因缺失弱毒株接种于易感细胞培养，收获细胞培养物，加适宜稳定剂，经冷冻真空干燥制成。

【适应证】用于预防牛的伪狂犬病。注射后 6 天，即可产生坚强的免疫力，免疫期为 1 年。

【用法与用量】用法按瓶签注明的头份加 PBS 或特定稀释液稀释，肌内注射。1 岁以上牛 3 头份；5～12 月龄牛 2 头份；2～4 月龄犊牛第一次 1 头份，断乳后再注射 2 头份。

【药物相互作用（不良反应）】一般无可见的不良反应。

【注意事项】①用于疫区及受到疫病威胁的地区，在疫区、疫点内，除已发病的家畜外，对无临床表现的家畜亦可进行紧急预防注射。②疫苗稀释后必须 2 小时内用完。③用过的疫苗瓶、器具和未用完的疫苗等应进行消毒处理；要特别重视畜舍的消毒卫生管理，1% 石炭酸 15 分钟可杀死伪狂犬病病毒，1%～2% 火碱溶液可立即杀死该病毒。④-15℃以下保存，有效期为 18 个月。

6. 牛羊伪狂犬病疫苗

【性状】淡黄色海绵状疏松团块，易与瓶壁脱离，加稀释液后迅速溶解。

【适应证】专供预防牛、羊伪狂犬病。牛免疫期为 1 年。

【用法与用量】冻干苗：10 头份/瓶、20 头份/瓶、40 头份/瓶、

50头份/瓶。2～4月龄犊牛每头臀部肌内接种1毫升，断奶后再接种2毫升；5～12月龄牛每头接种2毫升；12月龄以上牛每头接种3毫升。

【**药物相互作用（不良反应）**】一般无可见的不良反应。

【**注意事项**】①在贮存和运输过程中，应注意避光、冷藏。－20℃以下保存，有效期为18个月；2～8℃保存，有效期为9个月。②疫苗稀释前如发现潮解变形，应废弃。稀释后的疫苗应放在冷暗处保存，必须当日用完。③接种时，应执行常规无菌操作，每接种1头动物更换1个针头；患病、瘦弱和刚阉割的动物不宜接种。④剩余的疫苗及空瓶不能随意丢弃，必须经加热或消毒灭菌后方可废弃。⑤用于疫区及受到疫病威胁的地区，在疫区、疫点内，除已发病的家畜外，对无临床表现的家畜亦可进行紧急预防接种。

7. 兽用乙型脑炎疫苗

【**性状**】静置后呈红色透明液体，瓶底有少量细胞碎片。系2-8减毒株经地鼠肾单层细胞培育而成。

【**适应证**】专供预防牲畜流行性乙型脑炎用。注射2次（间隔1年），有效期暂定2年。

【**用法与用量**】注射剂；2头份/瓶、5头份/瓶、10头份/瓶、20头份/瓶。应在盛行前1～2个月注射，不分品种、性别一概皮下或肌内注射1毫升。当年的幼畜注射后，第2年必须再注射1次。

【**药物相互作用（不良反应）**】一般无不良反应。

【**注意事项**】如果怀疑疫苗有问题或疫苗注射不准确，每年均需注射；为确保疫苗质量，在运输、使用过程中均应一直保存于有冰环境中，并避免阳光照射；应保存在2～6℃冷暗处，有效期为2个月。

8. 无荚膜炭疽芽孢苗

【**性状**】本菌苗静置时为白色或微黄色透明液体，瓶底有少量灰白色沉淀（芽孢），振摇后成微浑浊淡乳白色混悬液。本品系用无荚膜炭疽弱毒菌株，经培养繁殖形成芽孢后，将培养物悬浮于灭菌的甘油蒸馏水或铝胶蒸馏水制成，每毫升约含2000万个芽孢。

【**适应证**】预防炭疽，可用于除山羊以外的各种动物。接种动物要健康。

【用法与用量】混悬液，100 毫升/瓶、250 毫升/瓶。大动物注射于颈部或肩胛后缘的皮下，1 岁以上的大动物注射 1 毫升，1 岁以下的大动物注射 0.5 毫升。

【药物相互作用（不良反应）】注射后，可能有 1～3 日的体温升高反应，也有的在注射局部引起核桃大小肿胀。这些均属正常现象，3～10 日即可消失。

【注意事项】①天气骤变时，不能使用；体质虚弱、食欲或体温异常、有其他异常表现者，均不能注射。②注射后 7 日内，不可过度使役，并要加强饲养管理。③不可与抗炭疽血清同时注射，也不要与其他菌苗、疫苗、血清等混合注射，以免影响其免疫效果或引起不良反应。但是，在预防接种前，畜群或毗邻地区有炭疽暴发时，则应先注射抗炭疽血清，待疫情平息后，再注射此疫苗。④使用之前应仔细检查。如果发现玻瓶破裂、药液渗漏、无瓶签或字迹不清、没有检验号码、瓶内生长霉菌、瓶内混有杂质异物、药液色泽异常、瓶中有振摇不散的片状或絮状物以及贮存条件不合格者，均禁止使用；临用时用力振摇，使沉于瓶底的芽孢充分混悬，以保证含量均匀、用量准确。⑤预防注射的家畜，须经 14 日后方可屠宰。14 日内死亡者，尸体不得食用，须查明原因（含对原封的同批芽孢苗送检），妥善处理。⑥本品应于 2～15℃干燥、冷暗处保存，有效期为 2 年。

9. Ⅱ号炭疽芽孢苗

【性状】本品静止时液体透明，瓶底有少量灰白色的芽孢沉淀，振荡后稍显混浊，呈乳白色或淡黄色的混悬液。本菌苗系用炭疽Ⅱ号弱毒菌株繁殖形成芽孢后，加灭菌甘油蒸馏水制成，每毫升含活芽孢约 1500 万个。

【适应证】预防各种动物的炭疽。注射 14 日后产生坚强的免疫力，免疫期为 1 年，只有山羊为半年。

【用法与用量】混悬液，100 毫升/瓶。各种动物均皮内注射 0.2 毫升或皮下注射 1 毫升。

【药物相互作用（不良反应）】本苗较安全，2 月龄以上的幼畜即可注射，一般没有反应。个别家畜注射后可出现 1～2 日体温升高，

无需治疗即能自行消退。

【注意事项】均与无荚膜炭疽芽孢苗相同。

10. 布鲁氏菌病活疫苗

【性状】黄褐色海绵状疏松团块，易与瓶壁脱离。加稀释液后迅速溶解。本品系用羊种布鲁氏菌 M5 或 M5-90 弱毒菌株，接种于适宜培养基培养，将培养物加适当稳定剂，经冷冻真空干燥制成。

【适应证】本品用于预防牛、羊布鲁氏菌病，免疫持续期为 3 年。

【用法与用量】冻干剂；10 头/瓶、20 头/瓶、40 头/瓶、80 头/瓶、160 头/瓶。皮下注射、滴鼻、气雾法免疫及口服法免疫均可。牛皮下注射应含 250 亿个活菌，室内气雾含 250 亿个活菌，室外气雾含 400 亿个活菌。

【药物相互作用（不良反应）】本疫苗对人有一定致病力，制苗及预防接种工作人员，应做好防护，避免感染或引起过敏反应。

【注意事项】①免疫接种时间在配种前 1～2 个月进行较好，妊娠期母畜及种公畜不进行预防接种。只对 3～8 个月龄奶牛接种，成年奶牛一般不接种。②本品冻干苗在 0～8℃保存，有效期为 1 年。

11. 布鲁氏菌病猪型 2 号活疫苗

【性状】黄褐色海绵状疏松团块，易与瓶壁脱离。加稀释液后迅速溶解。本品系用猪种布鲁氏菌 2 号弱毒株接种于适宜培养基培养，收获培养物后加适当稳定剂，经冷冻真空干燥制成。

【适应证】本品用于预防牛、羊布鲁氏菌病，免疫持续期为 2 年。

【用法与用量】冻干剂；10 头/瓶、20 头/瓶、40 头/瓶、80 头/瓶、160 头/瓶。本疫苗最适于作口服免疫，亦可作肌内注射。口服对怀孕母畜不产生影响，畜群每年服苗一次，持续数年不会造成血清学反应长期不消失的现象；口服免疫，每头一律口服 500 亿个活菌。

【药物相互作用（不良反应）】本疫苗对人有一定致病力，制苗及预防接种工作人员，应做好防护，避免感染或引起过敏反应。

【注意事项】①注射法不能用于孕畜。②疫苗稀释后应当天用完。③拌水饮服或灌服时，应注意用凉水，若拌入饲料中，应避免用添加抗生素的饲料、发酵饲料或热饲料，免疫动物在服苗的前 3 天，应停止使用抗生素添加剂饲料和发酵饲料。④用过的用具须煮沸消毒，木槽可以日光消毒。⑤本品冻干苗在 0～8℃保存，有效期为 1 年。

12. 气肿疽明矾菌苗

【性状】本菌苗静置时，上层为黄褐色透明液体，下部为灰白色沉淀。充分振摇后，则呈均匀的混悬液。

【适应证】预防牛、羊、鹿等动物的气肿疽，接种的动物要健康。注射 14 日后产生可靠的免疫力，免疫期约为 6 个月。

【用法与用量】注射剂，10 头/瓶、20 头/瓶、40 头/瓶。不论年龄大小，皮下注射 5 毫升。0～6 月龄小牛应再注射 1 次。

【药物相互作用（不良反应）】注射后 3 日内可能引起体温升高；有时于注射部位呈现手掌大肿胀，数日后即可恢复正常。

【注意事项】于 0～15℃凉暗干燥处保存，有效期为 2 年；室温下保存，有效期为 14 个月。病畜、初产母畜、去势后创口未愈或体温不正常的动物，均不能注射。菌苗须充分摇匀后，再抽取注射。在该病流行地区，黄牛第 1 年注射 2 次，以后每年注射 1 次。

13. 气肿疽甲醛菌苗

【性状】本品静置时，上部为黄色澄明液体，底部有白色沉淀，振摇后成均匀的混悬液。

【适应证】、【用法与用量】【药物相互作用（不良反应）】、【注意事项】均与气肿疽明矾菌苗相同。

14. 牛传染性胸膜肺炎活疫苗（C88003 株）

【性状】微白或微黄色海绵状疏松团块，易与瓶壁脱离，加稀释液后迅速溶解。含丝状支原体丝状亚种（兔化弱毒或兔化绵羊化弱毒株）至少 10^8 菌落数每毫升。

【适应证】用于预防牛传染性胸膜肺炎（牛肺疫）。免疫期为 12 个月。C88003 株用于黄牛、牦牛、犏牛、奶牛。

【用法与用量】冻干剂，50 头/瓶。用生理盐水或 20%氢氧化铝胶生理盐水稀释。用法与用量详见表 7-2。

表7-2　牛传染性胸膜肺炎活疫苗使用方法及剂量

稀释液	稀释倍数	注射部位	成年牛	小牛(6～12个月)	适用范围
生理盐水或20%氢氧化铝胶生理盐水	100	臀部肌内	2毫升	1毫升	牦牛、犏牛
20%氢氧化铝胶生理盐水	50	尾端皮下	1毫升	0.5毫升	农区黄牛、奶牛

【药物相互作用（不良反应）】一般无可见的不良反应。

【注意事项】①6月龄以下的犊牛、临产孕牛、瘦弱或有病的牛，均不得接种。②随用随稀释，经稀释后，疫苗应保存在冷暗处，限当日用完；接种时，应做局部消毒处理。③用过的疫苗瓶、器具和未用完的疫苗等应进行消毒处理。④未使用过本苗的地区（尤其是农区），在开展大规模预防接种之前，应先用100～200头牛做安全性试用，观察1个月，证明安全后，再逐步扩大接种数量。接种后应加强观察，如果出现不安全反应，可用土霉素治疗。⑤疫苗在2～8℃保存，有效期为4个月；－15℃以下保存，有效期为12个月；冻干苗在运输途中，必须采用冷藏包装，箱内温度要求在10℃以下。使用单位收到疫苗后，应立即置10℃以下保存。

15. 牛出血性败血症氢氧化铝菌苗

【性状】本品静置时，菌苗液上层为淡黄色澄明液，下层为灰白色沉淀，振摇后即成均匀乳浊液。

【适应证】预防牛出血性败血症。注射后21日产生可靠的免疫力，免疫期为9个月。

【用法与用量】注射剂，25头/瓶、50头/瓶。皮下或肌内注射：体重100千克以下的牛注射4毫升，体重100千克以上的牛注射6毫升。

【药物相互作用（不良反应）】一般无不良反应。在注射部位有时出现核桃大硬结，对健康无影响。

【注意事项】于2～15℃冷暗干燥处保存，有效期为1年；于28℃以下阴暗干燥处保存，有效期为9个月。病弱牛、食欲或体温不正常的牛以及怀孕后期的牛等，均不宜注射。注射前应充分振摇，并防止冻结。

16. 牛肺疫兔化弱毒苗

【性状】黄红色液体，底部有白色沉淀。

【适应证】专供预防黄牛牛肺疫。免疫期暂定为 1 年。

【用法与用量】注射剂，50 头/瓶。使用时用氢氧化铝胶稀释液进行 50 倍稀释，为氢氧化铝苗；也可用生理盐水进行 100 倍稀释，为盐水苗。菌苗稀释后，须充分振荡，使纤维素散开混合均匀。氢氧化铝苗臀部肌内注射：成年牛 2 毫升，6～12 个月小牛 1 毫升。盐水苗尾端皮下注射：成年牛 1 毫升，6～12 个月小牛 0.5 毫升。

【药物相互作用（不良反应）】一般无不良反应。

【注意事项】于 0～4℃低温冷藏，有效期为 10 天；于 10℃左右的冷暗处保存，有效期为 7 天。已稀释菌苗须于当日用完，隔日作废。疫苗过期、保存不当或有异味者，均必须消毒后废弃，不得使用。牦牛、半岁以下犊牛、临产孕牛、瘦弱或有其他疾病的牛，均不得注射本苗。

17. 牛肺疫兔化藏系绵羊化弱毒苗

【性状】微白色或微黄色。

【适应证】专用于预防黄牛、牦牛、犏牛、奶牛的牛肺疫。免疫期暂定为 1 年。

【用法与用量】湿苗、冻干苗，50 头/瓶。牧区牛，湿苗、冻干苗，均用 20%氢氧化铝胶生理盐水或生理盐水，将原疫苗量做 100 倍稀释。臀部肌内注射，成年牛 2 毫升，2 岁以下小牛 1 毫升。

农区黄牛，湿苗用 20%氢氧化铝胶生理盐水或生理盐水做 100 倍稀释，尾端皮下注射：成年牛 1 毫升，2 岁以下小牛 0.5 毫升。冻干苗用 20%氢氧化铝胶生理盐水，将原胸水量做 50 倍稀释，于尾端皮下注射：成年牛 1 毫升，2 岁以下小牛 0.5 毫升。

【药物相互作用（不良反应）】一般无不良反应。

【注意事项】冻干苗自冻干日期算起，－15℃保存，有效期为 21 个月；0～4℃保存，有效期为 12 个月。超过 10℃时，菌苗应放于水井、地窖等冷暗处，要求 30 天内用完。湿苗从采集胸水之日起，在

0～4℃冰箱保存，有效期为 10 天；用广口瓶加冰或加冷水或放于水井、地窖等冷暗处，维持 10℃左右，有效期为 7 天。其它与牛肺疫兔化弱毒苗相同。

18. 牛副伤寒灭活苗

【性状】本品静置后，上层为灰褐色澄明液体，下层为灰白色沉淀，振摇后呈均匀混悬液。本品系用免疫原性良好的肠炎沙门菌都柏林变种和病牛沙门菌 2～3 个菌株，接种于适宜培养基培养，将培养物经甲醛溶液灭活脱毒后，加氢氧化铝胶制成。

【适应证】本苗专供预防牛副伤寒用。免疫期为 6～12 个月。

【用法与用量】注射剂，100 毫升/瓶。用前充分摇匀，肌内注射，1 岁以下牛 1～2 毫升，1 岁以上牛 3～5 毫升。

【药物相互作用（不良反应）】个别牛可能发生过敏发应，应细致观察。

【注意事项】本苗毒力较强，注射时应特别注意安全性，先选择健康小牛注射，14～21 天后，如无严重反应，方可在牛群中普遍使用。注射本苗可能引起过敏反应，剂量越大，反应越重，应按牛大小确定剂量，并准备好脱敏药品，如肾上腺素等。本苗不能冻结。注射器械及注射部位要严格消毒。本苗保存于 2～15℃冷暗处，有效期为 1 年。

19. 肉毒梭菌中毒症灭活疫苗（C 型）

【性状】静置后，上层为橙色澄明液体，下层为灰白色沉淀，振摇后呈均匀混悬液。本品含 C 型肉毒梭菌（C62-4）菌株，经甲醛溶液灭活脱毒后，加氢氧化铝胶制成。

【适应证】用于预防牛、羊、骆驼及水貂的 C 型肉毒梭菌中毒症。免疫期为 12 个月。

【用法与用量】注射剂，100 毫升/瓶、250 毫升/瓶。皮下注射，每头牛 10.0 毫升。

【药物相互作用（不良反应）】一般无可见的不良反应。

【注意事项】切忌冻结，冻结后的疫苗严禁使用；使用前，应将疫苗恢复至室温，并充分摇匀；接种时，应做局部消毒处理；用过的疫苗瓶、器具和未用完的疫苗等应进行消毒处理；2～8℃保存，有效期为 36 个月。

20. 破伤风类毒素

【性状】本品静置后，上层为淡黄色澄明液体，下层为灰白色沉淀，振荡后呈均匀混悬液。本品系用产毒能力强的破伤风梭菌，接种于适宜培养基培养，产生外毒素后，经甲醛溶液灭活脱毒以及滤过除菌后，加钾明矾制成。

【适应证】用于预防家畜破伤风。注射后 1 个月产生免疫力，免疫期为 1 年。第 2 年再注射 1 毫升，免疫期为 4 年。

【用法与用量】注射剂，100 毫升/瓶。皮下注射，牛 1 毫升；幼畜 0.5 毫升，6 个月后再注射 1 次。

【药物相互作用（不良反应）】注射后数小时，在注射部位产生直径 5～15 厘米的炎性肿胀，经 5～7 日炎症逐渐消退，但遗留一个硬结，需再经多日才能消散。

【注意事项】在 2～8℃保存，有效期为 3 年。期满后，经效力检验合格，可延长 1 年。

二、其他生物制品

1. 抗炭疽血清

【性状】本品为微带荧光的橙黄色澄明液体，久置瓶底微有沉淀。

【适应证】用于治疗或紧急预防家畜炭疽病。免疫期为 10～14 日。

【用法与用量】注射剂，250 毫升/瓶。颈部或肩胛后方皮下注射或静脉注射。预防量 30～40 毫升/次。治疗量 100～250 毫升/次，治疗时，根据病情可以同样剂量重复注射。

【药物相互作用（不良反应）】个别牛注射本品后可能发生过敏反应。

【注意事项】治疗时，采用静脉注射疗效较好。如果皮下或肌内注射剂量大，可分点注射。用注射器吸取血清时，不可把瓶底沉淀摇起；冻结过的血清不可使用；最好先少量注射，观察 20～30 分钟后，如无反应，再大量注射。发生严重过敏反应（过敏性休克）时，可皮下或静脉注射 0.1％肾上腺素 2～4 毫升。本品于 2～15℃阴冷干燥处保存，有效期为 3 年。

2. 抗破伤风血清

【性状】未精制的抗破伤风血清应为微带乳光，呈橙红色或茶色的澄明液体；精制抗破伤风血清为呈无色清亮液体。长期贮存瓶底微有灰白色或白色沉淀，轻摇即散。

【适应证】用于治疗或紧急预防家畜的破伤风。免疫期为 14～21 日。

【用法与用量】颈部或肩胛后方皮下注射，本品也可供肌内或静脉注射。3 岁以上牛，预防量为 6000～12000 单位，治疗量为 6 万～30 万单位；3 岁以下牛，预防量为 3000～6000 单位；治疗量为 5 万～10 万单位。治疗时，如果病情严重，可用同样剂量重复注射。

【药物相互作用（不良反应）】、【注意事项】同抗炭疽血清。

3. 抗口蹄疫 O 型血清

【性状】本品为淡红色或浅黄色透明液体，瓶底有少量灰白色沉淀。

【适应证】用于治疗或紧急预防猪、牛、羊 O 型口蹄疫。免疫期为 14 日左右。

【用法与用量】供皮下注射。预防量：犊牛每头为 3～10 毫升，成年牛每千克体重为 0.3～0.5 毫升。治疗量：按预防剂量加倍。

【药物相互作用（不良反应）】个别牛注射本品后可能发生过敏反应。

【注意事项】冻结过的血清不能使用。用注射器吸取血清时，不要把瓶底沉淀摇起。为避免动物发生过敏反应，可先行注射少量血清，观察 20～30 分钟，如无反应，再大量注射。如发生严重过敏反应时，可皮下或静脉注射 0.1％肾上腺素，大家畜 4～8 毫升，猪和羊 2～4 毫升。本品于 2～15℃冷暗干燥处保存，有效期为 2 年。

4. 抗猪、牛巴氏杆菌病血清（抗猪、牛出血性败血症血清，抗出败二价血清）

【性状】本品为橙黄色或淡棕红色澄明液体，久置瓶底微有灰白色沉淀。

【适应证】用于治疗或紧急预防牛的巴氏杆菌病（出血性败血症）。免疫期为 14 日。

【用法与用量】皮下、肌内或静脉注射。预防量：犊牛为 10～20 毫升，2～5 月龄牛为 20～30 毫升，成年牛为 30～50 毫升。治疗量：按预防量加倍。

【药物相互作用（不良反应）】、【注意事项】同抗炭疽血清。

5. 抗气肿疽血清

【性状】本品为淡黄色或淡棕色澄明液体，久置后有少量白色沉淀。

【适应证】用于预防和治疗牛气肿疽。免疫期为 14 日。

【用法与用量】预防量皮下注射 15～20 毫升，经 14～20 日再皮下注射 5 毫升。治疗量静脉、腹腔或肌内注射本品 150～200 毫升，病重者可用同样剂量进行第 2 次注射。

【药物相互作用（不良反应）】、【注意事项】2～8℃保存，有效期为 42 个月。其他同抗炭疽血清。

6. 畜禽白细胞介素

【性状】白色疏松团块，遇水可迅速溶解。本品主要由活化的单核巨噬细胞产生。

【适应证】用于防治各种因感染病毒、细菌及它们混合感染引起的高烧不退或反复高热，用于预防产后感染，用于治疗家畜传染性胃肠炎、蓝耳病、口蹄疫、圆环病毒病、温和型猪瘟、细小病毒病、轮状病毒病等病毒性疾病。

【用法与用量】本品可用生理盐水稀释后肌内注射，250 千克体重/瓶。紧急预防一次即可。急性或重症病情加倍肌注每天一次，连用两次。

【药物相互作用（不良反应）】无。

【注意事项】本品应在有经验的临床兽医师指导下按规定剂量、疗程和给药途径使用；本品可同其他药物混合使用，无任何配伍禁忌；在使用本品的前后 3 天内严禁使用弱毒活疫苗；本品无免疫抑制性，故长期使用不会有耐药性产生；本品应密封，在遮光、阴凉干燥处保存，或 2～8℃冷藏保存。

7. 畜禽刀豆素

【性状】白色疏松团块，遇水可迅速溶解。本品为广谱抗病毒药和免疫调节药。

【适应证】用于防治各种因感染病毒、细菌及它们混合感染引起的高烧不退或反复高热，用于预防产后感染，用于治疗家畜传染性胃肠炎、蓝耳病、口蹄疫、圆环病毒病、温和型猪瘟、细小病毒病、轮状病毒病等病毒性疾病。

【用法与用量】每支本品用 5 毫升生理盐水或黄芪多糖注射液稀释。每千克体重用 0.005～0.01 毫升（每支本品可用于牛 500～1000 千克体重注射），每日一次。连用 2～3 天，重症加倍。混饮：稀释后溶于饮水中，每日一次，连用 3～5 天。

【药物相互作用（不良反应）】、**【注意事项】**同畜禽白细胞介素。

8. 黄芪多糖注射液

【性状】本品为黄色或黄褐色液体。

【适应证】用于牛蹄部出现水疱、溃烂，体温升高，流涎等症状；羊痘，体温 41～42℃，结膜发红、肿胀、脓性渗出。

【用法与用量】注射剂，10 毫升（黄芪多糖 5 克、灵芝多糖 3 克）/支；肌内或静脉注射，一次量，每千克体重，牛 0.1～0.2 毫升，一日两次，重症加倍。

【药物相互作用（不良反应）】无。

【注意事项】遮光、密闭保存。

第八章

消毒防腐药的安全使用

第一节　消毒防腐药的概念及安全使用要求

一、消毒防腐药的概念

消毒药物是指杀灭病原微生物的化学药物，主要用于环境、圈舍、动物机体及排泄物、设备用具等消毒；防腐药物是指抑制病原微生物生长繁殖的化学药物，主要用于抑制生物体表（皮肤、黏膜和创面等）的微生物感染。消毒药物和防腐药物统称为消毒防腐药。

二、消毒药物的安全使用要求

消毒工作是畜禽传染病防控的主要手段之一。消毒的方法多种多样，如物理方法、化学方法、生物方法等，化学方法生产中比较常用，需要化学药物（消毒药物）才能进行。为保证良好的消毒效果，必须注意如下几方面。

1. 选择消毒药物要准确和注重效果

根据消毒对象和消毒目的准确地选择消毒药物。如要杀灭病毒，则选择杀灭病毒的消毒药；如要杀灭某些病原菌，则选择杀灭病原菌的消毒药。许多情况下，还要将杀灭病毒和细菌甚至真菌、虫卵等几者兼顾考虑，选择抗毒抗菌谱广的消毒药，这样才能做到有的放矢。如果对禽舍周围环境和道路消毒，可以选择价廉和消毒效果好的碱类和醛类消毒剂；如果带畜消毒，应选择高效、无毒和无刺激性的消毒剂，如氯制剂、表面活性剂等。同时，还应考虑是平时预防性的，还是扑灭正在发生的疫情时的，或是周围正处于某种疫病流行高峰期而本养殖场受到威胁时的消毒，以此来选择药物及稀释浓度，以保证消毒的效果。

2. 药物的配制和使用的方法要合理

目前，许多消毒药是不宜用井水稀释配制的，因为井水大多为含钙离子、镁离子较多的硬水，会与消毒药中释放出来的阳离子、阴离子或酸性离子、碱性离子发生化学反应，从而使药效降低。因此，在稀释消毒药时一般应使用自来水或白开水。

3. 药物应现用现配，并注意消毒液的用量

配好的消毒药应一次用完。许多消毒药具有氧化性或还原性，还有的药物见光遇热后分解加快，必须在一定时间内用完，否则，很容易失效而造成人力物力的浪费。因此，在配制消毒药时，应认真根据药物说明书和要消毒的面积来测算用量，尽可能将配制的药液在一次使用中用完。

消毒药物的参考用量一般为：表面光滑的物体和用具，$0.35 \sim 0.45$ 升/米^3；砖墙，$0.5 \sim 0.8$ 升/米^3；土墙 $0.9 \sim 1.0$ 升/米^3；水泥地、混凝土地面 $0.4 \sim 0.8$ 升/米^3；泥地、运动场 $1.0 \sim 2.0$ 升/米^3。

4. 消毒前先清洁

先将环境清洁后再进行消毒，这是保证消毒效果的前提和基础。因为畜禽的排泄物及分泌物、灰尘和污物等有机物，不仅可阻隔消毒药，使之不能接触病原体，而且这些有机物还能与许多种消毒药发生化学反应，明显地降低消毒药物的药效。

5. 必须注意消毒药的理化性质

一要注意消毒药的酸碱性。酚类、酸类两大类消毒药一般不宜与碱性环境、脂类和皂类物质接触，否则明显降低其消毒效果。反过来，碱类、碱性氧化物类消毒药不宜与酸类、酚类物质接触，防止其降低杀菌效果。酚类消毒药一般不宜与碘、溴、高锰酸钾、过氧化物等配伍，防止发生化学反应而影响消毒效果。二要注意消毒药的氧化

性和还原性。过氧化物类、碱类、酸类消毒药不宜与重金属类、盐类及卤素类物质接触，防止发生氧化还原反应和置换反应，不仅会使消毒效果降低，而且还容易对畜禽机体产生毒害作用。三要注意消毒药的可燃性和可爆性。氧化剂中高锰酸钾不宜与还原剂接触，比如高锰酸钾晶体在遇到甘油时可发生燃烧，在与活性炭研磨时可发生爆炸。四要注意消毒药的配伍禁忌。重金属类消毒药忌与酸、碱、碘和银盐等配伍，防止沉淀或置换反应发生。表面活性剂类消毒药中，阳离子表面活性剂和阴离子表面活性剂的作用会互相抵消，因此不可同时使用。表面活性剂忌与碘、碘化钾和过氧化物、肥皂等配伍使用。凡能潮解释放出初生态氧或活性氯、溴等消毒药（如氧化剂、卤素类等），不可与易燃易爆物品放在一起，防止发生意外事故。五要注意消毒药的特殊气味。酚类、醛类消毒药由于具有特殊气味或臭味，因而不能用于畜禽肉品、屠宰场及屠宰加工用具的消毒。

6. 消毒药应定期更换

任何消毒药，在一个地区、一个畜禽场都不宜长期使用。因为动物机体对几乎所有的药物（包括消毒药）都会产生抗药性。长期使用单一的消毒药，容易使动物体内及饲养场内外环境中的病原体，由于多次频繁地接触这种消毒药而形成耐药菌株，对药物的敏感性下降甚至消失，导致药物对这些病原体的杀灭能力下降甚至完全无效，造成疫病发生和流行。

7. 避免危害人畜

一是强酸类、强碱类及强氧化剂类消毒药，对人畜均有很强的腐蚀性，因此，使用这几类消毒药消毒过的地面、墙壁等最好用清水冲刷之后，再将动物放进来，防止灼伤动物（尤其是幼畜）。二是凡实施熏蒸消毒时，其产生的消毒气体和烟雾，均对人畜有毒害作用，就是熏蒸后遗留的废气，对人畜的眼结膜、呼吸道黏膜也均会造成伤害，故必须将废气彻底排净后，方可放进畜禽。带畜禽消毒时不宜选择熏蒸消毒。三是凡有毒的消毒药均不能进行饮水消毒。酚类、酸类、醛类和碱类消毒药，均具有不同程度的毒性，不宜用于饮水消毒，也不宜使用这几类消毒药来消毒肉品（过氧乙酸除外）。四是用作饮水消毒的消毒药配制浓度要准确。能用作饮水消毒的消毒药主要有卤素类、表面活性剂和氧化剂类等这几类消毒药中的大部分品种。但其配制浓度很重要，浓度高了会对动物机体造成损害或引起中毒，浓度低了起不到消毒杀菌的作用。

第二节　常用消毒防腐药的安全使用

一、酚类

酚类是以羟基取代苯环上的氢原子而形成的化合物。其可损害菌体细胞膜，较高浓度时也是蛋白变性剂，故有杀菌作用。酚类亦可和其他类型的消毒药混合制成复合型消毒剂，从而明显提高消毒效果。适当浓度下，酚类消毒防腐药对大多数不产生芽孢的繁殖型细菌和真菌均有杀灭作用，但对芽孢和病毒作用不强。酚类消毒防腐药的抗菌活性不易受环境中有机物和细菌数目的影响，故可用于消毒排泄物等。酚类消毒防腐药的化学性质稳定，因而贮存或遇热等不会改变药效。目前销售的酚类消毒防腐药大多含两种或两种以上具有协同作用的化合物，以扩大其抗菌作用范围。一般酚类化合物仅用于环境及用具消毒。由于酚类消毒污染环境，故低毒高效的酚类消毒防腐药的研究开发受到重视。

1. 苯酚（石炭酸）

【性状】无色或微红色针状结晶或块状结晶性；有特臭、引湿性；水溶液显弱酸性；遇光或在空气中色渐变深。本品在乙醇、氯仿、乙醚、甘油、脂肪油或挥发油中易溶，在水中溶解，在液体石蜡中略溶。

【适用范围】苯酚可使蛋白质变性，故有杀菌作用。用于器具、厩舍、排泄物和污物等消毒。本品在 $0.1\% \sim 1\%$ 的浓度范围内可抑制一般细菌生长，1% 浓度时可杀死细菌，但要杀灭葡萄球菌、链球菌则需 3% 浓度，杀死霉菌需 1.3% 以上浓度。由于其对组织有腐蚀性和刺激性，故已被更有效且毒性低的酚类衍生物所代替，但仍可用石炭酸系数来表示杀菌强度。

【制剂与用法】喷洒或浸泡，用具、器械浸泡消毒，作用时间30～40分钟，食槽、水槽浸泡消毒后应用水冲洗，方能使用。常用1％～5％浓度进行房屋、禽（畜）舍、场地等环境的消毒，3％～5％浓度进行用具、器械消毒。

【药物相互作用（不良反应）】①呈酸性（pH为2左右），遇碱性物质时影响其效力。本品忌与碘、溴、高锰酸钾、过氧化氢等配伍应用。②1％的苯酚即可麻痹皮肤、黏膜的神经末梢，高浓度时会产生腐蚀作用，且易通过皮肤、黏膜吸收而引起中毒，其中毒症状是中枢神经系统先兴奋后抑制，最后可引起呼吸中枢麻痹而死亡。

【注意事项】芽孢和病毒对本品的耐受性很强，使用本品一般无效。苯酚的杀菌效果与温度呈正相关。碱性环境、脂类、皂类等能减弱其杀菌作用。对吞服苯酚的动物可用植物油（忌用液体石蜡）洗胃；内服硫酸镁导泻；对症治疗，给予中枢兴奋剂和强心剂等。皮肤、黏膜等接触部位可用50％乙醇或者水、甘油或植物油清洗；眼可先用温水冲洗，再用3％硼酸液冲洗。

2. 煤酚皂溶液（来苏尔）

【性状】黄棕色至红棕色的黏稠澄清液体，有甲酚的臭味，能溶于水和醇，含甲酚50％。

【适用范围】本品用于手、器械、环境及排泄物消毒。杀菌力强于苯酚二倍，对大多数病原菌有强大的杀灭作用，也能杀死某些病毒及寄生虫，但对细菌的芽孢无效。对机体毒性比苯酚小。

【制剂与用法】50％甲酚肥皂乳化液即煤酚皂溶液；用其水溶液浸泡，喷洒或擦抹污染物体表面，使用浓度为1％～5％，作用时间为30～60分钟。对结核分枝杆菌使用5％浓度，作用1～2小时。为加强杀菌作用，可加热药液至40～50℃。对皮肤的消毒浓度为1％～2％。消毒敷料、器械及处理排泄物用5％～10％水溶液。

【药物相互作用（不良反应）】本品对皮肤有一定刺激作用和腐蚀作用，因此正逐渐被其他消毒剂取代。

【注意事项】①与苯酚相比，煤酚皂溶液杀菌作用较强，毒性较低，价格便宜，应用广泛。②其有特异臭味，不宜用于肉制品或肉制品仓库的消毒；其有颜色，故不宜用于棉毛织品的消毒。

3. 克辽林（臭药水、煤焦油皂溶液）

【性状】本品系在粗制煤酚中加入肥皂、树脂和氢氧化钠少许，温热制成。暗褐色液体，用水稀释时呈乳白色或咖啡乳白色乳状。

【适用范围】本品用于手、器械、环境及排泄物消毒。杀菌力强于苯酚二倍，对大多数病原菌有强大的杀灭作用，也能杀死某些病毒及寄生虫，但对细菌的芽孢无效。对机体毒性比苯酚小。

【制剂与用法】本品为乳剂，含酚 9%～11%，常用 3%～5%浓度的水溶液，用于畜舍、用具和排泄物的消毒。

【药物相互作用（不良反应）】本品毒性低。

【注意事项】由于有臭味，不用于肉制品和肉制品仓库的消毒。

4. 复合酚（菌毒敌、畜禽灵）

【性状】酚及酸类复合型消毒剂，呈深红褐色黏稠液体，有特异臭味。为广谱、高效、新型消毒剂。

【适用范围】主要用于畜（禽）舍、笼具、饲养场地、运输工具及排泄物的消毒。可杀灭细菌、霉菌和病毒，对多种寄生虫虫卵也有杀灭作用。还能抑制蚊、蝇等昆虫和鼠的滋生。通常用药后药效可维持 1 周。

【制剂与用法】其是由苯酚（41%～49%）和醋酸（22%～26%）加十二烷基苯磺酸等配制而成的水溶性混合物。2000 毫升：45%苯酚、24%醋酸。喷洒消毒时用 0.35%～1%的水溶液，浸洗消毒时用 1.6%～2%的水溶液。稀释用水的温度应不低于 8℃。在环境较脏、污染较严重时，可适当增加药物浓度和用药次数。

【药物相互作用（不良反应）】禁与其他消毒药或碱性药物混合应用，以免降低消毒效果。

【注意事项】①严禁使用喷洒过农药的喷雾器械喷洒本品，以免引起畜（禽）意外中毒。②对皮肤、黏膜有刺激性和腐蚀性，接触部位可用 50%酒精或水、甘油或植物油清洗。③动物意外吞服中毒时，可用植物油洗胃，内服硫酸镁导泻。

5. 复方煤焦油酸溶液（农福、农富）

【性状】淡色或淡黑色黏性液体。其中含高沸点煤焦油酸 39%～43%、醋酸 18.5%～20.5%、十二烷基苯磺酸 23.5%～25.5%，具有煤焦油和醋酸的特异酸臭味。

【适用范围】消毒防腐药。主要用于畜（禽）舍、笼具、饲养场地、运输工具及排泄物的消毒。可杀灭细菌、霉菌和病毒，对多种寄生虫虫卵也有杀灭作用。还能抑制蚊、蝇等昆虫和鼠类的滋生。通常用药后药效可维持 1 周。

【制剂与用法】溶液，500 克（高沸点煤焦油酸 205 克＋醋酸 97 克＋十二烷基苯磺酸 123 克＋水 75 克）/瓶。多以喷雾法和浸洗法应用。1%～1.5% 的水溶液用于喷洒畜（禽）舍的墙壁、地面，1.5%～2% 的水溶液用于器具的浸泡及车辆的浸洗或用于种蛋的消毒。使用方法见表 8-1。

表 8-1 农福的适用范围、稀释比例和用法

适用范围	稀释比例	使用方法
干净或无疫情时	1：1000	采用喷雾器或其它设备，每平方米均匀喷洒稀释液 300 毫升
有重大疫情时	（1：200）～（1：400）	采用喷雾器或其它设备，每平方米均匀喷洒稀释液 300 毫升
足底或车轮浸泡消毒	1：200	至少每周更换一次，或泥多时更换
运输工具	（1：200）～（1：400）	所有进入养殖场的车辆，均需通过车轮浸泡池，至少每周更换一次，或泥多时更换
装卸场	（1：200）～（1：400）	用后洗净，再用农福消毒
设备	（1：200）～（1：400）	尽量不要移动设备。定期高压冲洗并消毒

【药物相互作用（不良反应）】与碱类物质混存或合并使用降低药效，对皮肤有刺激作用。

【注意事项】①在处理浓缩液过程中避免与眼睛和皮肤接触；本

品不得靠近热源，应远离易燃易爆物品；避光阴凉处保存，避免太阳直射。②使用本品时，应戴上适当的口（面）罩。如果本品或其稀释液不慎溅入眼中，应立即用大量清水冲洗，并尽快请医生检查。

6. 氯甲酚溶液（宝乐酚）

【性状】无色或淡黄色透明液体，有特殊臭味，水溶液呈乳白色。主要成分是 10% 的 4-氯-3-甲基苯酚和表面活性剂。

【适用范围】主要用于畜禽栏舍、门口消毒池、通道、车轮以及畜体表的喷洒消毒。氯甲酚能损害菌体细胞膜，使菌体内含物逸出并使蛋白质变性，呈现杀菌作用；还可通过抑制细菌脱氢酶和氧化酶等酶的活性，呈现抑菌作用。其杀菌作用比非卤化酚类强 20 倍。

【制剂与用法】日常喷洒稀释 200～400 倍；暴发疾病时紧急喷洒，稀释 66～100 倍。

【药物相互作用（不良反应）】本品安全、高效、低毒，但对皮肤及黏膜有腐蚀性。

【注意事项】现用现配，稀释后不宜久置。

二、酸类

酸类消毒防腐药包括无机酸和有机酸两类。无机酸的杀菌作用取决于解离的氢离子，包括硝酸、盐酸和硼酸等。2% 的硝酸溶液具有很强的抑菌和杀菌作用，但浓度大时有很强的腐蚀性，使用时应特别注意。硼酸的杀菌作用较弱，常用 1%～2% 浓度于黏膜如眼结膜等部位的消毒。有机酸的杀菌作用取决于不电离的分子，其透过细菌的细胞膜而对细菌起杀灭作用，如甲酸、醋酸、乳酸和过氧乙酸等均有抑菌或杀菌作用。

1. 过醋酸（过氧乙酸）

【性状】无色透明液体，具有很强的醋酸臭味，易溶于水、酒精和硫酸。易挥发，有腐蚀性。当遇热、有机物或杂质时本品容易分解。急剧分解时可发生爆炸，但浓度在 40% 以下时，于室温贮存不易爆炸。

【适用范围】具有高效、速效、广谱抑菌和灭菌作用。对细菌的繁殖体、芽孢、真菌和病毒均具有杀死作用。作为消毒防腐剂，其作用范围广、毒性低、使用方便、对畜禽刺激性小，除金属制品外，可用于大多数器具和物品的消毒，常用于带畜消毒，也可用于饲养人员手臂消毒。

【制剂与用法】溶液，500 毫升/瓶。市售消毒用过氧乙酸有 20％浓度的制剂和 AB 二元包装消毒液。

① 20％浓度的制剂用法见表 8-2。

表 8-2　20％浓度的过氧乙酸的用法

用途	用法
浸泡消毒	0.04％～0.2％溶液用于饲养用具和饲养人员手臂消毒
冲洗、滴眼	0.02％溶液用于黏膜消毒
空气消毒	可直接用 20％成品，每立方米空间 10～30 毫升。最好将 20％成品稀释成 4％～5％溶液后，加热熏蒸
喷雾消毒	5％浓度用于实验室、无菌室或仓库的喷雾消毒，每立方米用 2～5 毫升
喷洒消毒	用 0.5％浓度，对室内空气和墙壁、地面、门窗、笼具等表面进行喷洒消毒
带畜消毒	0.3％浓度用于带畜消毒，每立方米用 30 毫升
饮水消毒	每升饮水加 20％过氧乙酸溶液 1 毫升，让畜饮服，30 分钟用完

② 过氧乙酸 AB 二元包装消毒液用法。使用前按 A：B＝10：8（体积比）混合后放 48 小时即可配制使用（A 液可能呈红褐色，但与 B 液混合后即呈无色或微黄，不影响混合后的过氧乙酸的质量）。配制时应先加入水随后倒入药液。混合后溶液中过氧乙酸浓度为16％～17.5％，可杀灭肠道致病菌和化脓性球菌。

【药物相互作用（不良反应）】金属离子和还原性物质可加速药物的分解，对金属有腐蚀性；有漂白作用。稀溶液对呼吸道和眼结膜有刺激性；浓度较高的溶液对皮肤有强烈刺激性，若高浓度药液不慎溅入眼内或皮肤、衣服上，应立即用水冲洗。

【注意事项】①因本品性质不稳定，容易自然分解，因此水溶液应新鲜配制，一般配制后可使用 3 天。②增加湿度可增强本品杀菌效果，因此进行空气消毒时应增加畜舍内相对湿度。当温度为 15℃ 时以 60％～80％的相对湿度为宜；当温度为 0～5℃ 时，相对湿度应为

90％～100％。熏蒸消毒时要密闭畜舍 1～2 小时。③有机物可降低其杀菌效力；需用洁净水配制新鲜药液。④皮肤或黏膜消毒用药的浓度不能超过 0.2％或 0.02％。⑤置于阴凉、干燥、通风处保存。

2. 醋酸

【性状】无色透明的液体，味极酸，有刺鼻臭味，能与水、醇或甘油任意混合。

【适用范围】对细菌繁殖体、芽孢，真菌和病毒均有较强的杀灭作用。杀菌、抑菌作用与乳酸相同，但消毒效果不如乳酸。刺激性小，消毒时畜禽不需移出室内。

【制剂与用法】市售醋酸含纯醋酸 36％～37％。常用稀醋酸含纯醋酸 5.7％～6.3％，食用醋酸含纯醋酸 2％～10％。0.1％～0.5％醋酸水溶液，可用于阴道冲洗；0.5％～2％醋酸水溶液，可用于感染创面冲洗；0.05％～0.1％醋酸水溶液，可用于口腔冲洗；2％～3％醋酸水溶液，可用于腔道清洗及洗胃。

【药物相互作用（不良反应）】与金属器械接触产生腐蚀作用；与碱性药物配伍可发生中和反应而失效；有刺激性，高浓度时对皮肤、黏膜有腐蚀性。

【注意事项】若与眼睛接触，立即用清水冲洗。

3. 硼酸

【性状】由天然的硼砂（硼酸钠）与酸作用而得。无色微带珍珠状光泽的鳞片状或白色疏松固体粉末，无臭，易溶于水、醇、甘油等，水溶液呈弱酸性。

【适用范围】抑制细菌生长，无杀菌作用。因刺激性较小，又不损伤组织，临床上常用于冲洗消毒较敏感的组织如眼结膜、口腔黏膜等。

【制剂与用法】溶液或软膏。用 2％～4％的溶液冲洗眼、口腔黏膜等。3％～5％溶液冲洗新鲜未化脓的创口。3％硼酸甘油（31∶100）治疗口、鼻黏膜炎症。

【药物相互作用（不良反应）】忌与碱类药物配伍。外用毒性不大，但用于大面积损害时，吸收后可发生急性中毒，早期症状为呕吐、腹泻、中枢神经系统先兴奋后抑制，严重时发生循环衰竭或休克。由于本品排泄慢，反复应用可产生蓄积，导致慢性中毒。

4. 水杨酸

【性状】白色针状结晶或微细结晶性粉末，无臭，味微甜。微溶于水，易溶于酒精，水溶液呈酸性。

【适用范围】杀菌作用较弱，但有良好的杀灭和抑制霉菌作用，还有溶解角质的作用。

【制剂与用法】5％～10％水杨酸酒精溶液，用于治疗霉菌性皮肤病；5％水杨酸酒精溶液或纯品用于治疗蹄叉腐烂等；5％～20％水杨酸酒精溶液，用于溶解角质、促进坏死组织脱落。水杨酸能促进表皮生长和角质增生，常制成1％软膏用于肉芽创的治疗。

【药物相互作用（不良反应）】水杨酸遇铁呈紫色，遇铜呈绿色。多种金属离子能促使水杨酸氧化为醌式结构的有色物质，故本品配制及贮存时，禁与金属器皿接触。本品可经皮肤吸收，出现毒性表现。

【注意事项】避免在生殖器部位、黏膜、眼睛和非病区（如疣周围）皮肤应用。炎症和感染的皮损上勿使用；勿与其他外用痤疮制剂或含有剥脱作用的药物合用；不宜长期使用，不宜作大面积应用。

5. 苯甲酸

【性状】白色或黄色细鳞片状或针状结晶，无臭或微有香气，易挥发。在冷水中溶解度小，易溶于沸水和酒精。

【适用范围】有抑制霉菌作用，可用于治疗霉菌性皮肤病或黏膜病。在酸性环境中，1％即有抑菌作用，但在碱性环境中成盐而效力大减。在 pH 小于 5 时杀菌效力最大。

【制剂与用法】常与水杨酸等配成复方苯甲酸软膏或复方苯甲酸涂剂等，治疗霉菌性皮肤病。

【药物相互作用（不良反应）】本品与铁盐和重金属盐有配伍禁忌。

【注意事项】本品对环境有危害，对水体和大气可造成污染；具刺激性；遇明火、高热可燃。

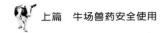

6. 乳酸

【性状】 无色或淡黄色澄明油状液体，无臭，味酸，能与水或醇任意混合。露置空气中有吸湿性，应密闭保存。

【适用范围】 对伤寒沙门菌、大肠埃希菌等革兰氏阴性菌和葡萄球菌、链球菌等革兰氏阳性菌均具有杀灭和抑制作用，它的蒸汽或喷雾用于消毒空气，能杀死流感病毒及某些细菌。乳酸空气消毒有廉价、毒性低的优点，但杀菌力不够强。

【制剂与用法】 溶液。以本品的蒸汽或喷雾作空气消毒，用量为每 100 立方米空间用 6～12 毫升，将本品加水 24～48 毫升，使其稀释为 20% 浓度，消毒 30～60 分钟。用乳酸蒸汽消毒仓库，用量为每 100 立方米空间 10 毫升乳酸，加水 10～12 毫升，使其稀释为 33%～50% 浓度，加热蒸发，室舍门窗应封闭，作用 30～60 分钟。

【药物相互作用（不良反应）】 本品对皮肤黏膜有刺激性和腐蚀性，避免接触眼睛。

7. 十一烯酸

【性状】 黄色油状液体。难溶于水，易溶于酒精，容易和油类相混合。

【适用范围】 主要具有抗霉菌作用。

【制剂与用法】 常用 5%～10% 酒精溶液或 20% 软膏，治疗皮肤霉菌感染。

【药物相互作用（不良反应）】 局部外用可引起接触性皮炎。

【注意事项】 本品为外用药不可内服，当浓度过大时对组织有刺激性。

三、碱类

碱类消毒防腐药的杀菌作用取决于解离的氢氧根离子浓度，浓度越大，杀灭作用越强。由于氢氧根离子可以水解蛋白质和核酸，使微生物的结构和酶系统受到损害，同时还可以分解菌体中的糖类，因此碱类对微生物有较强的杀灭作用，尤其是对病毒和革兰氏阴性杆菌的杀灭作用更强，较常用于预防病毒性传染病。

1. 氢氧化钠（苛性钠）

【性状】 白色块状、棒状或片状结晶，吸湿性强，容易吸收空气中的二氧化碳气体形成碳酸钠或碳酸氢钠。极易溶于水，易溶于酒精，应密封保存。

【适用范围】 对细菌的繁殖体、芽孢和病毒都有很强的杀灭作用，对寄生虫虫卵也有杀灭作用，浓度增加和温度升高可明显增强杀菌作用，但低浓度时对组织有刺激性，高浓度有腐蚀性。常用于预防病毒或细菌性传染病的环境消毒或污染畜（禽）场的消毒。

【制剂与用法】 粗制烧碱或固体碱含氢氧化钠 94％左右，25 千克/袋；2％热溶液用于被病毒和细菌污染的畜舍、饲槽和运输车船等的消毒。3％～5％溶液用于炭疽杆菌的消毒。5％溶液亦可用于腐蚀牛的皮肤赘生物、新生角质等的消毒。

【药物相互作用（不良反应）】 高浓度氢氧化钠溶液可灼伤组织，对铝制品，棉、毛织物，漆面等具有损坏作用。

【注意事项】 一般用工业碱代替精制氢氧化钠作消毒剂，其价格低廉、效果良好。

2. 氢氧化钾（苛性钾）

本品的理化性质、作用、用途与用量均与氢氧化钠大致相同。因新鲜草木灰中含有氢氧化钾及碳酸钾，故其可代替本品使用。通常用 30 千克新鲜草木灰加水 100 升，煮沸 1 小时后去渣，再加水至 100 升，用来代替氢氧化钾进行消毒。其可用于畜舍地面、出入口处等部位的消毒，其宜在温度 70℃以上喷洒，隔 18 小时后再喷洒 1 次。

3. 生石灰

【性状】 生石灰为白色或灰白色块状或粉末，无臭，主要成分为氧化钙，易吸水，加水后即成为氢氧化钙，俗称熟石灰或消石灰。消石灰属强碱，吸湿性强，吸收空气中二氧化碳后变成坚硬的碳酸钙失去消毒作用。

【适用范围】 氧化钙加水后，生成氢氧化钙，其消毒作用与解离的氢氧根离子和钙离子浓度有关。氢氧根离子对微生物蛋白质具有破坏作用，钙离子也使细菌蛋白质变性而起到抑制或杀灭病原微生物的作用。本品对大多数细菌的繁殖体有效，但对细菌的芽孢和抵抗力较强的细菌（如结核分枝杆菌）无效。因此常用于地面、墙壁、粪池和粪堆以及人通道或污水沟的消毒。

【制剂与用法】固体；一般加水配成10％～20％石灰乳，涂刷畜舍墙壁、畜栏和地面消毒。氧化钙1千克加水350毫升，制成消石灰粉末，可撒在阴湿地面、粪池周围及污水沟等处消毒。

【注意事项】生石灰应干燥保存，以免潮解失效；石灰乳宜现用现配，配好后最好当天用完，否则会吸收空气中二氧化碳变成碳酸钙而失效。

四、醇类

醇类消毒防腐药具有杀菌作用，随分子量增加，杀菌作用增强。如乙醇的杀菌作用比甲醇强2倍，丙醇比乙醇强2.5倍，但醇分子量再继续增加，水溶性就会降低，导致难以使用。实际生活中应用最广泛的是乙醇即酒精。

乙醇（酒精）

【性状】无色透明的液体，易挥发、易燃烧，应在冷暗处避火保存，无水乙醇含量为99％以上，医用或工业用乙醇含量为95％以上，能与水、醚、甘油、氯仿、挥发油等任意混合。

【适用范围】乙醇主要通过使细菌菌体蛋白质凝固并脱水而发挥杀菌或抑菌作用。以70％～75％乙醇杀菌能力最强，可杀死一般病原菌的繁殖体，但对细菌芽孢无效。浓度超过75％时，由于菌体表层蛋白迅速凝固而妨碍乙醇向内渗透，杀菌作用反而降低。

【制剂与用法】液体，医用乙醇含量95％；常用70％～75％乙醇消毒皮肤、手臂、注射部位、注射针头及小件医疗器械，其不仅能迅速杀灭细菌，还具有清洁局部皮肤、溶解皮脂的作用。

【药物相互作用（不良反应）】偶有皮肤刺激性。

【注意事项】乙醇可使蛋白质沉淀。将乙醇涂于皮肤，短时间内不会造成损伤。但如果时间太长，则会刺激皮肤。将乙醇涂于伤口或破损的创面，不仅会加剧损伤而且会形成凝块，导致凝块下面的细菌繁殖起来，因此不能用于无感染的暴露伤口。

五、醛类

醛类消毒防腐药作用与醇类相似，主要通过使蛋白质变性，发挥杀菌作用，但其杀菌作用较醇类强，其中以甲醛的杀菌作用最强。

1. 甲醛溶液

【性状】纯甲醛为无色气体，易溶于水，水溶液为无色或几乎无色的透明液体。40％的甲醛溶液即福尔马林，有刺激性臭味，与水或乙醇能任意混合。长期存放在冷处（9℃以下）因聚合作用而浑浊，常加入 10％～12％甲醇或乙醇可防止其聚合变性。

【适用范围】甲醛在气态或溶液状态下，均能凝固细菌菌体蛋白和溶解类脂，还能与蛋白质的氨基酸结合而使蛋白质变性，是广泛使用的防腐消毒剂。本品杀菌谱广泛且作用强，对细菌繁殖体及芽孢、病毒和真菌均有杀灭作用。主要用于畜（禽）舍、用具、仓库及器械的消毒；还因有硬化组织的作用，可用于固定生物标本、保存尸体；也可用于胃肠道制酵。

【制剂与用法】溶液。5％甲醛酒精溶液，用于术部消毒；10％～20％甲醛溶液，治疗蹄叉腐烂；10％甲醛溶液，用于固定标本和尸体；2％～5％甲醛溶液用于器具喷洒消毒；40％甲醛溶液（福尔马林）用于浸泡消毒或熏蒸消毒。福尔马林的熏蒸消毒方法是密闭畜舍，每立方米空间福尔马林 15 毫升、高锰酸钾 7.5 克，室温不低于15℃，相对湿度为 60％～80％，熏蒸消毒时间为 24～48 小时，最后打开畜舍逸出甲醛气体。制酵，40％甲醛溶液 1～3 毫升，用水稀释20～30 倍，内服。

【药物相互作用（不良反应）】皮肤接触福尔马林将引起刺激、灼伤、腐蚀及过敏反应。此外其对黏膜有刺激性；可致癌，尤其是肺癌。

【注意事项】①药液污染皮肤，应立即用肥皂和水清洗；动物误服大量甲醛溶液，应迅速灌服稀氨水解毒。②熏蒸时舍内不能有家畜；用福尔马林熏蒸消毒时，其与高锰酸钾混合立即发生反应，沸腾并产生大量气泡，所以，使用的容器容积要比应加甲醛的容积大 10倍以上；使用时应先加高锰酸钾，再加甲醛溶液，而不要把高锰酸钾加到甲醛溶液中；熏蒸时消毒人员应离开消毒场所，将消毒场所密封。此外，甲醛的消毒作用与甲醛的浓度、温度、作用时间、相对湿度和有机物的存在量有直接关系。在熏蒸消毒时，应先把欲消毒的室（器）内清洗干净，排净室内其他污浊气体，再关闭门窗或排气孔，并保持 25℃左右温度、60％～80％相对湿度。

2. 聚甲醛（多聚甲醛）

【性状】甲醛的聚合物，带甲醛臭味，系白色疏松粉末，熔点 120～170℃，不溶于或难溶于水，但可溶于稀酸和稀碱溶液。

【适用范围】聚甲醛本身无消毒作用，但在常温下可缓慢放出甲醛分子呈现杀菌作用。如加热至 80～100℃时即释放大量甲醛分子（气体），呈现强大杀菌作用。由于本品使用方便，近年来较多应用，常用于杀灭细菌、真菌和病毒。

【制剂与用法】多用于熏蒸消毒，常用量为每立方米 3～5 克，消毒时间为 10 小时。

【药物相互作用（不良反应）】见甲醛溶液。

【注意事项】消毒时室内温度最好在 18℃以上，相对湿度最好在 80％～90％，最低不应低于 50％。

3. 戊二醛

【性状】淡黄色澄清液体，有刺激性特臭，易溶于水和酒精，水溶液呈酸性。

【适用范围】对繁殖型革兰氏阳性菌和阴性菌作用迅速，对耐酸菌、芽孢、某些霉菌和病毒也有抑制作用。在酸性溶液中较为稳定，在碱性环境尤其是当 pH 值为 7.5～8.5 时杀菌作用最强。用于浸泡橡胶或塑料等不宜加热的器械或制品，也用于动物厩舍及器具的消毒。

【制剂与用法】20％或 25％的戊二醛水溶液，2％的戊二醛水溶液。常用 2％碱性溶液（加 0.3％碳酸氢钠），浸泡橡胶或塑料等不宜加热消毒的器械或制品，浸泡 10～20 分钟即可达到消毒目的。也可加入双长链季铵盐阳离子表面活性剂，添加增效剂配成复方戊二醛溶液，主要用于动物厩舍及器具的消毒。

【药物相互作用（不良反应）】本品在碱性溶液中杀菌作用强，但稳定性差，2 周后即失效；与金属器具可以发生反应。

【注意事项】避免接触皮肤和黏膜，接触后应立即用清水冲洗干净。

六、氧化剂类

氧化剂是一些含不稳定的结合氧的化合物，遇有机物或酶即释出初生态氧，破坏菌体蛋白质或酶，呈现出杀菌作用，但同时对组织、细胞也有不同程度的损伤和腐蚀作用。本类药物主要对厌氧菌作用强，其次是革兰氏阳性菌和某些螺旋体。

1. 过氧化氢溶液（双氧水）

【性状】本品为含 3% 过氧化氢（H_2O_2）的无色澄明液体，味微酸。遇有机物可迅速分解产生泡沫，加热或遇光即分解变质，故应密封避光阴凉处保存。通常保存的浓双氧水为含 27.5%～31% 的浓过氧化氢溶液，临用时再稀释成 3% 的浓度。

【适用范围】过氧化氢与组织中过氧化氢酶接触后即分解出初生态氧而呈现杀菌作用，具有消毒、防腐、除臭的功能。但作用时间短、穿透力弱、易受有机物影响。主要用于清洗创面、窦道或瘘管等。

【制剂与用法】2.5%～3.5% 过氧化氢溶液或 26.0%～28.0% 过氧化氢溶液。清洗化脓创面用 1%～3% 溶液，冲洗口腔黏膜用 0.3%～1% 溶液。3% 以上高浓度溶液对组织有刺激和腐蚀性。

【药物相互作用（不良反应）】与有机物、碱、生物碱、碘化物、高锰酸钾或其他较强氧化剂有配伍禁忌。

【注意事项】避免用手直接接触高浓度过氧化氢溶液，因可发生刺激性灼伤。

2. 高锰酸钾

【性状】黑紫色结晶，无臭，易溶于水，溶液因其浓度不同而呈粉红色至暗紫色。与还原剂（如甘油）研合可发生爆炸、燃烧。应密封避光保存。

【适用范围】其为强氧化剂，遇有机物时即放出初生态氧而呈现杀菌作用，因无游离状氧原子放出，故不出现气泡。本品的抗菌除臭作用比过氧化氢溶液强而持久，但其作用极易因有机物的存在而减弱。本品还原后所生成的二氧化锰，能与蛋白质结合成盐，在低浓度时呈现收敛作用，高浓度时有刺激和腐蚀作用。

低浓度高锰酸钾溶液（0.1％）可杀死多数细菌的繁殖体，高浓度时（2％～5％）在24小时内可杀死细菌芽孢。在酸性条件下可明显提高杀菌作用，如在1％的高锰酸钾溶液中加入1％盐酸，30秒即可杀死许多细菌芽孢。可用于饮水、用具消毒和冲洗伤口。

【制剂与用法】固体。0.1％溶液可用于畜群饮水消毒，杀灭肠道病原微生物；本品与福尔马林合用可用于畜舍等空气熏蒸消毒；2％～5％溶液用于浸泡消毒被病畜禽污染的食桶、饮水器、器械等器具，或洗刷食槽、饮水器等；0.1％溶液外用冲洗黏膜及皮肤创伤、溃疡等；1％溶液冲洗毒蛇咬伤的伤口；0.01％～0.05％溶液洗胃，用于某些有机物中毒。

【药物相互作用（不良反应）】本品在酸性环境下杀菌能力增强；遇有机物如酒精等易失效，遇氨水及其制剂可产生沉淀。本品粉末遇福尔马林、甘油等易发生剧烈燃烧，当它与活性炭或碘等还原性物质共同研合时可发生爆炸。高浓度对组织和皮肤有刺激和腐蚀作用。

【注意事项】水溶液宜现配现用，避光保存，久置变棕色而失效。内服中毒时，应用温水或添加3％过氧化氢溶液洗胃，并服用牛奶、豆浆、氢氧化铝凝胶等以缓解吸收。

七、卤素类

卤素类中，能作消毒防腐药的主要是氯、碘，以及能释放出氯、碘的化合物。它们能氧化细菌原浆蛋白质活性基团，并和蛋白质的氨基酸结合而使其变性。

1. 碘

【性状】灰黑色带金属光泽的片状结晶，有挥发性，难溶于水，溶于乙醇及甘油，在碘化钾的水溶液或酒精溶液中易溶解。

【适用范围】碘通过氧化和卤化作用而呈现强大的杀菌作用，可杀死细菌繁殖体、芽孢，霉菌和病毒。碘对黏膜和皮肤有强烈的刺激作用，可使局部组织充血，促进炎性产物的吸收。

【制剂与用法】碘制剂及其用法见表 8-3。

表 8-3　碘制剂及其用法

制剂名称	组成	用法
5％碘酊	碘 50 克、碘化钾 10 克、蒸馏水 10 毫升,加 75％酒精至 1000 毫升	主要用于手术部位及注射部位等消毒
10％浓碘酊	碘 100 克、碘化钾 20 克、蒸馏水 20 毫升,加 75％酒精至 1000 毫升	主要作为皮肤刺激药,用于慢性腱炎、关节炎等
5％碘甘油	碘 50 克、碘化钾 100 克、甘油 200 毫升,加蒸馏水至 1000 毫升	刺激性小、作用时间较长,常用于治疗黏膜的各种炎症
复方碘溶液（鲁氏碘液）	碘 50 克、碘化钾 100 克,加蒸馏水至 1000 毫升	用于治疗黏膜的各种炎症,或向关节腔内、瘘管内等注入

【药物相互作用（不良反应）】长时间浸泡金属器械，产生腐蚀性。各种含汞药物（包括中成药）无论以何种途径用药，如与碘制剂（碘化钾、碘酊、含碘食物如海带和海藻等）相遇，均可产生碘化汞而呈现毒性作用。

【注意事项】①对碘过敏（涂抹后曾引起全身性皮疹）的动物禁用；碘酊须涂于干燥的皮肤上，如果涂于湿皮肤上不仅杀菌效力降低，而且易导致起疱和皮炎。②配制碘液时，若碘化物过量（超过等量）加入，可使游离碘变为过碘化物，反而导致碘失去杀菌作用。③碘可着色，沾有碘液的天然纤维织物不易洗除。④配制的碘液应存放在密闭容器内。若存放时间过久，颜色变淡（碘可在室温下升华）后，应测定碘含量，并将碘浓度补足后再使用。

2. 聚乙烯吡咯烷酮碘（聚维酮碘）

【性状】其是 1-乙烯基-2-吡咯烷酮均聚物与碘的复合物。黄棕色无定形粉末或片状固体，微有特臭，可溶于水，水溶液呈酸性。

【适用范围】遇组织中还原物时，本品缓慢放出游离碘。对病毒、细菌繁殖体、芽孢均有杀灭作用，毒性低、作用持久。除用作环境消毒剂外，还可用于皮肤和黏膜的消毒。

【制剂与用法】0.5%溶液作为喷雾剂外用。1%洗剂、软膏剂、0.75%溶液用于手术部位消毒。聚乙烯酮碘的使用方法见表8-4。

表8-4 聚乙烯酮碘的使用方法

适用范围	稀释比例		消毒方法
	常规时期	疫情防控期间	
养殖场、公共场合	1∶500	1∶200	喷洒
带畜消毒	1∶600	1∶300	喷雾
饮水消毒	1∶2000	1∶500	饮用
皮肤消毒和治疗皮肤病	不稀释		直接涂擦或清洗
黏膜及创伤	1∶20		冲洗

【药物相互作用（不良反应）】与金属和季铵盐类消毒剂会发生反应。

【注意事项】避免在阳光下使用，应放在密闭的容器中，当溶液变成白色或黄色时即失去消毒作用。

3. 碘伏（强力碘）

【性状】其是碘、碘化钾、硫酸、磷酸等配成的水溶液。棕红色液体，具有亲水、亲脂两重性。溶解度大，无味，无刺激性。

【适用范围】碘伏系表面活性剂与碘络合的产物，杀菌作用持久，能杀死病毒、细菌及其芽孢、真菌、原虫等。有效碘含量为每升50毫克时，10分钟能杀死各种细菌；有效碘含量为每升150毫克时，90分钟可杀死芽孢和病毒。可用于畜禽舍、饲槽、饮水、皮肤和器械等的消毒。也可用于治疗烫伤、化脓性皮肤炎症及皮肤真菌感染。

【制剂与用法】溶液，有效碘含量为6%。5%溶液喷洒消毒畜禽舍，用量3～9毫升/米³；5%～10%溶液洗刷或浸泡消毒室用具、手术器械等。

【药物相互作用（不良反应）】禁止与红汞等拮抗药物同用。

【注意事项】长时间浸泡金属器械，会产生腐蚀性。

4. 速效碘

【性状】碘、强力络合剂和增效剂络合而成的无毒液体。

【适用范围】其为新型的含碘消毒剂。具有高效（比常规碘消毒剂效力高出 5～7 倍）、速效（在浓度为 25 毫克每升时，60 秒内即杀灭一般常见病原微生物）、广谱（对细菌、真菌、病毒等均有效）、对人畜无害（无毒、无刺激、无腐蚀、无残留）等特点，用于环境、用具、畜禽体表、手术器械等多方面的消毒。

【制剂与用法】速效碘具有两种制剂，即 SI-Ⅰ型（含有效碘 1%），SI-Ⅱ型（含有效碘 0.35%）。具体使用方法见表 8-5。

表 8-5　速效碘的使用方法

使用范围	稀释倍数		使用方法	作用时间/分
	SI-Ⅰ	SI-Ⅱ		
饮水	500～1000	150～300	直接饮用	—
畜禽舍	300～400	100～200	喷雾、喷洒	5～30
笼具、饲槽、水槽	350～500	100～250	喷雾、洗刷	5～20
带畜	350～450	100～250	喷雾	5～30
传染病高峰期	150～200	50～100	喷雾同时饮水	5～30
炭疽、口蹄疫	100～150	50～100	喷雾	5～10
创伤病	20～30	5～10	涂擦	—
手术器械	200～300	50～100	浸泡、擦拭	5～10

【药物相互作用（不良反应）】忌与碱性药物同时使用。

【注意事项】污染严重的环境酌情加量；有效期为 2 年，应避光存放于 -40～-20℃ 处。

5. 复合碘溶液（雅好生、强效百毒杀）

【性状】碘、碘化物与磷酸配制而成的水溶液，呈红褐色黏性液体，未稀释液体可存放数年，稀释后应尽快用完。

【适用范围】其有较强的杀菌消毒作用，对大多数细菌、霉菌、病毒有杀灭作用。可用于畜舍、运输工具、水槽、器械消毒和污物处理等。

【制剂与用法】溶液（含活性碘 1.8%～2.0%、磷酸 16.0%～18.0%），100 毫升/瓶或 500 毫升/瓶。复合碘溶液使用方法见表 8-6。

表 8-6　复合碘溶液使用方法

使用范围	使用方法
设备消毒	第一次用 0.45% 溶液消毒,待干燥后,再用 0.15% 的溶液消毒一次即可
畜舍地面消毒	用 0.45% 溶液喷洒或喷雾消毒,消毒后应定时再用清水冲洗
饮水消毒	饮水器应用 0.5% 溶液定期消毒,饮水可每 10 升水加 3 毫升复合碘溶液消毒
畜舍入口消毒池	应用 3% 溶液浸泡消毒垫用于出入畜舍人员消毒
运输工具、器皿、器械消毒	应将消毒物品用清水彻底冲洗干净,然后用 1% 溶液喷洒消毒

【药物相互作用（不良反应）】不能与强碱性药物及肥皂水混合使用；不应与含汞药物配伍。

【注意事项】本品在低温时，消毒效果显著，应用时温度不能高于 40℃。

6. 碘酸混合液（百菌消）

【性状】碘、碘化物、硫酸及磷酸制成的水溶液，呈深棕色，有碘特臭，易挥发。

【适用范围】其有较强的杀灭细菌、病毒及真菌的作用。用于外科手术部位、畜（禽）舍、畜产品加工场所及用具等的消毒。

【制剂与用法】溶液（含活性碘 2.75%～2.8%、磷酸 28.0%～29.5%），1000 毫升/瓶或 2000 毫升/瓶；用（1：100）～（1：300）浓度溶液可杀灭病毒，1：300 浓度用于手术室及伤口消毒，（1：400）～（1：600）浓度用于畜舍及用具消毒，1：500 浓度用于牧草消毒，1：2500 浓度用于畜禽饮水消毒。

【药物相互作用（不良反应）】与其他化学药物会发生反应。刺激皮肤和眼睛，出现过敏现象。

【注意事项】禁止接触皮肤和眼睛；稀释时，不宜使用超过 43℃

的热水。

7. 漂白粉（含氯石灰）

【**性状**】漂白粉是次氯酸钙、氯化钙与氢氧化钙的混合物，为白色颗粒状粉末，有氯臭，微溶于水和乙醇，遇酸分解，外露在空气中能吸收水和二氧化碳而分解失效，故应密封保存。

【**适用范围**】本品的有效成分为氯，国家规定漂白粉中有效氯的含量不得少于 20％。漂白粉水解后产生次氯酸，而次氯酸又可以放出活性氯和初生态氯，呈现抗菌作用，并能破坏各种有机质。其对细菌及其芽孢、病毒、真菌都有杀灭作用。本品杀菌作用强，但不持久，在酸性环境中杀菌作用强，在碱性环境中杀菌作用弱。此外，杀菌作用与温度亦有重要关系，温度升高时增强。主要用于畜舍、饮水、用具、车辆及排泄物的消毒，及水生生物细菌性疾病防治。

【**制剂与用法**】粉剂和溶液。饮水消毒，每 1000 升水加粉剂 6~10 克拌匀，30 分钟后可饮用。喷洒消毒，1％~3％澄清液可用于饲槽、水槽及其他非金属用品的消毒；10％~20％乳剂可用于畜（禽）舍和排泄物的消毒。撒布消毒，直接用干粉撒布消毒或将其与病畜粪便、排泄物按 1∶5 比例均匀混合，进行消毒。

【**药物相互作用（不良反应）**】本品忌与酸、铵盐、硫黄和许多有机化合物配伍，遇盐酸释放氯气（有毒）。

【**注意事项**】密闭贮存于阴凉干燥处，不可与易燃易爆物品放在一起。使用时，正确计算用药量，现用现配，宜在阴天或傍晚施药，避免接触眼睛和皮肤，避免使用金属器具。

8. 氯胺-T（氯亚明）

【**性状**】对甲苯磺酰氯胺钠盐，为白色或淡黄色晶状粉末，有氯臭，露置空气中逐渐失去氯而变黄色，含有效氯 24％~26％。溶于水，遇醇分解。

【**适用范围**】本品遇有机物可缓慢放出氯而呈现杀菌作用，杀菌谱广。对细菌繁殖体、芽孢、病毒、真菌孢子都有杀灭作用，作用较弱但持久，对组织刺激性也弱，特别是加入铵盐，可加速氯的释放，增强杀菌效果。

【制剂与用法】用于饮水消毒时，用量为每 1000 升水加入 2～4 克；0.2%～0.3%溶液可用作眼、鼻和阴道黏膜消毒；0.5%～2%溶液可用于皮肤和创伤的消毒；3%溶液用于排泄物的消毒；10%溶液用于皮毛（动物死后）和尸体消毒。

【药物相互作用（不良反应）】与任何裸露的金属容器接触，均会降低药效和产生药害。

【注意事项】本品应避光、密闭、阴凉处保存。储存超过 3 年时，使用前应进行有效氯含量测定。

9. 二氯异氰尿酸钠（优氯净）

【性状】白色晶粉，有氯臭，含有效氯约 60%，性质稳定，室内保存半年后有效氯含量仅降低 0.16%。易溶于水，水溶液不稳定，在 20℃左右下，一周内有效氯约丧失 20%；在紫外线作用下更加速其有效氯的丧失。

【适用范围】其为新型高效消毒药，对细菌繁殖体、芽孢、病毒、真菌孢子均有较强的杀灭作用。可采用喷洒、浸泡和擦拭方法消毒，也可用其干粉直接处理排泄物或其他被污染物品，也可用于饮水消毒。

【制剂与用法】二氯异氰尿酸钠消毒粉（10 克/袋），可以浸泡、擦拭，具体用法见表 8-7。

表 8-7　优氯净的使用方法

用途	用法
喷洒、浸泡、刷拭消毒	杀灭一般细菌用 0.5%～1%溶液。杀灭细菌芽孢用 5%～10%溶液
饮水消毒	每立方米饮水用干粉 10 克，作用 30 分钟
撒布消毒	用干粉直接撒布牛舍地面或运动场，每平方米 10～20 克，作用 2～4 小时（冬季每平方米加 50 毫克）
粪便消毒	用干粉按 1：5 与病牛粪便或排泄物混合
病毒污染物的消毒	1：250 浸泡、冲洗消毒，作用 30 分钟
细菌繁殖体污染物的消毒	1：1000 浸泡、擦洗和喷雾消毒，作用 30 分钟

【**药物相互作用（不良反应）**】溅入眼内要立即冲洗，对金属有腐蚀作用，对织物有漂白和腐蚀作用。

【**注意事项**】吸潮性强，储存时间过久应测定有效氯含量。

10. 三氯异氰尿酸

【**性状**】其是氯代异氰酸系列产品之一。白色结晶性粉末或粒状固体，具有强烈的氯气刺激味，含有效氯在 85% 以上，在水中溶解度为 1.2 克/100 克水，遇酸或碱易分解。

【**适用范围**】其是一种极强的氯化剂和氧化剂，具有高效、广谱、安全等特点，对球虫卵囊也有一定的杀灭作用。主要用于养殖场所、器具、饮水、水体和动物体表消毒等。

【**制剂与用法**】三氯异氰尿酸消毒片［100 片（每片含 1 克）/瓶］。熏蒸消毒按 1 克/米^3 熏蒸 30 分钟，密闭 24 小时，通风 1 小时；喷雾、浸泡消毒按 1：500 稀释；饮水消毒按 1：2500 稀释。

【**药物相互作用（不良反应）**】与液氨、氨水等含有氨、胺、铵的无机盐和有机物混放，易爆炸或燃烧。与非离子表面活性剂接触，易燃烧；不可和氧化剂、还原剂混贮；对金属有腐蚀作用。

【**注意事项**】宜现配现用。本品为外用消毒片，不得口服。本品应置于阴凉、通风干燥处及儿童不易触及处保存。

11. 次氯酸钠溶液

【**性状**】澄明微黄的水溶液，含 5% 次氯酸钠，性质不稳定，见光易分解，应避光密封保存。

【**适用范围**】有强大的杀菌作用，对组织有较大的刺激性，故不用作创伤消毒剂。可用于饮用水消毒、疫源地消毒、污水处理、畜禽养殖场消毒。

【**制剂与用法**】次氯酸钠是液体氯消毒剂。0.01%～0.02% 水溶液用于畜禽用具、器械的浸泡消毒，消毒时间为 5～10 分钟；0.3% 水溶液每立方米空间 30～50 毫升用于畜禽舍内带畜气雾消毒；1% 水溶液每立方米空间 200 毫升用于畜禽舍及周围环境喷洒消毒。

【**药物相互作用（不良反应）**】次氯酸钠对金属等有腐蚀作用。

【**注意事项**】①使用次氯酸钠消毒要选用适宜的杀菌浓度，浓度过高，加之高温可使其迅速衰减，影响消毒效果。②使用次氯酸钠消毒受水 pH 值的影响，水的 pH 值越高，其消毒效果越差。③次氯酸钠不宜长时间贮存。受光照、温度等因素的影响，有效氯容易挥发。市面上有一种次氯酸钠发生器，可现配现用，能够有效地提高消毒效果。④使用次氯酸钠消毒，要先清除物件表面上的有机物质，因为有机物可能消耗有效氯，降低消毒效果。

12. 二氧化氯

【性状】常温下为淡黄色气体，具有强烈的刺激性气味，其有效氯含量高达 26.3％。常态下本品在水中的溶解度为 5.7 克/100 克水，是氯气的 5～10 倍，且在水中不发生水解，具有很强的氧化作用。

【适用范围】其为广谱杀菌消毒剂、水质净化剂，安全无毒、无致畸致癌作用。对病毒、芽孢、真菌、原虫等，均有强大的杀灭作用，并且有除臭、漂白、防霉、改良水质等作用。主要用于畜（禽）舍、饮水、环境、排泄物、用具、车辆、种蛋消毒。

【制剂与用法】养殖业中应用的二氧化氯有两类：一类是稳定性二氧化氯溶液（即加有稳定剂的合剂），无色、无味、无臭的透明水溶液，腐蚀性小，不易燃，不挥发，在 $-5～95℃$ 下较稳定，不易分解。浓度一般为 5％～10％，用时需加入固体活化剂（酸活化），即释放出二氧化氯。另一类是固体二氧化氯，为二元包装，其中一包为亚氯酸钠，另一包为增效剂及活化剂，用时分别溶于水后混合，即迅速产生二氧化氯。二氧化氯用法见表 8-8。

表 8-8　二氧化氯的使用方法

制剂	特性	使用方法
稳定性二氧化氯溶液（复合亚氯酸钠）	含二氧化氯 10％，临用时与等量活化剂混匀应用，单独使用无效	空间消毒：按 1∶250 浓度，每立方米喷洒 10 毫升，使地面保持潮湿 30 分钟。饮水消毒：每 100 千克水加 5 毫升本制剂，搅拌均匀，作用 30 分钟后即可饮用。排泄物、粪便除臭消毒：按 100 千克水加本制剂 5 毫升，对污染严重的可适当加大剂量

续表

制剂	特性	使用方法
固体二氧化氯	分为 A、B 两袋,规格分别为 100 克、200 克,内装 A、B 袋药各 50 克、100 克	按 A、B 两袋各 50 克,分别混水 1000 毫升、500 毫升,搅拌溶解制成 A、B 液,再将 A 液与 B 液混合静置 5～10 分钟,即得红黄色液体作母液,按用途将母液稀释使用。畜禽舍稀释(1:600)～(1:800)喷洒或喷雾消毒;器具稀释(1:100)～(1:200)浸泡、擦洗消毒;常规饮用水处理稀释(1:3000)～(1:4000),连饮 1～2 天

【药物相互作用（不良反应）】忌与酸类、有机物、易燃物混放;配制溶液时,不宜用金属容器。

【注意事项】消毒液宜现配现用,久置无效;宜在露天阴凉处配制消毒液,配制时面部避开消毒液。

13. 强力消毒王

【性状】强力消毒王是一种新型复方含氯消毒剂,易溶于水。主要成分为二氯异氰尿酸钠,还加入了阴离子表面活性剂等。本品有效氯含量≥20%。

【适用范围】本品消毒杀菌力强,正常使用时对人、畜无害,对皮肤、黏膜无刺激、无腐蚀性,并具有防霉、去污、除臭的效果,且性质稳定、持久、耐贮存。可用于带畜喷雾消毒或拌料饮水消毒,并可用于各种环境消毒。

【制剂与用法】根据消毒范围及对象,参考规定比例称取一定量的药品,先用少量水溶解成悬浊液,再加水逐渐稀释到规定比例。具体配比和用法见表 8-9。

表 8-9 强力消毒王的使用方法

消毒范围	配比浓度	方法及用量	作用时间/分
畜禽舍	1:800	喷雾;50 毫升/米³	30
带畜	1:1000	喷雾;30 毫升/米³	15

【药物相互作用（不良反应）】勿与有机物、有害农药、还原剂混用,严禁使用喷洒过有害农药的喷雾器具喷洒本药。

【注意事项】现用现配。

八、染料类

染料类消毒防腐药可分为碱性染料和酸性染料两大类。它们的阳离子或阴离子，能分别与细菌蛋白质的羧基和氨基相结合，从而影响其代谢，呈现抗菌作用。常用的碱性染料对革兰氏阳性菌有效，而一般酸性染料的抗菌作用则微弱。

1. 龙胆紫（甲紫）

【性状】龙胆紫是碱性染料，为氯化四甲基副玫瑰苯胺、氯化五甲基副玫瑰苯胺和氯化六甲基副玫瑰苯胺的混合物，为暗绿色带金属光泽的粉末，微臭，可溶于水及醇。

【适用范围】对革兰氏阳性菌有选择性抑制作用，对霉菌也有作用。其毒性很小，对组织无刺激性，有收敛作用。可治疗皮肤、黏膜创伤和溃疡以及烧伤。

【制剂与用法】常用 1%～3% 溶液，是取龙胆紫（甲紫或结晶紫）1～3 克于适量乙醇中，待其溶解后加蒸馏水至 100 毫升。1% 水溶液也可用于治疗烧伤。2%～10% 软膏剂，是取龙胆紫（甲紫、结晶紫）2～10 克，加 90～98 克凡士林均匀混合后即成。主要用于治疗皮肤、黏膜创伤及溃疡。

【药物相互作用（不良反应）】对黏膜可能有刺激性或引起接触性皮炎。

【注意事项】面部有溃疡性损害时应慎用，不然可造成皮肤着色。皮肤大面积破损不宜使用。本品不宜长期使用。

2. 乳酸依沙吖啶（雷佛奴尔、利凡诺）

【性状】鲜黄色结晶性粉末，无臭，味苦，略溶于水，易溶于热水，水溶液呈黄色，对光观察，可见绿色荧光，且水溶液不稳定，遇光渐变色，难溶于乙醇。应置褐色玻璃瓶中，密闭，阴凉处保存。

【适用范围】其为外用杀菌防腐剂，属于碱性染料，是染料类中最有效的防腐药。其碱基在未解离成阳离子之前不具抗菌活性，仅当本品解离出依沙吖啶后才对革兰氏阳性菌及少数阴性菌有强大的抑菌作用，但作用缓慢。本品对各种化脓菌均有较强的作用，其中魏氏梭状芽孢杆菌和化脓链球菌对本品最敏感。抗菌活性与溶液的 pH 值和药物的解离常数有关。在治疗浓度时对组织无刺激性，毒性低，穿透力较强，且作用持续时间可达 24 小时，当有机物存在时，本品的抗菌活性增强。

【制剂与用法】 可用 0.1%～0.3%水溶液冲洗或湿敷感染创；1%软膏用于小面积化脓创。

【药物相互作用（不良反应）】 本品与碱类或碘液混合易析出沉淀。

【注意事项】 ①水溶液在保存过程中，尤其在曝光下，可分解生成剧毒产物，若肉眼观察溶液呈褐绿色，则证实已分解。②长期使用本品可能延缓伤口愈合。

九、表面活性剂类

表面活性剂是一类能降低水和油的表面张力的物质，又称除污剂或清洁剂。此外，此类物质能吸附于细菌表面，改变菌体细胞膜的通透性，使菌体内的酶、辅酶和代谢中间产物逸出，因而呈现杀菌作用。

这类药物分为阳离子表面活性剂、阴离子表面活性剂与不游离的非离子表面活性剂 3 种。常用的为阳离子表面活性剂，其抗菌谱较广，显效快，并对组织无刺激性，能杀死多种革兰氏阳性菌和阴性菌，对多种真菌和病毒也有作用。阳离子表面活性剂抗菌作用在碱性环境中作用强，在酸性环境中作用弱，故应用时不能与酸类消毒剂及肥皂、合成洗涤剂合用。阴离子表面活性剂仅能杀死革兰氏阳性菌。非离子表面活性剂无杀菌作用，只有除污和清洁作用。

1. 新洁尔灭（苯扎溴铵）

【性状】 季铵盐类消毒剂，是溴化二甲基苄基烃铵的混合物。无色或淡黄色胶状液体，低温时可逐渐形成蜡状固体，味极苦，易溶于水，水溶液为碱性，摇时可发生大量泡沫。易溶于乙醇，微溶于丙酮，不溶于乙醚和苯。耐加热加压，性质稳定，可保存较长时间而效力不变。对金属、橡胶、塑料制品无腐蚀作用。

【适用范围】有较强的消毒作用，对于多数革兰氏阳性菌和阴性菌，接触数分钟即能将其杀死。对病毒效力差，不能杀死结核分枝杆菌、霉菌和炭疽芽孢。可应用于术前手臂皮肤、黏膜、器械、用具等的消毒。

【制剂与用法】有 3 种制剂浓度分别为 1％、5％和 10％，瓶装分为 500 毫升和 1000 毫升 2 种。0.1％溶液消毒手臂、手指，应将手浸泡 5 分钟，亦可浸泡消毒手术器械、玻璃、搪瓷等，浸泡时间为 30 分钟；0.01％～0.05％溶液用于黏膜（阴道膀胱等）及深部感染伤口冲洗。

【药物相互作用（不良反应）】忌与碘、碘化钾、过氧化物盐类消毒药及其他阴离子表面活性剂等配伍应用。不可与普通肥皂配伍，术者用肥皂洗手后，务必用水冲洗干净后再用本品。

【注意事项】浸泡器械时应加入 0.5％亚硝酸钠，以防生锈。不适用于消毒粪便、污水、皮革等，其水溶液不得贮存于聚乙烯制作的容器内，以避免药物失效。本品有时会引起人体药物过敏。

2. 洗必泰

【性状】有醋酸洗必泰和盐酸洗必泰两种，均为白色结晶性粉末，无臭，有苦味，微溶于水（1∶400）及酒精，水溶液呈强碱性。

【适用范围】有广谱抑菌、杀菌作用，对革兰氏阳性菌和阴性菌及真菌、霉菌均有杀灭作用，毒性低，无局部刺激性。用于手术前消毒、创伤冲洗、烧伤感染，亦可用于食品厂、畜禽舍、手术室等环境消毒，本品与新洁尔灭联用对大肠杆菌有协同杀菌作用，两药的混合液呈相加消毒效力。

【制剂与用法】醋酸或盐酸洗必泰粉剂，每瓶 50 克；片剂，每片 5 毫克。0.02％溶液用于术前泡手，3 分钟即可达消毒目的；0.05％溶液用于冲洗创伤；0.05％酒精溶液用于术前皮肤消毒；0.1％溶液（其中应加 0.1％亚硝酸钠）用于浸泡器械，一般浸泡 10 分钟以上；0.5％溶液用于喷雾或涂擦无菌室、手术室、用具等。

【药物相互作用（不良反应）】本品遇肥皂、碱、金属物质和某些阴离子药物能降低活性。忌与碘、甲醛、重碳酸盐、碳酸盐、氯化物、硼酸盐、枸橼酸盐、磷酸盐和硫酸配伍，因可能生成低溶解度的盐类而沉淀。浓溶液对结合膜、黏膜等敏感组织有刺激性。

【**注意事项**】药液使用过程中效力可减弱，一般应每两周换一次。长时间加热可发生分解。本品水溶液，应贮存于中性玻璃容器。其他注意事项同新洁尔灭。

3. 消毒净

【**性状**】白色结晶性粉末，无臭，味苦，微有刺激性，易受潮，易溶于水和酒精，水溶液易起泡沫，对热稳定，应密封保存。

【**适用范围**】抗菌谱同洗必泰，但消毒力较洗必泰弱而较新洁尔灭强。常用于手、皮肤、黏膜、器械、畜舍等的消毒。

【**制剂与用法**】0.05％溶液可用于冲洗黏膜，0.1％溶液用于手和皮肤的消毒，亦可浸泡消毒器械（如为金属器械，应加入 0.5％亚硝酸钠）。

【**药物相互作用（不良反应）**】不可与合成洗涤剂或阴离子表面活性剂接触，以免失效。亦不可与普通肥皂配伍（因普通肥皂为阴离子皂）。

【**注意事项**】在水质硬度过高的地区应用时，药物浓度应适当提高。

4. 度米芬（消毒宁）

【**性状**】白色或微黄色片状结晶，味极苦，能溶于水及酒精，振荡水溶液会产生泡沫。

【**适用范围**】其为表面活性广谱杀菌剂。由于能扰乱细菌的新陈代谢而产生杀菌作用。对革兰氏阳性菌及阴性菌均有杀灭作用，对芽孢、抗酸杆菌、病毒效果不明显，有抗真菌作用。在碱性溶液中效力增强，在酸性溶液，有机物、脓、血存在条件下效力则减弱。用于口腔感染的辅助治疗和皮肤消毒。

【**制剂与用法**】0.02％～1％溶液用于皮肤、黏膜消毒及局部感染湿敷。0.05％溶液用于器械消毒，还可用于食品厂、奶牛场的用具设备贮藏消毒。

【**药物相互作用（不良反应）**】禁与肥皂、盐类和无机碱配伍；可能引起人接触性皮炎。

【**注意事项**】避免使用铝制容器盛装；消毒金属器械时需加入

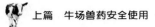

0.5％亚硝酸钠防锈。

5. 创必龙

【性状】 白色结晶性粉末，几乎无臭，有吸湿性，在空气中稳定，易溶于乙醇和氯仿，几乎不溶于水。

【适用范围】 其为双链季铵盐类阳离子表面活性剂，对一般抗生素无效的葡萄球菌、链球菌和念珠菌以及皮肤癣菌等均有抑制作用。

【制剂与用法】 0.1％乳剂或0.1％油膏用于防治烧伤后感染、术后创口感染及白色念珠菌感染等。

【药物相互作用（不良反应）】 不能与酸类消毒剂及肥皂、合成洗涤剂合用。

【注意事项】 局部应用对皮肤产生刺激性，偶有皮肤过敏反应。

6. 辛氨乙甘酸溶液（环中菌毒清、菌毒清）

【性状】 辛氨乙甘酸溶液是甘氨酸取代衍生物加适量的助剂配制而成，为黄色透明液体，有微腥臭，味微苦，强力振摇时发生大量泡沫。

【适用范围】 其为双离子表面活性剂，是高效、低毒、广谱杀菌剂。作用机制是凝固病原菌蛋白质，破坏细胞膜，抑制病原菌呼吸，使细菌酶系统变性，从而杀死细菌。对化脓球菌、肠道杆菌及真菌有良好的杀灭作用，对细菌芽孢无杀灭作用。对结核分枝杆菌，1％的溶液需作用12小时。杀菌效果不受血清等有机物的影响。用于环境、器械和手的消毒。能在常温下低浓度快速杀灭流行性感冒病毒、大肠杆菌、球虫、沙门菌、丝状支原体、犬瘟热病毒、细小病毒、冠状病毒等在内的各种致病微生物。

【制剂与用法】 溶液。将本品用水稀释后喷洒、浸泡或擦拭表面。使用方法见表8-10。

表8-10 菌毒清的用法

用途	用法
常规消毒	每1000毫升加水1000千克，每周一次
疫区消毒	每1000毫升加水500千克，每天一次，连用一周
饮水消毒	每1000毫升加水5000千克，自由饮用

续表

用途	用法
器械消毒	每 1000 毫升加水 1000 千克,浸泡 2 小时
运输工具及畜禽体表消毒	每 1000 毫升加水 1000 千克,每周一次

【药物相互作用（不良反应）】 与其他消毒剂合用降低效果。

【注意事项】 ①本品虽毒性低，但不能直接接触食物。应现配现用。②本品不适于粪便及排泄物的消毒。③本品应贮存于 9℃以上的阴冷干燥处，因气温较低出现沉淀时，应加温溶解再用。密封保存。

7. 癸甲溴铵溶液（博灭特）

【性状】 其主要成分是溴化二甲基二癸基烃铵，为无色或微黄色的黏稠性液体，振摇时产生泡沫，味极苦。

【适用范围】 它是一种双链季铵盐类消毒剂，对多数细菌、真菌、病毒等有杀灭作用。作用机制是解离出季铵盐阳离子，与细菌胞浆膜磷脂中带负电荷的磷酸基结合，从而在低浓度时抑菌、高浓度时杀菌。溴离子使分子的亲水性和亲脂性大大增加，可迅速渗透到胞浆膜脂质层及蛋白质层，改变膜的通透性，起到杀菌作用。广泛应用于厩舍、饲喂器具、饮水和环境等消毒。

【制剂与用法】 用于厩舍、奶牛场、运输车辆、器具的常规消毒时，每 1 升水中加入 0.5 毫升博灭特，完全浸湿需消毒的物件；用于饮水消毒时，每 100 升水中加入 10 毫升博灭特，连用 3 天，停用 3 天。

【药物相互作用（不良反应）】 原液对皮肤、眼睛有刺激性，避免其与眼睛、皮肤和衣服直接接触。

【注意事项】 ①不可口服，内服有毒性，一旦误服，立即饮用大量水或牛奶，并尽快就医。②使用时小心操作，原液如溅及眼部和皮肤立即以大量清水冲洗至少 15 分钟。

十、其他消毒防腐剂

1. 环氧乙烷

【性状】 低温时为无色透明液体，易挥发（沸点 10.7℃）。遇明火易燃烧、易爆炸，在空气中，其蒸气达 3% 以上就能引起燃烧。能溶于水和大部分有机溶剂。有毒。

【适用范围】其为广谱、高效杀菌剂，对细菌及其芽孢、真菌、立克次体和病毒，以至昆虫和虫卵都有杀灭作用。同时，还具有穿透力强、易扩散、消除快、对物品无损害无腐蚀等优点。主要适用于忌热、忌湿物品的消毒，如精密仪器、医疗器械、生物制品、皮革、饲料、谷物等消毒，亦可用于畜禽舍、仓库、无菌室等空间消毒。

【制剂与用法】因环氧乙烷，在空气中浓度超过 3% 能引起燃烧爆炸，所以一般使用二氧化碳或卤烷作稀释剂，防止其燃烧爆炸。其制剂是 10% 的环氧乙烷与 90% 的二氧化碳或卤烷混合而成。

杀灭繁殖型细菌，每立方米用 300～400 克，作用 8 小时；消毒被芽孢和霉菌污染的物品，每立方米用 700～950 克，作用 24 小时，一般置消毒袋内进行消毒。消毒时相对湿度为 30%～50%，温度不低于 18℃，最适温度为 38～54℃。

【药物相互作用（不良反应）】环氧乙烷对大多数消毒物品无损害。可破坏食物中的某些成分，如维生素 B_1、维生素 B_2、维生素 B_6 和叶酸，消毒后食物中组氨酸、甲硫氨酸、赖氨酸等含量降低。链霉素经环氧乙烷灭菌后效力降低 35%，但其对青霉素无灭活作用。因本品可导致红细胞溶解、补体灭活和凝血酶原被破坏，不能用作血液灭菌。

【注意事项】本品对眼、呼吸道有腐蚀性，可导致呕吐、恶心、腹泻、头痛、中枢抑制、呼吸困难、肺水肿等，还可出现肝、肾损害和溶血现象。皮肤过度接触环氧乙烷液体或溶液，会产生灼烧感，出现水疱、皮炎等，若经皮肤吸收可能出现系统反应。环氧乙烷属烷基化剂，有致癌可能。贮存或消毒时禁止有火源，应将 1 份环氧乙烷和 9 份二氧化碳的混合物贮于高压钢瓶中备用。

2. 溴甲烷

【性状】本品在室温下为气体，低温下为液体，沸点为 3.5℃。在水中的溶解度为 1.8 克/100 克水，气体的穿透力强，不易燃烧和爆炸。

【适用范围】其是一种广谱杀菌剂，可以杀灭细菌繁殖体、芽孢、真菌和病毒，但其杀菌作用较弱。作用机制为非特异性烷基化作用，与环氧乙烷的作用机制相似。常用于粮食的消毒和预防病毒或细菌性传染病的环境消毒，以及污染畜（禽）场的消毒。

【制剂与用法】一般用 3400～3900 毫克/升的浓度，在 40％～70％相对湿度下，作用 24～26 小时，可达到灭菌目的。

【药物相互作用（不良反应）】对眼和呼吸道有刺激作用。

【注意事项】溴甲烷是一种高毒性气体，中毒的表现为中枢神经系统损害，有头痛、无力、恶心等症状。

3. 硫柳汞

【性状】黄色或微黄色结晶性粉末，稍有臭味，遇光易变质。在乙醚或苯中几乎不溶，在乙醇中溶解，在水中易溶解。

【适用范围】本品是一种有机汞（含乙基汞）类消毒防腐药，对细菌和真菌都有抑制生长的作用。常用于生物制品（如疫苗）的防腐，浓度为 0.05％～0.2％。外用作皮肤黏膜消毒剂（用于皮肤伤口消毒、眼鼻黏膜炎症、皮肤真菌感染），刺激性小。

【制剂与用法】硫柳汞酊（每 1000 毫升含硫柳汞 1 克、曙红 0.6 克、乙醇胺 1 克、乙二胺 0.28 克、乙醇 600 毫升、蒸馏水适量）。0.1％酊剂用于手术前皮肤消毒；0.1％溶液用于创面消毒；0.01％～0.02％溶液用于眼、鼻及尿道冲洗；0.1％乳膏用于治疗霉菌性皮肤感染；0.01％～0.02％用作生物制品的抑菌剂。

【药物相互作用（不良反应）】与酸、碘、铝等重金属盐或生物碱不能配伍。可引起接触性皮炎、变应性结膜炎，具有耳毒性。

4. 氧化锌软膏

【性状】白色至极微黄色结晶性粉末，无臭味，不溶于水和乙醇。

【适用范围】对皮肤有弱收敛、滋润和抗菌作用。用于皮炎、湿疹和溃疡的治疗。

【制剂与用法】淡黄色软膏，20 克（3 克）/支，500 克（75 克）/支；外用，患部涂敷。

【注意事项】避免接触眼睛。

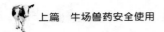

5. 松馏油

【性状】 棕黑色稠厚液体；有松节油特臭，带焦性。在水中微溶，与乙醇、乙醚、冰醋酸、脂肪油或挥发油能任意混合。

【适用范围】 含酚类化合物，有溶解角质、止痒、消炎、收敛及促进吸收等作用。用于蹄病（如蹄叉腐烂）和愈合缓慢创伤等。

【制剂与用法】 软膏剂，浓度 10%～50%；外用，患部涂敷。每日 1～2 次。

下 篇

牛场疾病防治技术

第九章
牛场的生物安全体系

牛场要有效控制疾病，必须树立"预防为主"和"养防并重"的观念，建立生物安全体系。

第一节　提高人员素质，制订规章制度

一、工作人员必须具有较高的素质、较强的责任心和自觉性

要加强饲养管理人员的培训和教育，使他们掌握牛场饲养管理和疾病防治的基本知识，了解疾病预防的基本环节，熟悉疾病预防的各项规章制度并能认真、主动地落实和执行，这样才能预防和减少疾病的发生。

二、制订必需的操作规章和管理制度

对牛病的预防，除需要工作人员的自觉性外，还必须有相应的操作规章和管理制度的约束。没有严格的规章制度就不能有科学的管理，就可能会出现这样或那样的疾病。只有严格地执行科学合理的饲养管理和卫生防疫制度，才能使预防疫病的措施得到确切落实，才能减少和杜绝疫病的发生。因此，在养牛场内对进场人员和车辆物品消毒、牛舍的清洁消毒等程序和卫生标准；疫苗和药物的采购、保管与使用，免疫程序和免疫接种操作规程；对各种牛的饲养管理规程等均应有详尽的要求，制度一经制订公布，就要严格执行和落到实处，并

要经常检查，有奖有罚，这对规模化牛场至关重要。牛场卫生防疫制度见图 9-1。

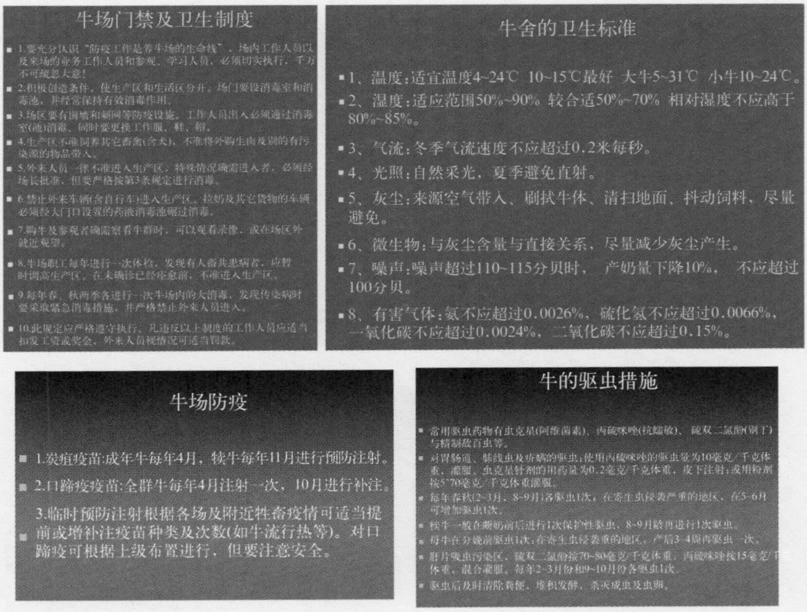
牛场门禁及卫生制度
1.要充分认识“防疫工作是养牛场的生命线”，场内工作人员以及来场的业务工作人员和参观、学习人员，必须切实执行，千万不可疏忽大意！
2.积极创造条件，使生产区和生活区分开。场门要设消毒室和消毒池，并经常保持有效消毒作用。
3.场区要有围墙和铜网等防疫设施。工作人员出入必须通过消毒室(池)消毒，同时要更换工作服、鞋、帽。
4.生产区不准饲养其它畜禽(含犬)，不准将外购生肉及别的有污染源的物品带入。
5.外来人员一律不准进入生产区，特殊情况确需进入者，必须经场长批准，但要严格按第3条规定进行消毒。
6.禁止外来车辆(含自行车)进入生产区。拉奶及其它货物的车辆必须经大门口设置的药液消毒池碾过消毒。
7.购牛及参观者确需察看牛群时，可以观看录像，或在场区外就近观望。
8.牛场职工每年进行一次体检，发现有人畜共患病者，应暂时调离生产区，在未确诊已经痊愈前，不准进入生产区。
9.每年春、秋两季各进行一次牛场内的大消毒，发现传染病时要采取紧急消毒措施，并严格禁止外来人员进入。
10.此规定应严格遵守执行，凡违反以上制度的工作人员应适当扣发工资或奖金，外来人员视情况可适当罚款。
牛舍的卫生标准
1、温度：适宜温度4~24℃ 10~15℃最好 大牛5~31℃ 小牛10~24℃。
2、湿度：适应范围50%~90% 较合适50%~70% 相对湿度不应高于80%~85%。
3、气流：冬季气流速度不应超过0.2米每秒。
4、光照：自然采光，夏季避免直射。
5、灰尘：来源空气带入、刷拭牛体、清扫地面、抖动饲料，尽量避免。
6、微生物：与灰尘含量与直接关系，尽量减少灰尘产生。
7、噪声：噪声超过110~115分贝时， 产奶量下降10%， 不应超过100分贝。
8、有害气体：氨不应超过0.0026%，硫化氢不应超过0.0066%，一氧化碳不应超过0.0024%，二氧化碳不应超过0.15%。
牛场防疫
1.炭疽疫苗：成年牛每年4月，犊牛每年11月进行预防注射。
2.口蹄疫疫苗：全群牛每年4月注射一次，10月进行补注。
3.临时预防注射根据各场及附近牲畜疫情可适当提前或增补注疫苗种类及次数(如牛流行热等)。对口蹄疫可根据上级布置进行，但要注意安全。
牛的驱虫措施
常用驱虫药物有虫克星(阿维菌素)、丙硫咪唑(抗蠕敏)、硫双二氯酚(别丁)与精制敌百虫等。
对胃肠道、肺线虫及疥螨的驱虫：使用丙硫咪唑的驱虫量为10毫克/千克体重，灌服。虫克星针剂的用药量为0.2毫克/千克体重，皮下注射；或用粉剂按5~70毫克/千克体重灌服。
每年春秋(2~3月，8~9月)各驱虫1次，在寄生虫侵袭严重的地区，在5~6月可增加驱虫1次。
犊牛一般在断奶前后进行1次保护性驱虫，8~9月龄再进行1次驱虫。
母牛在分娩前驱虫1次；在寄生虫侵袭重的地区，产后3~4周再驱虫一次。
肝片吸虫污染区，硫双二氯酚按70~80毫克/千克体重，丙硫咪唑按15毫克/千克体重，混合灌服。每年2~3月份和9~10月份各驱虫1次。
驱虫后及时清除粪便，堆积发酵，杀灭成虫及虫卵。

图 9-1 牛场卫生防疫制度

第二节 科学选择和规划布局牛场

一、牛场场址选择

规模化牛场的场址关系到隔离和卫生，关系到疾病防控。牛场场址选择必须遵循的原则见图 9-2。

1. 地势、地形

场地地势要高燥、避风、阳光充足，这样可防潮湿，有利于排

水，便于牛体生长发育，防止疾病的发生。牛场与河岸保持一定的距离，特别是在水流湍急的溪流旁建场时更应注意，一般要高于河岸，最低应高出当地历史洪水线以上。其地下水位应在 2 米以下，即地下水位需在青贮窖底部 0.5 米以下，这样的地势可以避免雨季洪水的威胁，防止土壤毛细管水上升而造成地面潮湿。牛场的地面要平坦稍有坡度（不超过 2.5%），总坡度应与水流方向相同。山区地势变化大、面积小、坡度大，可结合当地实际情况而定，但要避开悬崖、山顶、雷区等地。地形应开阔整齐，尽量少占耕地，并留有余地来发展，理想的地形是正方形或长方形，尽量避免狭长形或多边角（见图 9-3）。

图 9-2　牛场场址选择必须遵循的原则

图 9-3　牛场地势高燥、平坦，隔离条件好

2. 土壤

场地的土壤应该具有较好的透水透气性能，还要抗压性好和洁净卫生。透水透气好，雨水、尿液则不易聚集，渗入地下的废弃物在有氧情况下分解产物对牛场污染小，有利于保持牛舍及运动场的清洁与干燥，有利于防止蹄病等疾病的发生。土质均匀、抗压性强，有利于

建筑牛舍。沙壤土是牛场场地的最好土壤，其次是沙土、壤土。

3. 水源

场地的水量应充足，能满足牛场内的人、肉牛饮用和其他生产、生活用水，并应考虑防火和未来发展的需要，每头成年牛每日耗水量为 60 千克。还要求水质良好，能符合饮用标准的水最为理想，不含毒素及重金属。此外在选择时要调查当地是否因水质不良而出现过某些地方性疾病等。水源要便于取用，便于保护，设备投资少，处理技术简单易行。通常以井水、泉水、地下水为好，雨水易被污染，最好不用，水塘河流作为水源最好建立渗水井取水（图 9-4）。

图 9-4 深井取水最好（左）；水塘河流作为水源最好建立渗水井取水（右）

4. 草料

饲草、饲料的来源，尤其是粗饲料，决定着牛场的规模。牛场应距秸秆、干草和青贮料资源较近，以保证草料供应、减少成本、降低费用。一般应考虑 5 千米半径内的饲草资源，根据有效范围内年产各种饲草、秸秆总量，减去原有草食家畜消耗量，剩余的富余量便可决定牛场的规模（图 9-5）。

5. 交通

便利的交通是牛场对外进行物质交流的必要条件，但距公路、铁路和飞机场过近时，噪声会影响牛的正常休息与消化，人流、物流频繁也易传播病原。所以牛场应距交通干线 1000 米以上，距一般交通

线 100 米以上。

图 9-5　牛场周围丰富的饲草资源

6. 社会环境

牛场应选择在居民点的下风向和径流的下方，距离居民点至少 500 米，其海拔不得高于居民点，以避免牛排泄物、饲料废弃物、患传染病的尸体等对居民区造成污染。同时也要防止居民区对牛场的干扰，如居民生活垃圾中的塑料膜、食品包装袋、腐烂变质食物、生活垃圾中的农药等造成牛的中毒，带菌宠物传染疾病，生活噪声影响牛的休息与反刍。为避免居民区与牛场的相互干扰，可在两地之间建立树林隔离区。牛场附近不应有超过 90 分贝噪声的工矿企业，不应有肉联、皮革、造纸、农药、化工等有毒有污染危险的工厂。

7. 其他因素

我国幅员辽阔，南北气温相差较大，建场应减少气象因素的影响，如北方不要将牛场建设于西北风口处；山区牧场还要考虑建在放牧出入方便的地方；牧道不要与公路、铁路、水源等交叉，以避免污染水源和防止发生事故；场址大小、间隔距离等，均应遵守卫生防疫要求，并应符合配备的建筑物和辅助设备及牛场发展的需要；场地面积根据每头牛需要面积确定，一般为 160～200 平方米；牛舍及附属建筑面积为场地总面积的 10%～20%。由于牛体大小、生产目的、饲养方式等不同，每头牛占用的牛舍面积也不一样。育肥牛每头所需面积为 1.6～4.6 平方米，通栏育肥牛舍有垫草的每头牛占 2.3～4.6

平方米。每头牛占地面积参数见表 9-1。

表 9-1　每头牛占地面积参数

用途	占地面积/米^2	用途	占地面积/米^2
牛舍	8.5	物料库	0.8
干草堆放场	9	青贮池	0.9
场内道路	3.5	氨化池	0.5～0.6
场外道路	0.6	—	—

二、牛场规划布局

牛场规划布局的要求是应从人和牛的保健角度出发，建立最佳的生产联系和卫生防疫条件，合理安排不同区域的建筑物，特别是在地势和风向上进行合理的安排和布局。

1. 分区规划

牛场一般分成生活管理区、辅助生产区、生产区、病畜隔离区、粪污处理区等功能区（图 9-6），各区之间保持一定的卫生间距。

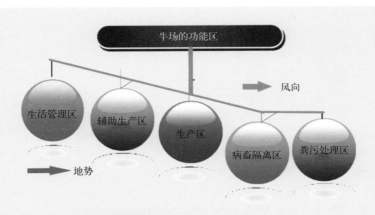

图 9-6　牛场各区地势、风向布局图

（1）生活管理区　是指全场生产指挥、对外接待等管理部门。包括办公室、财务室、接待室、档案资料室、实验室等。生活管理区应建在牛场入口的上风处,严格与生产区隔离,保证 50 米以上距离,这是建筑布局的基本原则。另外以主风向分析,办公区和生活区要区别开来,不要在同一条线上,生活区还应在水流或排污的上游方向,以保证生活区良好的卫生环境。为了防止疫病传播,场外运输车辆(包括牲畜)严禁进入生产区,汽车库应设置在生活管理区。除饲料外,其他仓库也应该设在生活管理区。外来人员只能在生活管理区活动,不得进入生产区。

(2)辅助生产区　是指全场饲料调制、储存、加工、设备维修等部门。辅助生产区可设在生活管理区与生产区之间,其面积可按要求来决定,但也要适当集中,节约水电线路管道,缩短饲草饲料运输距离,便于科学管理。粗饲料库设在生产区下风向地势较高处,与其他建筑物保持 60 米防火距离。其兼顾由场外运入,再运到牛舍两个环节。饲料库、干草棚、加工车间和青贮池,离牛舍要近一些,位置要适中一些,便于车辆运送草料,减少劳动强度,但必须防止牛舍和运动场因污水渗入而污染草料。

(3)生产区　是牛场的核心,应设在场区管理区的下风向处,更能控制场外人员和车辆,使之不能直接进入生产区,以保证牛场最安全、最安静。大门口设立门卫传达室、消毒室、更衣室和车辆消毒池,严禁非生产人员出入场内,出入人员和车辆必须经消毒室或消毒池严格消毒。生产区牛舍要合理布局,分阶段分群饲养,按育成牛、架子牛、肥育牛等顺序排列,各牛舍之间要保持适当距离,布局整齐,以便于防疫和防火。

(4)病畜隔离区　此区应设在下风向、地势较低处,应与生产区距离 100 米以上。此区应便于隔离,有单独通道,便于消毒,便于处理污物;还要在四周砌围墙,设小门出入,出入口建消毒池、专用粪尿池,严格控制病牛与外界接触,以避免病原扩散。

(5)粪污处理区　粪污处理区应位居下风向地势较低处的牛场偏僻地带,防止粪尿恶臭味四处扩散、蚊蝇滋生蔓延,影响整个牛场环境卫生。配套设施有污水池、粪尿池、堆粪场,污水池地面和四周以及堆粪场的底部要做防渗处理,防止污染水源及饲料饲草。

某良种奶牛场的规划布局图见图9-7。

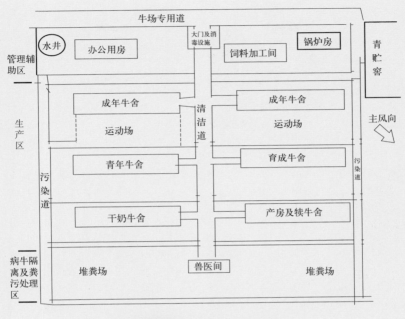

图 9-7 奶牛场的规划布局图

2. 配套隔离消毒设施

没有良好的隔离设施就难以保证有效的隔离。

（1）隔离墙（或防疫沟）　牛场周围（尤其是生产区周围）要设置隔离墙，墙体要严实，高度2.5～3米或沿场界周围挖深1.7米、宽2米的防疫沟，沟底和两壁硬化并放上水，沟内侧设置高1.5～1.8米的铁丝网，避免闲杂人员和其它动物随便进入牛场。

（2）消毒池和消毒室　牛场大门设置消毒池和消毒室（或淋浴消毒室），供进入人员、设备和用具消毒。生产区中每栋建筑物门前要有消毒池（图9-8）。

（3）设置封闭性垫料库和草料库　封闭性垫料库和草料库以及青贮

窖设在生活管理区、生产区交界处，两面开门，垫料和草料直接卸到库内，使用时从内侧取出即可，减少与外界接触感染的机会（图9-9）。

图 9-8 消毒池

牛场大门及门口消毒池（上左图）；大门的车辆消毒池（上右图）；

大门口的人员消毒池（下左图和下右图）

（4）设立卫生间　为减少人员之间的交叉活动、保证环境的卫生和为饲养员创造比较好的生活条件，在每个小区或者每栋牛舍都应设有卫生间。

三、牛舍和运动场设计

牛舍是牛群生活和生产的场所，牛舍设计关系到舍内环境控制。要加强牛舍保温和隔热设计，减少夏季太阳辐射热和冬季舍内热量的

图 9-9　青贮窖（左图）和草棚（右图）

散失。牛舍要空气流通，光线充足，便于饲养管理，容易消毒和经济耐用（见图 9-10、图 9-11）。运动场地面要平整稍有坡度，夏季要设置遮阳物（见图 9-12）。

图 9-10　四种牛舍实例

棚式牛舍（上左图）、半开放牛舍（上右图）、密闭式牛舍（下左图）、塑料暖棚式犊牛舍（下右图）

图 9-11 肉牛舍（左图）和乳牛舍（右图）

图 9-12 现代化牛场的运动场

第三节 科学饲养管理

科学饲养管理是提高机体抵抗力的重要手段。

一、科学饲养

营养物质不但是维持动物免疫器官生长发育所必需的，而且是维持免疫系统功能，使免疫活性得到充分发挥的决定因素。多种营养物质如能量、脂类、蛋白质、氨基酸、矿物质、微量元素、维生素及有益微生物等几乎都直接或间接地参与了免疫过程。营养物质的缺乏、不足或过量均会影响免疫力，增加机体对疾病的易感性，同时容易发生营养代谢性疾病。饲料为牛提供营养，牛依赖从饲料中摄取的营养物质而生长发育、生产和提高抵抗力，从而维持健康和正常的生产。规模化牛场饲料营养与疾病的关系越来越密切，对疾病发生的影响越来越明显，成为控制疾病发生的最基础的、最重要的一个环节。

【提示】科学饲养注重六点：一是饲料营养要全面平衡。根据不同类型、不同阶段牛的营养需要科学配制日粮。二是饲料要洁净卫生。选用饲料品质优良、符合卫生标准、适口性好的饲料，避免选用受到污染的饲料。三是正确调制饲料。四是合理使用饲料添加剂。饲料添加剂是配合饲料的核心部分，要严格遵守法律法规，禁用违禁药物作为饲料添加剂，控制药物添加剂污染以取得较好使用效果。五是科学地饲喂。六是供给充足、卫生的饮水。

二、严格管理

1. 创造适宜的环境条件

（1）保持适宜的温度　适宜的温度对牛的生长发育和生产非常重要。温度过高过低都会影响牛的生长、生产和饲料利用率，牛舍的适宜温度范围见表9-2。保持适宜的舍内温度，需要做好冬季的防寒保暖和夏季的防暑降温。

表 9-2　牛舍的适宜温度范围　　　　　　单位：℃

类型	最适温度	最低温度	最高温度
奶牛舍	16～20	−4	24
肉牛舍	10～15	5	25
哺乳犊牛舍	12～15	5	25
断乳牛舍	6～8	4	25
产房	15	10～12	25

（2）适宜的湿度　湿度是指空气的潮湿程度，生产中常用相对湿度表示。相对湿度是指空气中实际水汽压与同温度下饱和水汽压的百分比。封闭式牛舍空气的相对湿度以 $60\%\sim70\%$ 为宜，最高不超过 75%。

（3）适宜的光照　光照不仅显著影响牛繁殖，而且有促进牛新陈代谢、加速其骨骼生长及活化和增强其免疫功能的作用。在舍饲和集约化生产条件下，采用 16 小时光照 8 小时黑暗制度，育肥肉牛采食量增加，日增重得到明显改善。一般要求肉牛舍的采光系数为 1：16，犊牛舍为 （1：10）～（1：14）。

（4）洁净的空气　保持牛舍空气清洁，一是加强场址选择和合理布局，避免工业废气污染。合理设计牛场和牛舍的排水系统，粪尿、污水处理设施。二是加强防潮管理，保持舍内干燥。有害气体易溶于水，湿度大时易吸附于材料中，舍内温度升高时又挥发出来。三是适量通风。干燥是减少有害气体产生的主要措施，通风是消除有害气体的重要方法。当严寒季节保温与通风发生矛盾时，可向牛舍内定时喷洒过氧化物类的消毒剂，其释放出的氧能氧化空气中的硫化氢和氨，起到杀菌、除臭、降尘、净化空气的作用。四是加强牛舍管理。舍内地面、畜床上铺设麦秸、稻草、干草等垫料，可以吸附空气中有害气体。保持垫料清洁卫生，做好卫生工作。及时清理污物和杂物，排出舍内的污水，加强环境的消毒等。五是加强环境绿化。绿化不仅美化环境，而且可以净化环境。绿色植物进行光合作用可以吸收二氧化碳，生产出氧气。如每公顷阔叶林在生长季节每天可吸收 1000 千克二氧化碳，产出 730 千克氧气。绿色植物可大量的吸附氨，如玉米、大豆、棉花、向日葵以及一些花草都可从大气中吸收氨而生长。绿色林带可以过滤阻隔有害气体，有害气体通过绿色林带至少有 25% 被阻留，煤烟中的二氧化硫被阻留 60%。六是采用化学物质消除。使用过磷酸钙、丝兰属植物提取物、沸石以及木炭、活性炭、煤渣、生石灰等具有吸附作用的物质吸附空气中的臭气。

（5）安静的环境　噪声可使牛的听觉器官发生特异性病变，危害神经系统，引起食欲不振、惊慌和恐惧，影响生产。噪声还能影响牛的繁殖、生长、增重和生产力，并能改变牛的行为，易引发流产、早产现象。一般要求牛舍的噪声水平不超过 75 分贝。

牛场应选在安静的地方，要远离噪声大的地方，如交通干道、工矿企业和村庄等。要选择噪声小的设备。要搞好绿化，场区周围种植林带，可以有效地隔声。要科学管理，生产过程的操作要轻、稳，尽量保持肉牛舍的安静。

2. 牛的科学管理

（1）犊牛的管理

① 注意保温、防寒。特别在我国北方，冬季天气严寒风大，要注意犊牛舍的保暖，防止贼风侵入。在犊牛栏内要铺柔软、干净的垫草，保持舍温在 0℃ 以上。

② 去角。对于将来做肥育的犊牛和群饲的牛去角更有利于管理。去角的适宜时间多在出生后 7～10 天，常用的去角方法有电烙法和固体苛性钠法两种。电烙法是将电烙器加热到一定温度后，牢牢地压在角基部直到其下部组织灼烧成白色为止（不宜太久太深，以防烧伤下层组织），再涂以青霉素软膏或硼酸粉。固体苛性钠法应在晴天且哺乳后进行，先剪去角基部的毛，再用凡士林涂一圈，以防药液流出伤及头部或眼部，然后用棒状苛性钠稍湿水涂擦角基部，至表皮有微量血渗出为止。在伤口未变干前不宜让其吃奶，以免腐蚀母牛乳房的皮肤。

③ 母仔分栏。在小规模系养式的母牛舍内，一般都设有产房及犊牛栏，但不设犊牛舍。在规模大的牛场或散放式牛舍，才另设犊牛舍及犊牛栏（图 9-13）。犊牛栏分单栏和群栏两类，犊牛出生后即在靠近产房的单栏中饲养，每犊一栏，隔离管理，一般 1 月龄后才过渡到群栏。同一群栏犊牛的月龄应一致或相近，因不同月龄的犊牛除在饲料条件的要求上不同以外，对于环境温度的要求也不相同，若混养在一起，对饲养管理和健康都不利。

④ 刷拭。在犊牛期，由于基本上采用舍饲方式，因此皮肤易被粪便及尘土所黏附而形成皮垢。这样不仅降低皮毛的保温与散热力，使皮肤血液循环恶化，而且也易患病，为此，对犊牛每日必须刷拭一次。

图 9-13 犊牛舍（左图）和犊牛栏（右图）

⑤ 运动与放牧。运动对促进犊牛的采食量和健康发育都很重要。在管理上应安排适当的运动场或放牧场，场内要常备清洁的饮水，在夏季必须有遮阳条件。犊牛从出生后 8～10 日龄起，即可开始在犊牛舍外的运动场做短时间的运动，以后可逐渐延长运动时间。如果犊牛出生在温暖的季节，开始运动的日龄还可适当提前，但需根据气温的变化，掌握每日运动时间。在有条件的地方，可以从生后第二个月开始放牧，但在 40 日龄以前，犊牛对青草的采食量极少，在此时期与其说放牧不如说是运动。

（2）育成牛的管理

① 分群。育成母牛最好在 6 月龄时分群饲养。公、母分群，每群 30～50 头，同时应以育成母牛年龄进行分阶段饲养管理。

② 定槽。圈养拴系式管理的牛群，采取定槽是必不可少的，每头牛有自己的牛床和食槽。

③ 加强运动。在舍饲条件下，每天至少要有 2 小时以上的驱赶运动，促进肌肉组织和内脏器官，尤其是肺、心等呼吸系统和循环系统的发育，使其具备高产母牛的特征。

④ 转群。育成母牛在不同生长发育阶段，生长强度不同，应根据年龄、发育情况分群，并按时转群，一般在 12 月龄、18 月龄、定

胎后或至少分娩前 2 个月共 3 次转群。同时称重并结合体尺测量，对生长发育不良的进行淘汰，剩下的转群。最后一次转群是育成母牛走向成年母牛的标志。

⑤ 乳房按摩。为了刺激乳腺的发育和促进产后泌乳量提高，对 12～18 月龄育成牛每天按摩 1 次乳房。18 月龄怀孕母牛，一般早晚各按摩 1 次，每次按摩时用热毛巾敷擦乳房。产前 1～2 个月停止按摩。

⑥ 刷拭。为了保持牛体清洁，促进皮肤代谢和养成温驯的气质，每天刷拭 1 或 2 次，每次 5 分钟（见图 9-14）。

图 9-14 牛体刷拭

⑦ 初配。育成牛的初配时间，应根据月龄和发育状况而定。目前育成牛初配的年龄常为 15～16.5 月龄。一般情况下体重达成年牛体重的 70% 左右，即 350～450 千克时便可以初配。

⑧ 怀孕后的管理。育成牛怀孕后，每天驱赶运动 1～2 小时。牛舍及运动场必须保持清洁，供给充足的洁净饮水。分娩前 2 个月，应转入成年牛舍进行饲养。此时，要加强对牛的护理与调教，如定时刷拭、定时按摩乳房等，但切忌擦拭乳头，以免擦去乳头周围的蜡状保护物，引起乳头皲裂，或因擦掉"乳头塞"而使病原菌从乳头孔侵入，导致乳腺炎和产后乳头坏死。防止拥挤、滑倒，不要喂给冰冻和发霉的饲料，严禁打骂牛只。分娩前 3 周，应转入产房饲养。

（3）泌乳期奶牛的管理　根据泌乳奶牛的生理特点和泌乳量的高低，可将泌乳期划分为4个阶段，即泌乳前期（产后1～4个月）、泌乳中期（产后4～8个月）、泌乳后期（产后8个月至干奶期）和干奶期（妊娠最后2个月）。在不同的生理阶段采取不同的饲养方法，在产奶量上升时期以"料领着奶走"，在产奶量下降时期以"料跟着奶走"，以促使奶牛产更多的奶。

①分组饲养。生产中，多根据产奶量将泌乳母牛分组饲养，采取有针对性的饲养管理措施，以发挥奶牛的生产潜力。及时将干奶牛从泌乳牛群中分离出来，单独饲养。

②饲喂。饲喂奶牛要定时定量，以使牛的消化液分泌形成规律，增强食欲和消化能力。每天饲喂次数与挤奶次数相同，一般为3次。每次饲喂要少喂勤添，由少到多。饲料类型的变换要逐渐进行。饲喂顺序，一般是先粗后精，先干后湿，先喂后饮，以刺激胃肠活动，保持旺盛的食欲。

③饮水。日产50千克的奶牛每天需要饮水50～75千克。因此，必须保证奶牛每天有足够的饮水，同时要注意饮水卫生。冬季水温不宜太低，夏季炎热应增加饮水次数。

④充足的运动。运动量不足常导致泌乳母牛隐性发情、卵巢囊肿、持久黄体等疾病的发病率升高，缩短了利用年限。因此，每天要保持2～3小时的逍遥运动或驱赶运动（见图9-15）。

图 9-15　逍遥运动或驱赶运动

（4）种公牛的管理　种公牛应供应全价营养、多样配合、适口性强、容易消化的饲料，精、粗、青饲料要搭配适当。鱼粉、鸡蛋、豆饼等是种公牛良好的蛋白质饲料，有利于精子形成，提高精液品质。冬季以干草为主，夏季以青草为主。干草以豆科、禾本科青干草较为理想，多汁饲料以含维生素丰富的胡萝卜为主。能量含量高的饲料（如玉米）宜少喂，否则易造成种公牛的膘度过肥，降低配种能力。骨粉、食盐等矿物质饲料以及维生素饲料，必须保证供应。

对种公牛必须指定专人管理，通过长期饲喂、饮水、刷拭等活动不断加以调教，摸清种公牛脾气，同时要注意安全。

① 牵引。种公牛的牵引应用双缰绳，一人在牛的左侧，另一人在牛的右侧后面，人和牛应保持一定的距离。对烈性种公牛，需用牵引棒进行牵引。由一人牵住缰绳，另一人两手握住钩棒，钩搭在鼻环上以控制其行动。

② 运动。运动不足或长期拴系，易使种公牛性情变坏、精液品质下降，易患肢蹄病和消化系统疾病等。一般要求上午和下午各运动一次，每次 1.5～2 小时。运动方式有旋转架运动、套爬犁、拉车运动等，并保证每天有 4 小时的日光浴。

③ 称重。成年种公牛应每 3 个月称重一次，根据其体重变化情况进行合理的饲养。种公牛应保持中等体况，不能过肥，以免影响性欲和精液品质。

④ 合理利用。成年种公牛一般每隔 3 天采精一次，一周两次。后备种公牛从 12 月龄开始，可每周或每隔 10 天采精一次，以保证正常的射精量和精子活力。采精时应注意人牛安全，采精架要合适，不可伤害到种公牛的前蹄，也不可影响爬跨。采精室一般采用混凝土构建或铺垫橡胶垫，地面不宜过分光滑，以防种公牛滑倒。

⑤ 刷拭和洗浴。要坚持每天定时刷拭 1～2 次。刷拭要细致，牛体各部位的尘土污垢要清除干净，以免其发痒而顶人。在夏季，还应进行洗浴，以防暑降温、清洁皮肤。

⑥ 按摩睾丸。每天 1 次，与刷拭结合进行，每次 5～10 分钟。

3. 做好牛场的记录工作

做好采食、饮水、增重、免疫接种、消毒、用药、疾病、环境变

化等记录工作，有利于发现问题和解决问题，有利于总结经验和吸取教训，有利于提高管理水平和疾病防治能力。

第四节　保持环境清洁卫生

一、保持牛舍和周围环境卫生

及时清理牛舍的污物、污水和垃圾，定期打扫牛舍顶棚和设备用具的灰尘，每天进行适当的通风，保持牛舍清洁卫生。不在牛舍周围和道路上堆放废弃物和垃圾。清空的牛舍和牛场要进行全面的清洁和消毒。牛场和牛舍的清洁按如下程序进行。

1. 排空牛舍

全进全出的牛舍，应尽快使牛舍排空。

2. 清理清扫

（1）将用具或棚架等移到室外浸泡清洗、消毒　在空栏之后，应清除饲料槽和水槽的残留饲料和饮水，清除舍内的垫料，然后将水槽、饲料槽和一切可以移动的器具搬到舍外的指定地点集中，用消毒药水浸泡、冲洗、消毒。有可能时，可在空栏后将棚架拆开，移到舍外浸泡冲洗和消毒。所有电器，如电灯、风扇等也可移到室外清洗、消毒。

（2）清扫灰尘、垫料和粪便　在移走室内用具后，可用适量清水喷湿天花板、墙壁，然后将天花板和墙壁上的灰尘、蜘蛛网除去，将灰尘、垃圾、垫料、粪便等一起运走并做无害化处理。

3. 清水冲洗

在清除灰尘、垫料和粪便后，可用高压水枪（果树消毒虫用的喷雾器或灭火用水枪）冲洗天花板、墙壁和地面，尤其要重视对角落、缝隙的冲洗，在有粪堆的地方，可用铁片将其刮除后再冲洗。将牛舍的任何地方都清洗干净。不能用水冲洗的设备可以用在消毒液中浸过的抹布涂擦。

4. 清除牛舍周围杂物和杂草

清除牛舍周围和运动场的杂物和杂草，必要时更换表层泥土或铺上一层生石灰，然后喷湿压实。

5. 检修牛舍和用消毒液消毒

对冲洗后已干燥的牛舍，进行全面检修，然后用氢氧化钠、农福、过氧乙酸等消毒药液做消毒，必要时还可用杀虫药消灭蚊、蝇等。在第一次消毒后，用清水冲洗，干燥后再用药物消毒一次。

6. 安装和检修设备用具

检修安装好设备和用具，如需要垫料可放入新鲜垫料。

7. 熏蒸消毒

牛舍要空置 15～20 天。可封闭牛舍，用福尔马林或过氧乙酸熏蒸消毒。熏蒸消毒应在完全密闭的空间内进行，才能达到较好的消毒效果。如果牛舍的门窗、屋顶等均有很多缺口或缝隙，则熏蒸只能作为一种辅助的消毒手段。

8. 通风

开启门窗，排出残留的刺激性气体，准备开始下一轮的饲养。

二、杀虫灭鼠

1. 杀虫

昆虫可以传播疫病，需要做好防虫灭虫工作，防止昆虫孳生繁殖。一是搞好养殖场环境卫生，保持环境清洁、干燥，这是减少或杀灭蚊、蝇等昆虫的基本措施。如蚊虫需在水中产卵、孵化和发育，蝇蛆也需在潮湿的环境及粪便等废弃物中生长。因此，要填平无用的污水池、土坑、水沟和洼地。保持排水系统畅通，对阴沟、沟渠等定期疏通，勿使污水储积。对贮水池等容器加盖，以防昆虫如蚊蝇等飞入产卵。牛舍内的粪便应定时清除，并及时处理，贮粪池应加盖并保持四周环境的清洁。二是灭杀。如利用机械方法以及光、声、电等物理方法，捕杀、诱杀或驱逐蚊蝇。或应用细菌制剂——内菌素杀灭吸血蚊的幼虫，效果良好。或利用化学杀灭，使用天然或合成的毒物，以不同的剂型（粉剂、乳剂、油剂、水悬剂、颗粒剂、缓释剂等），通过不同途径（胃毒、触杀、熏杀、内吸等），毒杀或驱逐昆虫。化学杀虫法具有使用方便、见效快等优点，是当前杀灭蚊蝇等害虫的较好

方法。但要注意减少污染和要有目的地选择杀虫剂，选择高效、长效、速杀、广谱、低毒无害、低残留和廉价的杀虫剂，如马拉硫磷和拟除虫菊酯类（见图9-16）。

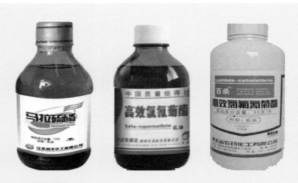

图 9-16　马拉硫磷（左图）和拟除虫菊酯类（右图）

2. 灭鼠

鼠不仅可以传播疫病，而且可以污染和消耗大量的饲料，危害极大，必须注意灭鼠。牛场每季度进行一次彻底灭鼠。

器械灭鼠方法简单易行，效果可靠，对人、畜无害，灭鼠器械种类繁多。灭鼠方法主要有夹、关、压、卡、翻、扣、淹、粘、电等（见图9-17）。

使用化学药物灭鼠效率高、使用方便、成本低、见效快，但能引起人、畜中毒，有些老鼠对药剂有选择性、拒食性和耐药性。所以，使用时须选好药剂和注意使用方法，以保证安全有效。

灭鼠时应注意：一是灭鼠时机和方法选择。要摸清鼠情，选择适宜的灭鼠时机和方法，做到高效、省力。一般情况下，4～5月是各种鼠类觅食、交配期，也是灭鼠的最佳时期。二是药物选择。灭鼠药物较多，但符合理想要求的较少，要根据不同方法选择安全的、高效的、允许使用的灭鼠药物。如禁止使用的灭鼠剂（氟乙酰胺、氟乙酸钠、毒鼠强、毒鼠硅、伏鼠醇等）、已停产或停用的灭鼠剂（安妥、砒霜或白媘、灭鼠优、灭鼠安）、不在登记作为农药使用的灭鼠剂

（士的宁、鼠立死、硫酸砣等）等，严禁使用。三是注意人、畜安全。
常用的慢性化学灭鼠药物及特性见表 9-3。

图 9-17 器械灭鼠

表 9-3　常用的慢性化学灭鼠药物及特性

商品名称	常用配制方法及浓度	安全性
特杀鼠 2 号（复方灭鼠剂）	0.05%～1% 浸渍法、混合法配制毒饵，也可配制毒水使用	安全，有特效解毒剂
特杀鼠 3 号	浓度 0.005%～0.01%，配制方法同上	同上
敌鼠（二苯杀鼠酮、双苯杀鼠酮）	浓度 0.05%～0.3% 黏附法配制毒饵	安全，对猫、狗有危险，有特效解毒剂
敌鼠钠盐	0.05%～0.3% 浓度配制毒水使用	同上
杀鼠灵（灭鼠灵）	0.025%～0.05% 浓度，黏附法、混合法配制毒饵	猫、狗和猪敏感，有特效解毒剂
杀鼠迷（立克命）	0.0375%～0.075% 浓度，黏附法、混合法和浸泡法配制毒饵	安全，有特效解毒剂
氯敌鼠（氯鼠酮）	0.005%～0.025% 浓度，黏附法、混合法和浸泡法配制毒饵	安全，狗较敏感，有特效解毒剂
大隆（杀鼠隆）	0.001%～0.005% 浸泡法配制毒饵	不太安全，有特效解毒剂

三、废弃物处理

1. 粪便处理

（1）用作肥料　牛粪尿中的尿素、氨以及钾磷等，均可被植物吸收。但粪中的蛋白质等未消化的有机物，要经过腐熟分解成氨或铵离子，才能被植物吸收。所以，牛粪尿可作底肥。为提高肥效，减少牛粪中的有害微生物和寄生虫卵的传播与危害，牛粪在利用之前最好先经过发酵处理。

① 处理方法。将牛粪尿连同其垫草等污物，堆放在一起，最好在上面覆盖一层泥土，让其增温、腐熟（见图 9-18）。或将牛粪、杂物倒在固定的粪坑内（坑内不能积水），待粪坑堆满后，用泥土覆盖严密，使其发酵、腐熟，经 15～20 天便可开封使用。经过生物热处理过的牛粪肥，既能减少有害微生物、寄生虫的危害，又能提高肥效、减少氨的挥发。牛粪中残存的粗纤维虽肥分低，但对土壤具有疏松的作用，可改良土壤结构。

图 9-18　牛粪的堆积发酵处理

② 利用方法。直接将处理后的牛粪用作各类旱作物、瓜果等经济作物的底肥。其肥效高、肥力持续时间长；或将处理后的牛粪尿加水制成粪尿液，用作追肥喷施植物，不仅用量省、肥效快，增产效果

也较显著。粪液的制作方法是将牛粪存于缸内（或池内），加水密封10～15天，经自然发酵后，滤出残余固形物，即可喷施农作物。尚未用完或缓用的粪液，应继续存放于缸中封闭保存，以减少氨的挥发。

（2）生产沼气　固态或液态粪污均可用于生产沼气。沼气是厌气微生物（主要是甲烷细菌）分解粪污中含碳有机物而产生的一种混合气体，其中甲烷占60%～75%，二氧化碳占25%～40%，还有少量氧气、氢气、一氧化碳、硫化氢等气体。将牛粪、牛尿、垫料、污染的草料等投入沼气池内封闭发酵生产沼气，其可用于照明、作燃料或发电等。沼气池在厌氧发酵过程中可杀死病原微生物和寄生虫，发酵粪便产气后的沼渣还可再用作肥料（见图9-19）。

图 9-19　沼气处理

（3）养殖蚯蚓　养殖蚯蚓可综合利用，蚯蚓粪便用作花卉、中高档大棚蔬菜肥料，蚯蚓本身还是很好的蛋白质饲料（见图9-20）。

2. 病死牛处理

科学及时地处理病死牛尸体，对防止牛传染病的发生、避免环境污染和维护公共卫生等具有重大意义。病死牛尸体可采用深埋法和高温处理法进行处理。

（1）深埋法　一种简单的处理方法，费用低且不易产生气味，但埋尸坑易成为病原的贮藏地，并有可能污染地下水。因此必须深埋，而且要有良好的排水系统。深埋应选择高岗地带，坑深在 2 米以上，尸体入坑后，撒上生石灰或消毒药水，覆盖厚土。

图 9-20　蚯蚓养殖

　　(2) 高温处理法　对确认是炭疽、鼻疽、牛瘟、牛肺疫、恶性水肿、气肿疽、狂犬病等传染病和恶性肿瘤或两个器官发现肿瘤的病牛整个尸体以及从其他患病肉牛各部分割除下来的病变部分及内脏以及患弓形虫病、梨形虫病、锥虫病等病畜的肉尸和内脏等进行高温处理。高温处理方法有：湿法化制，是利用湿化机，将整个尸体投入化制（熬制工业用油）；焚毁，是将整个尸体或割除下来的病变部分和内脏投入焚化炉中烧毁炭化；高压蒸煮，是把肉尸切成重不超过 2 千克、厚不超过 8 厘米的肉块，放在密闭的高压锅内，在 112 千帕压力下蒸煮 1.5～2 小时。一般煮沸法是将肉尸切成规定大小的肉块，放在普通锅内煮沸 2～2.5 小时（从水沸腾时算起）。

　　3. 病畜产品的无害化处理

　　(1) 血液　漂白粉消毒法，用于牛病毒性出血症、野牛热、牛产气荚膜梭菌病等传染病的血液以及血液寄生虫病病畜禽血液的处理。将 1 份漂白粉加入 4 份血液中充分搅拌，放置 24 小时后于专门掩埋废弃物的地点掩埋。高温处理法，将已凝固的血液切

第九章　牛场的生物安全体系

成豆腐方块，放入沸水中烧煮，至血块深部呈黑红色并呈蜂窝状时为止。

（2）蹄、骨和角　尸体做高温处理时剔出的病畜骨和病畜的蹄、角放入高压锅内蒸煮至脱骨或脱脂为止。

（3）皮毛

① 盐酸、食盐溶液消毒法。用于被炭疽、鼻疽、牛瘟、牛肺疫、恶性水肿、气肿疽、狂犬病等疫病污染的和一般病畜的皮毛消毒。用2.5%盐酸溶液和15%食盐水溶液等量混合，将皮张浸泡在此溶液中，并使液温保持在30℃左右，浸泡40小时，皮张与消毒液之比为1：10（质量/体积）。浸泡后捞出沥干，放入2%氢氧化钠溶液中，以中和皮张上的酸，再用水冲洗后晾干。也可按100毫升25%食盐水溶液中加入盐酸1毫升配制消毒液，在室温条件下浸泡18小时，皮张与消毒液之比为1：4。浸泡后捞出沥干，再放入1%氢氧化钠溶液中浸泡，以中和皮张上的酸，再用水冲洗后晾干。

② 过氧乙酸消毒法。用于任何病畜的皮毛消毒。将皮毛放入新鲜配制的2%过氧乙酸溶液浸泡30分钟，捞出，用水冲洗后晾干。

③ 碱盐液浸泡消毒。用于炭疽、鼻疽、牛瘟、牛肺疫、恶性水肿、气肿疽、狂犬病等疫病的皮毛消毒。将病皮浸入5%碱盐液（饱和盐水内加5%烧碱）中，室温（18～25℃）浸泡24小时，并随时加以搅拌，然后取出挂起，待碱盐液流净，放入5%盐酸液内浸泡，使皮上的酸碱中和，捞出，用水冲洗后晾干。

④ 石灰乳浸泡消毒。用于口蹄疫和螨病病皮的消毒。制法：将1份生石灰加1份水制成熟石灰，再用水配成10%或5%混悬液（石灰乳）。口蹄疫病皮，将病皮浸入10%石灰乳中浸泡2小时，然后取出晾干；螨病病皮，则将病皮浸入5%石灰乳中浸泡12小时，然后取出晾干。

⑤ 盐腌消毒。用于布鲁氏菌病病皮的消毒。用皮重15%的食盐，均匀撒于皮的表面。一般毛皮腌制2个月，胎儿毛皮腌制3个月。

4. 污水处理

牛场必须专门设置排水设施，以便及时排出雨水、雪水及生产污水。全场排水网分主干和支干，主干主要是配合道路网设置的路旁排水沟，将全场地面径流或污水汇集到几条主干道内排出；支干主要是各运动场的排水沟，设于运动场边缘，利用场地倾斜度，使水流入沟中排走。排水沟的宽度和深度可根据地势和排水量而定，沟底、沟壁应夯实，暗沟可用水管或砖砌，如暗沟过长（超过200米），应增设沉淀井，以免污物淤塞，影响排水。但应注意，沉淀井距供水水源应在200米以上，以免造成污染。污水要经过消毒后才能排放。被病原体污染的污水，可用沉淀法、过滤法、化学药品处理法等进行消毒。比较实用的是化学药品消毒法。方法是先将污水处理池的出水管用木闸门关闭，再将污水引入污水处理池，然后加入化学药品（如漂白粉或生石灰）进行消毒。消毒药的用量视污水量而定（一般1升污水用2～5克漂白粉）。消毒后，将闸门打开，使污水流出。

第五节　加强隔离、消毒、卫生防疫和保健

一、隔离

隔离是指阻止或减少病原进入肉牛体的一切措施，这是控制传染病的重要而常用措施。其意义在于严格控制传染源，有效地防止传染病的蔓延。

（1）牛场的一般隔离措施　除了做好牛场的规划布局外，还要注意在牛场周围设置隔离设施（如隔离墙或防疫沟），牛场大门设置消毒室（或淋浴消毒室）和车辆消毒池，生产区中每栋建筑物门前要有消毒池。进入牛场的人员、设备和用具只有经过大门消毒以后方可进入。尽量做到自繁自养。从外地引进场内的种牛，要严格进行检疫。隔离饲养和观察2～3周，确认无病并进行全身消毒和驱虫后，方可并入生产群。

（2）发病后的隔离措施

① 分群隔离饲养。在发生传染病时，要立即仔细检查所有的牛，根据牛的健康程度不同，可分为不同的牛群管理，严格隔离（见表9-4）。

表 9-4　不同牛群的隔离措施

牛群	隔离措施
病牛	在彻底消毒的情况下，把症状明显的肉牛隔离在原来的场所，单独或集中饲养在偏僻、易于消毒的地方，由专人饲养，加强护理、观察和治疗，饲养人员不得进入健康牛群的牛舍。要固定所用的工具，注意对场所、用具消毒，出入口设有消毒池，进出人员必须经过消毒后，方可进入隔离场所。粪便进行无害化处理，其他闲杂人员和动物避免接近。如经查明，场内只有极少数的肉牛患病，为了迅速扑灭疫病和节约人力和物力，可以扑杀病牛
可疑病牛	与传染源或其污染的环境（如同群、同笼或同一运动场等）有过密切的接触，但无明显症状的肉牛，有可能处在潜伏期，并有排菌、排毒的危险。对可疑病肉牛所用的用具必须消毒，然后将其转移到其他地方单独饲养，紧急接种和投药治疗，同时，限制活动场所，平时注意观察
假定健康牛	无任何症状，一切正常，要将这些肉牛与上述两类肉牛分开饲养，并做好紧急预防接种工作，同时，加强消毒，仔细观察，一旦发现病牛，要及时消毒、隔离。此外，对被污染的饲料、垫草、用具、牛舍和粪便等要进行严格消毒；妥善处理好尸体；做好杀虫、灭鼠、灭蚊蝇工作。在整个封锁期间，禁止由场内运出和向场内运进

　　② 禁止人员和牛的流动。禁止牛、饲料、养牛的用具在场内和场外流动，禁止与其他畜牧场、饲料间的工作人员来往以及场外人员来牛场参观。

　　③ 紧急消毒。对环境、设备、用具每天消毒一次并适当加大消毒液的用量，提高消毒的效果。当传染病扑灭后，经过 2 周不再发现病牛时，进行一次全面彻底的消毒后，才可以解除封锁。

二、消毒

　　消毒是采用一定方法将养殖场、交通工具和各种被污染物体中病原微生物的数量减少到最低或无害的程度。通过消毒能够杀灭环境中的病原体，切断传播途径，防止传染病的传播与蔓延，是传染病预防措施中的一项重要内容。

1. 消毒的方法

　　（1）物理消毒法　包括机械性清除、冲洗（见图 9-21）、加热、干燥、阳光和紫外线照射（见图 9-22）等方法。如用喷灯对牛经常出入的地方、产房、培育舍，每年进行 1～2 次火焰瞬间喷射消毒；人员入口处设紫外线灯照射至少 5 分钟来消毒等（见图 9-23）。

图 9-21 高压水枪冲洗地面

图 9-22 紫外线灯

1.安全阀
2.放气阀
3.压力表
4.蝶形螺母
7.主体
5.铭牌
6.电源

图 9-23 酒精喷灯（左图）、手提式下排气式压力蒸汽灭菌锅（中图）和高压灭菌器（右图）

（2）化学消毒法　利用化学消毒剂对被病原微生物污染的场地、物品等进行消毒。如在牛舍周围、入口，产房和牛床下撒生石灰或洒火碱液进行消毒；用甲醛等对饲养器具在密闭的室内或容器内进行熏蒸；用规定浓度的新洁尔灭、有机碘混合物或煤酚的水溶液洗手、洗工作服或胶鞋。化学消毒的方法见表 9-5。

表 9-5　化学消毒的方法

方法	用法
浸泡法	主要用于消毒器械、用具、衣物等。一般洗涤干净后再行浸泡,药液要浸过物体,浸泡时间以长些为好,水温以高些为好。在鸡舍进门处消毒槽内,可用浸泡药物的草垫或草袋对人员的靴鞋消毒
喷洒法	喷洒地面、墙壁、舍内固定设备等,可用细眼喷壶;对舍内空间消毒,则用喷雾器。喷洒要全面,药液要喷到物体的各个部位
熏蒸法	适用于可以密闭的牛舍。这种方法简便、省事,对房屋结构无损,消毒全面。常用的药物有福尔马林(40%的甲醛水溶液)、过氧乙酸水溶液。为加速蒸发,常利用高锰酸钾的氧化作用
气雾法	气雾粒子是悬浮在空气中的气体与液体的微粒,直径小于 200 纳米,分子量极轻,能悬浮在空气中较长时间,可到处漂移穿透到畜舍内的周围及其空隙。气雾是消毒液倒进气雾发生器后喷射出的雾状微粒,该方法是消灭气携病原微生物的理想办法。全面消毒牛舍空间,每立方米用 5%的过氧乙酸溶液 2.5 毫升喷雾

（3）生物热消毒法　主要用于粪便及污物,通过堆积发酵产热来杀灭一般病原体的消毒方法,见图 9-24。

图 9-24　粪便堆积发酵

2. 消毒程序

根据消毒的类型、对象、环境温度、病原体性质以及传染病流行特点等因素,将多种消毒方法科学合理地加以组合而进行的消毒过程称为消毒程序。

（1）人员消毒　所有工作人员进入场区大门必须进行鞋底消毒，并经自动喷雾器进行喷雾消毒。进入生产区的人员必须淋浴、更衣、换鞋、洗手，并经紫外线照射 15 分钟。工作服、鞋、帽等定期消毒（可放在 1%～2% 碱水内煮沸消毒，也可每立方米空间加 42 毫升福尔马林熏蒸消毒 20 分钟）。严禁外来人员进入生产区。人员进入牛舍要先踏消毒池（消毒池的消毒液每 2 天更换一次），再洗手后方可进入。工作人员在接触畜群、饲料之前必须洗手，并用消毒液浸泡消毒 3～5 分钟（见图 9-25）。病牛隔离人员和剖检人员操作前后都要进行严格消毒。

图 9-25　手的消毒

（2）车辆消毒　进入场区的车辆除要经过消毒池外，还必须对车身、车底盘进行高压喷雾消毒，消毒液可用 2% 过氧乙酸或 1% 灭毒威。严禁车辆（包括员工的摩托车、自行车）进入生产区。进入生产区的饲料车每周彻底消毒一次。

（3）环境消毒

① 垃圾处理消毒。生产区的垃圾实行分类堆放，并定期收集。每逢周六进行环境清理、消毒和焚烧垃圾。可用 3% 的氢氧化钠喷湿，阴暗潮湿处撒生石灰。

② 生活区、办公区消毒。生活区、办公区院落或门前屋后，4～10 月每 7～10 天消毒一次，11 月至次年 3 月每半个月消毒一次。可用 2%～3% 的火碱或甲醛溶液喷洒消毒（见图 9-26）。

图 9-26 牛场日常消毒

③ 生产区的消毒。生产区道路、每栋舍前后每 2～3 周消毒一次；每月对场内污水池、堆粪坑、下水道出口消毒一次。使用 2%～3% 的火碱或甲醛溶液喷洒消毒（图 9-27）。

图 9-27 生产区的消毒

④ 地面土壤消毒。土壤表面可用 10% 漂白粉溶液、4% 福尔马林或 10% 氢氧化钠溶液。停放过芽孢杆菌所致传染病（如炭疽）病牛尸体的场所，应严格加以消毒，首先用上述漂白粉澄清液喷洒池面，然后将表层土壤掘起 30 厘米左右，撒上干漂白粉，并与土混合，将此表土妥善运出掩埋。其他传染病所污染的地面土壤，则可先将地面翻一下，深度约 30 厘米，在翻地的同时撒上干漂白粉（用量为每平方米面积 0.5 千克），然后以水湿润、压平。如果放牧地区被某种病

原体污染，一般利用自然因素（如阳光）来消除病原体；如果污染的面积不大，则应使用化学消毒药消毒。

（4）牛舍消毒

① 空舍消毒。牛出售或转出后对牛舍进行彻底的清洁消毒，消毒步骤如下。

清扫：首先对空舍的粪尿、污水、残料、垃圾和墙面、顶棚、水管等处的尘埃进行彻底清扫，并整理归纳舍内饲槽、用具。当发生疫情时，必须先消毒后清扫。

浸润：对地面、牛栏、出粪口、食槽、粪尿沟、风扇匣、护仔箱进行低压喷洒，并确保充分浸润，浸润时间不低于 30 分钟，但时间不能过长，以免干燥、浪费水且不好洗刷。

冲刷：使用高压冲洗机，由上至下彻底冲洗屋顶、墙壁、栏架、网床、地面、粪尿沟等。要用刷子刷洗藏污纳垢的缝隙，尤其是食槽、水槽等，冲刷不要留死角。

消毒：晾干后，选用广谱高效消毒剂，消毒牛舍内所有表面、设备和用具，必要时可选用 2%～3% 的火碱进行喷雾消毒，30～60 分钟后低压冲洗，晾干后用另外消毒药（0.3% 好利安）喷雾消毒。

复原：恢复原来栏舍内的布置，并检查维修，做好进牛前的充分准备，并进行第二次消毒。

再消毒：进牛前 1 天再喷雾消毒，然后熏蒸消毒。对封闭牛舍冲刷干净、晾干后，用福尔马林、高锰酸钾熏蒸消毒。

【小知识】熏蒸消毒的方法：熏蒸前封闭所有缝隙、孔洞，计算房间容积，称量好药品。按照福尔马林∶高锰酸钾∶水以 2∶1∶1 比例配制，福尔马林用量一般为 28～42 毫升/米³。容器应大于甲醛溶液加水后容积的 3～4 倍。放药时一定要把甲醛溶液倒入盛高锰酸钾的容器内，室温最好不低于 24℃，相对湿度在 70%～80%。先从牛舍一端逐点倒入，倒入后迅速离开，把门封严，24 小时后打开门窗通风。

② 产房和隔离舍的消毒。在产犊前应进行 1 次消毒，产犊高峰时进行多次，产犊结束后再进行 1 次。在病牛舍、隔离舍的出入口处

应放置浸有消毒液的麻袋片或草垫，消毒液可用2%～4%氢氧化钠（对病毒性疾病），或用10%克辽林溶液。

③ 带牛消毒。正常情况下选用过氧乙酸或喷雾灵等消毒剂，0.5%以下浓度对人畜无害。夏季每周消毒2次，春秋季每周消毒1次，冬季2周消毒1次。如果发生传染病每天或隔天带牛消毒1次，带牛消毒前必须彻底清扫，消毒时不仅限于牛的体表，还包括整个舍的所有空间。应将喷雾器的喷头高举空中，喷嘴向上，让雾从空中缓慢地下降，雾粒直径控制在80～120微米，压力为0.2～0.3千克/厘米^2。注意不宜选用刺激性大的药物。

（5）废弃物消毒

① 粪便消毒。牛的粪便消毒方法主要采用生物热消毒法，即在距牛场100～200米以外的地方设堆粪场，将牛粪堆积起来，上面覆盖10厘米厚的沙土，堆放发酵30天左右，即可用作肥料。

② 污水消毒。最常用的方法是将污水引入污水处理池，加入化学药品（如漂白粉或其他氯制剂）进行消毒，用量视污水量而定，一般1升污水用2～5克漂白粉。

三、科学免疫接种

有计划地给健康牛进行预防接种，可以有效地抵抗相应传染病的侵害。

免疫程序是指根据一定地区、养殖场或特定动物群体内传染病的流行状况、动物健康状况和不同疫苗特性，为特定动物群体制订的免疫接种计划，包括接种疫苗的类型、顺序、时间、方法、次数、时间间隔等规程和次序。科学合理的免疫程序是获得有效免疫保护的重要保障。制订肉牛免疫程序时应充分考虑当地疫病流行情况，动物种类、年龄、母源抗体水平和饲养管理水平，以及使用疫苗的种类、性质、免疫途径等方面的因素。免疫程序的好坏可根据肉牛的生产力水平和疫病发生情况来评价，科学地制订一个免疫程序必须以抗体检测为重要的参考依据。参考免疫程序见表9-6。

表 9-6　牛免疫程序

年龄、阶段	疫苗（菌苗）	接种方法	备注
1 月龄	第Ⅱ号炭疽芽孢苗（或无毒炭疽芽孢苗）	皮下注射 1 毫升（或皮下注射 0.5 毫升）	免疫期 1 年
	破伤风明矾沉降类毒素	皮下注射 5 毫升	免疫期 6 个月
	气肿疽甲醛明矾菌苗	皮下注射 5 毫升	免疫期 6 个月
6 月龄	狂犬病弱毒苗	皮下注射 25～50 毫升	免疫期 1 年
	布鲁氏菌 19 号苗	皮下注射 5 毫升	免疫期 1 年
	气肿疽牛出败二联干粉苗	皮下注射 1 毫升（用 20%氢氧化铝胶生理盐水溶解）	免疫期 1 年
12 月龄	第Ⅱ号炭疽芽孢苗（或无毒炭疽芽孢苗）	皮下注射 1 毫升（或皮下注射 0.5 毫升）	免疫期 1 年
	破伤风明矾沉降类毒素	皮下注射 1 毫升	免疫期 1 年
	狂犬病疫苗	皮下注射 25～50 毫升	免疫期 6 个月
	口蹄疫弱毒苗	皮下注射 5 毫升	免疫期 6 个月
18 月龄	狂犬病疫苗	皮下注射 25～50 毫升	免疫期 6 个月
	布鲁氏菌 19 号苗	皮下注射 5 毫升	免疫期 1 年
	牛痘苗	皮内注射 0.2～0.3 毫升	免疫期 1 年
	气肿疽牛出败二联干粉苗	皮下注射 1 毫升（用 20%氢氧化铝胶生理盐水溶解）	免疫期 1 年
	口蹄疫弱毒苗	皮下或肌内注射 2 毫升	免疫期 6 个月
	产气荚膜梭菌灭活苗	皮下注射 5 毫升	免疫期 6 个月
20 月龄	第Ⅱ号炭疽芽孢苗（或无毒炭疽芽孢苗）	皮下注射 1 毫升	免疫期 1 年
	破伤风类毒素	皮下注射 1 毫升	免疫期 1 年
	狂犬病疫苗	皮下注射 25～50 毫升	免疫期 6 个月
	口蹄疫弱毒苗	皮下或肌内注射 2 毫升	免疫期 6 个月
	产气荚膜梭菌灭活苗	皮下注射 5 毫升	免疫期 6 个月

续表

年龄、阶段	疫苗（菌苗）	接种方法	备注
成年牛	气肿疽甲醛明矾菌苗	皮下注射 5 毫升	每年春季接种一次
	炭疽菌苗	皮下注射 1 毫升	每年春季接种一次
	破伤风类毒素	皮下注射 1 毫升	每年定期接种一次
	口蹄疫弱毒苗	肌内注射 2 毫升	每年春、秋季各接种一次
	狂犬病疫苗	皮下注射 25～50 毫升	每年春、秋季各接种一次
	产气荚膜梭菌灭活苗	皮下注射 5 毫升	免疫期 6 个月
妊娠牛	犊牛副伤寒菌苗	见疫苗生产标签	分娩前 4 周接种
	犊牛大肠杆菌菌苗	见疫苗生产标签	分娩前 2～4 周接种
	产气荚膜梭菌灭活苗	皮下注射 5 毫升	分娩前 4～6 周接种

四、定期进行驱虫

1. 驱除牛体内外虫体

根据当地寄生虫病流行情况，有计划地选择驱虫药进行驱虫。常见的寄生虫有蛔虫、肝片吸虫、螨虫等。犊牛满月应驱虫一次，育成牛和成年牛每年春秋两季各进行一次，春季在放牧之前，秋季在舍饲之后。但是，如果已经发生了寄生虫病，并已经得到了确诊，应随时进行驱虫，以杀灭虫体，治愈病牛。

在夏秋季节，各进行一次检查疥癣、虱子等体外寄生虫的工作。驱虫后应加强饲养管理，改善营养，以使其早日恢复健康。

2. 杀灭环境中寄生虫

由于大多数寄生虫的虫卵、幼虫、节片、卵囊随粪便排出体外，一旦散播出去，污染了场地、饲料、饮水等，即成为危险的传播媒介。因此，为了使防治工作做得彻底，应在体内驱虫的同时，注意杀灭环境中的病原体。做好粪便的堆积发酵、坑沤发酵处理，对污染的场地、房舍、饲具等进行彻底消毒。

五、加强牛的卫生保健

1. 奶牛乳房的卫生保健

（1）加强挤奶卫生管理

① 挤奶前的准备。挤奶前，将牛体刷拭干净，牛床打扫清洁；挤奶员用清水将双手清洗干净后，用0.1%新洁尔灭溶液等消毒液消毒，并用清洁消毒毛巾擦干；用温水、毛巾擦洗奶桶，洗去残留奶，用0.02%次氯酸钠溶液对奶桶及挤奶机的乳杯、奶管、奶桶进行消毒，再用热水刷洗奶桶，洗去残留消毒液；用0.02%次氯酸钠溶液等消毒药液浸泡乳头，停留30秒钟，再用50℃温水彻底洗净乳房。水要勤换，每头牛固定用一条毛巾，洗涤后用干毛巾擦干乳房。

② 挤奶过程中及挤奶后的注意事项。乳房洗净后应按摩使其膨胀。挤奶的顺序是先挤健康牛，后挤病牛。乳腺炎患牛，要用手挤，不能用机器挤，将奶收集在一个专门的容器内，集中处理。无论是人工挤奶还是机器挤奶，挤奶时都要废弃每一乳头的最初1~2把奶，将其收集到专门的容器内，集中处理。手工挤奶采用握拳式，开始用力宜轻，逐渐加快速度，每分钟挤压80~100次；机器挤奶时，真空压力应控制在46.6~50.6千帕，搏动控制在60~80次/分，要防止空挤，挤奶结束后立即用手工方法挤尽乳房内余奶。挤奶结束后，再用0.5%碘伏或0.02%次氯酸钠溶液浸泡乳头，使消毒液附着在乳头上形成一层保护膜，可以降低乳腺炎的发生率。

清洗、消毒乳房用毛巾及挤奶器具洗涤时先用清水冲洗，后用温水冲洗，再用0.5%热碱水洗，最后再用清水洗。橡胶制品清洗后用消毒液浸泡。挤奶机器每次用后均要清洗消毒，而且每周用0.25%氢氧化钠溶液煮沸15分钟或用5%氢氧化钠溶液浸泡消毒1次。

（2）乳腺炎的控制措施

① 每天检查奶牛乳房，发现损伤要及时治疗。

② 及时隔离治疗临床型乳腺炎，奶桶、毛巾等要专用，用后及时消毒。病牛的乳汁消毒后废弃。

③ 在隐性乳腺炎监测中，若"＋＋"以上的阳性乳区超过 15％时，应对牛群及各个挤奶环节做全面检查，查找原因，并制订相应的解决措施。

④ 干乳前 1 个月内进行隐性乳腺炎监测，对阳性反应在"＋＋"以上的病牛及时治疗，干乳前 3 天再监测 1 次，阴性反应后才可干乳。

⑤ 对反复发病（1 年 5 次以上）、长期不愈、产奶量低的慢性乳腺炎病牛，以及由某些特异性病菌引起的耐药性强、医治无效的病牛要及时淘汰。

⑥ 干奶后半个月及产犊前半个月，每天坚持用广谱杀菌药对乳头浸泡或喷雾数秒。奶牛停奶时，对乳房每个乳区注射一次抗菌药物。

⑦ 及时治疗胎衣不下、子宫内膜炎、产后败血症等易继发引起乳腺炎的疾病。

2. 蹄部的卫生保健

由运动不足、过度磨损、环境卫生状况不良、日粮平衡失调等原因引起的蹄病，在集约化饲养场中占有相当大的比例。严重的蹄病不仅可使奶牛产奶量降低，同时严重影响繁殖率，甚至因为不能站立或诱发许多其他重大疾病而惨遭淘汰。因此，加强蹄部卫生保健的临床意义重大。具体措施如下。

（1）注意检查　经常检查日粮中各营养成分平衡状况和蹄病发生情况，如果发现日粮失衡要及时调整，尤其是蹄病发病率达 15％以上时更应引起重视。

（2）保持牛舍和运动场平整干燥　牛舍和运动场的地面应保持平整、洁净、干燥，及时清扫粪便和排出污水，每天坚持清洗蹄部数次，使之保持清洁卫生。严禁用炉灰渣或碎石子垫运动场或奶牛走道。

（3）修理检查蹄部　每年春、秋季各检查和修蹄 1 次，并及时治疗患蹄病病牛。在蹄病高发的雨季，每周用 4％～5％硫酸铜溶液喷洒蹄部 2～3 次，以降低蹄病的发生率。

（4）及时诊治其他疾病　及时诊治乳腺炎、子宫炎、酮病、肢体病等，防止继发蹄病。

第六节　检疫和监控

一、检疫

检疫包括本场内部牛群的检疫和引种时对引入牛群的检疫。每年进行1~2次检疫，检疫的内容主要有布鲁氏菌病、结核病以及一些常见病原的病原学检测。对新引入的牛群，要进行隔离检查，在隔离期内，根据本场的免疫程序进行免疫，1个月内确无疫病的发生，方可进入生产区。

对本场牛群要定期进行体温、呼吸、饮食、运动等方面的临床检查，结合检疫结果，进行分析研究，做出预防及治疗措施，防止疾病流行和蔓延。

二、监控

监控是对牛群及其生活环境的监测和控制。定期对牛群的抗体水平和寄生虫感染情况进行检测，定期对饮水、饲料的品质和卫生状况进行检测，定期对牛舍空气中有害气体含量进行检测，以便对可能出现的不利因素予以及时预防和控制。

第七节　发生疫情的紧急措施

疫情发生时，如果处理不当，很容易扩大流行和传播范围。

一、隔离

当牛场发生传染病或疑似传染病的疫情时，应将病牛和疑似病牛立即隔离，指派专人饲养管理。在隔离的同时，要尽快诊断，以便采取有效的防治措施。经诊断，属于烈性传染病时，要报告当地政府和兽医防疫部门，必要时采取封锁措施。

二、消毒

在隔离的同时，要尽快采取严格消毒。消毒对象包括牛场门口、牛舍门口、道路及所有器具。垫草和粪便要彻底清扫，严格消毒。病死牛要深埋或无害化处理。

三、紧急免疫接种

当牛场已经有发病的，威胁到其它牛舍或牛场时，为了迅速扑灭或控制疫病流行，一个重要的措施，就是对疫区受威胁的牛群进行紧急接种。紧急接种可以用免疫血清，但现在主要是使用疫苗。

四、紧急药物治疗

对病牛和疑似病牛要进行治疗，对假定健康牛的预防性治疗也不能放松。治疗的关键是在确诊的基础上尽早实施。这对控制疫病的蔓延和防止继发感染起着重要的作用。

第十章
牛场疾病诊治技术

第一节　病毒性传染病

一、口蹄疫

口蹄疫是由口蹄疫病毒引起的一种急性、热性、高度接触性传染病。主要侵害偶蹄动物，偶见于人和其它动物。临床特征为口腔黏膜、蹄部和乳房皮肤形成水疱和溃烂。该病有强烈的传染性，一旦发生，传播极快，往往能造成大面积流行，带来严重经济损失。

1. 病原

口蹄疫病毒属于微小 RNA 病毒科的口疮病毒属，共有 7 个血清型。每一类型又分若干亚型，各型之间的抗原性不同，不同型之间不能交叉免疫，但症状和病变基本一致。病毒广泛存在于病畜的组织中，特别是水疱及淋巴液中。该病毒对外界环境的抵抗力很强，当温度低于 -20℃ 时，口蹄疫病毒十分稳定，可保存数年，在 4~7℃ 时也可存活数周，在 4℃、pH 为 7.0~7.6 时十分稳定，当 pH 小于 4.0 或大于 9 时，可被迅速灭活。紫外线（波长 256 毫米）可使口蹄疫病毒迅速被灭活。自然条件下，口蹄疫病毒多因高温及强烈的太阳辐射而失活。1%~2% 的火碱液、3%~5% 的福尔马林、0.2%~0.3% 的过氧乙酸等消毒药液对该病毒有较好的消毒效果。

口蹄疫病毒主要侵害上皮组织。病毒侵入易感动物体内后，首先在侵入部位的上皮细胞内生长繁殖，引起浆液性渗出而形成原发性水疱，1～3天后经淋巴液侵入血流，引起动物体温升高。病毒随血液到达蹄部、乳房等处的皮肤，进入上皮细胞后继续增殖，并形成水疱，水疱破裂后，体温下降，病毒从血液中消失。

2. 流行病学

口蹄疫主要侵害偶蹄动物，牛、猪、羊最易感。各种年龄的牛均可感染，但犊牛的易感性和死亡率较高。病牛和带毒牛是该病的主要传染源，病毒随水疱液、水疱皮、乳汁、口涎、粪便、尿液以及呼出气、精液等向外散播，凡是被病毒污染的车辆、水源、牧场、饲养用具、饲料、饲草、人员、空气等都是重要的传播媒介。该病可通过呼吸道、消化道、生殖道、损伤的皮肤黏膜等直接接触传播。该病的发生没有严格的季节性，一般以秋末开始，冬季加剧，春季减轻，夏季平息。一经发生常呈现流行性和大流行，也可呈跳跃式的传播流行。新疫区发病率可达100％，老疫区发病率在50％以上。

3. 临床症状

口蹄疫的潜伏期为1～2天，病初体温升高至40～41℃，病牛精神沉郁，食欲减少或废绝。口腔黏膜（舌、唇、齿龈、咽、腭）形成小水疱或糜烂。蹄冠、蹄叉、蹄踵等部出现局部发红、微热、敏感等症状，不久渐形成米粒大、蚕豆大的水疱，水疱破裂后表面溃疡出血，如果无病菌感染，一周后痊愈；如果继发感染，严重侵害蹄叶时，蹄壳脱落，患肢不能着地，常卧地不起。鼻镜、乳房也常可见到水疱破裂后形成的溃烂斑，如果涉及乳腺可引起乳腺炎，导致病牛泌乳量显著减少，甚至停乳。乳房上的口蹄疫病变多见于奶牛，黄牛则较少发生。在某些情况下，还可见鼻唇镜肿胀、发红，并形成淡黄色痂皮；舌、齿龈及腭可见破裂的水疱皮，糜烂处有淡黄色的积聚物，口腔病变严重时还有流涎。该病一般呈良性经过，约经1周即可痊愈，如果蹄部出现病变，病程可延长至2～3周或更长，死亡率一般不超过3％。少数病牛，有时病情可突然恶化，表现为全身虚弱，肌肉发抖，心跳加快，节律失调，反刍停止，食欲废绝，行走摇摆，站立不稳，因心脏麻痹而突然死亡。哺乳犊牛的口蹄疫，水疱症状不明显，主要表现为出血性肠炎和心肌炎，死亡率高达20％～50％（见

图 10-1、图 10-2)。

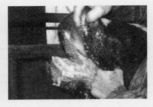

图 10-1 口蹄疫病牛临床症状（一）

病牛的口腔黏膜糜烂（左图）；病牛齿龈上的水疱、烂斑和溃疡，
鼻翼和鼻镜上的烂斑（中图）；蹄冠与蹄缘分离，蹄叉后端有水疱（右图）

图 10-2 口蹄疫病牛临床症状（二）

病牛舌面因水疱破溃而脱落（左图）；口流泡沫样涎液（中图）；
乳头水疱（右图）

4. 病理变化

口腔黏膜、蹄部、乳房皮肤出现水疱及溃疡面，有时在咽喉、气管、支气管和前胃黏膜上也可见到圆形烂斑和溃疡，上有黑棕色痂皮覆盖。皱胃和小肠黏膜可见出血性炎症。心内膜有斑点状出血，心肌松软、色淡，似煮熟状，心肌切面有灰白色或灰黄色的斑点或条纹样似虎皮的斑纹，称为"虎斑心"（见图 10-3）。

5. 诊断

采取水疱液或水疱皮进行小鼠接种试验、血清保护试验、血清中和试验等方法可以确诊。

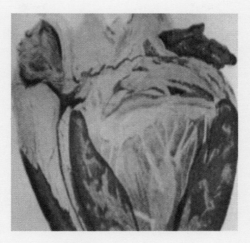

图 10-3　犊牛的"虎斑心"

口蹄疫与牛瘟、恶性卡他热、水疱性口炎、牛痘的类症鉴别见表 10-1。

表 10-1　口蹄疫与牛瘟、恶性卡他热、水疱性口炎、牛痘的类症鉴别

疾病名称	牛瘟	恶性卡他热	水疱性口炎	牛痘
特征区别	口腔黏膜开始为粟粒状灰色或白色小结节,以后发展成烂斑和深部溃疡,整个病程不形成水疱。蹄部正常。病牛高热稽留,剧烈腹泻,皱胃和小肠黏膜溃疡	除口腔黏膜上出现糜烂外,鼻黏膜及鼻镜上有坏死,但不形成水疱,蹄部正常。常见眼炎及角膜混浊	除感染偶蹄动物外,还能使马、驴感染。在夏季和初秋发生,流行范围小	病初发生丘疹,1～2 日后形成水疱,内含透明液体,随后成熟,中央下凹呈脐状,不久形成脓疱,然后结痂

6. 防制

（1）预防措施　加强饲养管理,在饲料或饮水中添加黄芪多糖可

溶性粉，增强牛群的抗病毒感染能力。对受威胁区的牛进行紧急预防接种，可选用牛 O 型口蹄疫灭活疫苗，成年牛 3 毫升/头，1 岁以下的牛 2 毫升/头，肌内注射，注射疫苗后第 10 天产生免疫力，免疫期达 6 个月，保护率达 90％以上。发现该病后，应迅速报告疫情，划定疫点、疫区，及时严格封锁。对病畜舍及受污染的场所、用具等每天应以 3％火碱、0.5％过氧乙酸等进行消毒。在最后一头病牛痊愈或屠宰后 14 天内，未再出现新的病例，经彻底消毒后可解除封锁。

（2）发病后措施　牛发生口蹄疫后，一般经过 7 天左右多能自愈，为了缩短病程，防止继发感染和死亡，应在严格隔离的条件下，及时对病牛进行治疗。

【处方 1】①局部以 3％硼酸水、食醋或 0.1％高锰酸钾溶液洗漱患部，口腔和乳房以碘甘油或冰硼散涂布，定时挤奶以防发生乳腺炎；蹄部擦干后，以鱼石脂软膏涂布。②病牛以板蓝根注射液 20～30 毫升/（头·次），肌内注射，2 次/天，可获较好效果。

【处方 2】①局部以 3％硼酸水或 0.1％高锰酸钾溶液洗漱患部，口腔和乳房以碘甘油涂布，定时挤奶以防发生乳腺炎；蹄部擦干后，以鱼石脂软膏涂布。②病牛以高免血清 1.5～2 毫升/千克体重，肌内注射，1 次/天，连用 3 天。病初使用高免血清治疗效果较好，但价格较高。③口服结晶樟脑粉，每次 3～5 克/（头·次），2 次/天，效果良好。

【处方 3】①局部治疗同处方 1。②全群以中药贯众散（贯众 20克、木通 15 克、桔梗 12 克、赤芍 12 克、生地黄 7 克、花粉 10克、连翘 15 克、大黄 12 克、丹皮 10 克、甘草 10 克）4～6 千克，拌料 1000 千克，全群喂给，连用 3～5 天。③1％黄芪多糖注射液0.2 毫升/（千克体重·次），肌内注射，1 次/天，连用 3～5 天。

二、水疱性口炎

水疱性口炎是由水疱性口炎病毒引起的一种急性热性传染病，发生于马、牛、猪和鹿，人亦有易感性。发病动物以口腔黏膜、舌、唇、乳头和蹄冠部上皮发生水疱，流泡沫样口涎为特征。人和鹿感染后多呈隐性或短期发热。

1. 病原

水疱性口炎病毒为弹状病毒科水疱性病毒属的成员，病毒粒子为子弹状或圆柱状，长度约为直径的 3 倍，有囊膜。病毒内部为紧密盘旋的螺旋对称的核衣壳。弹状病毒的 RNA 无感染性，病毒的核衣壳具有感染性。病毒呈嗜上皮性，进入动物体后，首先在上皮组织细胞的胞浆内生长繁殖，导致细胞变性坏死发生水疱。48 小时后进入血流，形成病毒血症，导致病畜体温上升，水疱增大，水疱液的含毒量就会增加，病毒很快从血液中消失，体温下降。水疱性口炎病毒对可见光、紫外线、脂溶剂（氯仿、乙醚）和酸敏感；不耐热，58℃经30 分钟灭活，阳光直射下很快死亡；在 pH4～10 之间表现稳定；对化学药品的抵抗力较口蹄疫病毒强，2％氢氧化钠（钾）或 1％甲醛数分钟内即可杀死该病毒，0.1％升汞或 1％石炭酸则需 6 小时以上才能将其灭活，0.05％结晶紫可以使其失去感染性。

2. 流行病学

在自然情况下，牛、马、猪和猴易感，绵羊、山羊、犬和兔一般不易得病。水疱性口炎常呈地方性，一般呈点状散发，在一些疫区内连年发生，发病率为 1.7％～7.7％，病死者极少。该病的发生具有明显的季节性，多见于夏季及秋初，而秋末则趋平息。

3. 临床症状和病理变化

牛患病时，体温升高达 40～41℃，精神沉郁，食欲减退，反刍减少，大量饮水，鼻唇镜、口腔黏膜干燥，耳根发热，在舌面、唇部黏膜上出现米粒大水疱，小水疱逐渐融合成大水疱（见图 10-4），内含透明黄色液体，1～2 天后，水疱破裂，水疱皮脱落后，则遗留浅而边缘不齐的鲜红色烂斑，与此同时，病牛大量流出清亮的黏稠唾液，呈垂缕状，并发出咂嘴音，采食困难，采食时表现痛苦。若蹄部发生溃疡时，病灶扩大，重者可致蹄壳脱落，露出鲜红色出血面，乳头也可发生水疱（见图 10-5）。一般病程 1～2 周，转归良好，极少发生死亡。该病发病快，病程短促，除口腔及蹄部的变化外，其他部位很少有病变。

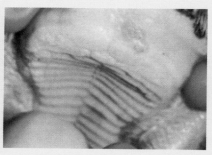

图 10-4 在舌面（左图）和唇部（右图）的水疱

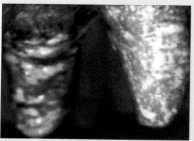

图 10-5 乳头的水疱（左图）和蹄部溃疡（右图）

4. 诊断

采集水疱皮、水疱液等作为病料，进行病原学检查；采集急性期和恢复期血液，分离血清用于血清学试验可以确诊。注意与口蹄疫等进行鉴别。

5. 防制

（1）预防措施 平时注重环境消毒和设备、用具消毒。对病畜舍及受污染的场所、用具等每天应以 2% 火碱、1% 福尔马林等进行消毒。加强饲养管理，饲料或饮水中添加黄芪多糖可溶性粉，增强牛群的抗病毒感染能力。

（2）发病后措施 该病病情一般不是很严重，加强护理即可很快痊愈。

【处方1】①口腔以 3％硼酸水、食醋洗漱，涂以碘甘油或撒布冰硼散，1～2 次/天，连用 3～5 天。②蹄部以 3％硼酸水洗涤干净，用脱脂棉擦干后，以鱼石脂软膏涂布，1 次/天，连用 3～5 天。③氯唑西林钠粉针 10 毫克/千克体重、柴胡注射液 20～30 毫升，肌内注射，2 次/天，连用 3～5 天。

【处方2】①以 3％硼酸水、食醋洗漱患部，口腔以碘甘油或青黛散涂布，定时挤奶以防发生乳腺炎；蹄部擦干后，以鱼石脂软膏涂布。②全群以泻心散（黄连 30 克、黄芩 60 克、黄柏 60 克、大黄 50 克）150 克/头，拌料混饲，1 次/天，连用 3～5 天。

三、牛痘

牛痘是由牛痘病毒引起的牛的一种接触性传染病。临床上以乳房部皮肤出现痘疹、水疱、脓疱和结痂等为特征。

1. 病原

牛痘病毒属于痘病毒科正痘病毒属，有囊膜，为双股 DNA 病毒。病毒主要存在于病牛的痘浆和痘痂中，在被侵害的上皮细胞浆中可形成嗜酸性包涵体。病毒对干燥和低温有很强的抵抗力，但对直射日光、温度和常用的消毒剂都很敏感，0.5％福尔马林、0.01％碘溶液、3％石炭酸在数分钟内可使病毒失去感染力。

2. 流行病学

该病毒能感染多种动物，但多发于奶牛，传染源是病牛。一般通过挤奶工人和挤奶机器而传播。人受感染是由于接触病牛乳房病变而发生，人到人的传播非常罕见。饲养管理不善、牛舍环境卫生差可促使该病发生。该病发病快、传播快，但死亡率低，一般呈良性经过。痊愈后的牛可获得终生免疫。

3. 临床症状

潜伏期一般为 4～8 天。病初体温升高，精神迟钝，食欲不振，反刍停止，挤奶时乳房和乳头敏感，不久在乳房和乳头（公牛在睾丸皮肤）上出现红色丘疹，1～2 天后形成豌豆大小的圆形或卵圆形水疱，水疱上有一凹陷，内含透明液体，逐渐转为脓疱，直径约 1 厘米，脓疱中央凹陷呈脐状，最后干涸成棕黄色痂块，10～15 天可痊愈。若病毒侵入乳腺，可引起乳腺炎。只要牛群中有牛痘病毒存在，饲养管理人员就可能发生痘病，痘疹常发生在手、臂，甚至脸部，通常可自愈。

4. 诊断

水疱病变部皮肤的组织学切片镜检，可见有包涵体。注意与伪牛瘟和溃疡性乳头炎鉴别。

5. 防制

（1）预防措施　奶牛场调入或调出奶牛时应逐头进行检疫，如果发现病奶牛，应就地处理，不能调入或调出。奶牛场饲养管理人员要随时加强个人防护，挤奶前对奶牛乳房和个人手臂以 0.5％聚维酮碘进行消毒。发病时可以 2％戊二醛溶液、3％石炭酸或 0.5％聚维酮碘等对场区、牛舍和饲养工具进行消毒。消毒前应认真打扫、冲洗，干燥后再进行消毒。

（2）发病后措施

【处方 1】①以 1％聚维酮碘洗涤乳房，定时挤奶以防发生乳腺炎。②氯唑西林钠粉针 10 毫克/千克体重、柴胡注射液 20～30 毫升，肌内注射，2 次/天，连用 3～5 天。③刺破乳房和公牛睾丸上的水疱或脓疱，排出水疱液或脓液，以 0.5％聚维酮碘洗涤，然后涂抹碘甘油。

【处方 2】①以 1％聚维酮碘洗涤乳房，定时挤奶以防发生乳腺炎。②全群以五味消毒散 150 克/（头·次），拌料混饲，1 次/天，连用 3～5 天。③注射用氨苄西林钠 1 克、0.25％盐酸普鲁卡因 20～40 毫升，多点环绕乳腺基部皮下注射，1 次/天，连用 2～3 天，对继发乳腺炎有很好疗效。

四、牛副流行性感冒

牛副流行性感冒（运输热）是由牛副流感病毒 3 型所引起的急性接触性传染病，以侵害呼吸器官为主要特征。其主要发生于集约化养牛场经过长途运输后的育肥牛群。

1. 病原

牛副流感病毒属于副黏病毒科呼吸道病毒属。该病毒能凝集牛的红细胞。该病毒对干燥和冰冻的抵抗力较强，但对热和普通消毒剂敏感，常用消毒剂均可在很短时间内杀死该病毒。

2. 流行病学

在自然情况下，该病仅感染牛，病毒随飞沫被牛吸入呼吸道而感染。潜伏期为 2～5 天。该病的流行有明显的季节性，多发生于天气骤变的早春、晚秋和寒冷的季节。该病传播极快，往往在 2～3 天内全群牛相继发病。

3. 临床症状

病牛体温升高到 41℃ 以上，食欲减退或废绝，精神极度沉郁，鼻镜干燥，鼻孔流出黏液性脓性鼻液，眼内大量流泪，有脓性结膜炎（见图 10-6）。肌肉和关节疼痛，常卧地不起、恶寒。呼吸急促，呈腹式呼吸，有时张口呼吸，阵发性痉挛性咳嗽。有的发生黏液性腹泻，机体消瘦，经 2～3 天死亡。怀孕母牛可发生流产。该病发病率约 20%，死亡率为 1%～4%，病程较短，如无继发感染，多数病牛可于 6～7 天康复。巴氏杆菌、双球菌、链球菌等常参与混合或继发感染，而使病程复杂化。

图 10-6 发热、流鼻液和泡沫样涎液

4. 病理变化

肺的病变部呈紫红色如鲜牛肉状，开张不完全、塌陷，其周围肺组织则呈气肿和苍白色，两者界限分明（见图 10-7）。颈淋巴结和纵隔淋巴结肿大、充血、水肿。

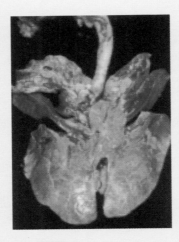

图 10-7　肺尖叶和心叶肝变

5. 诊断

确诊可采取病牛的血液、鼻分泌物等送兽医检验室作病毒分离和鉴定。

6. 防制

（1）预防措施　牛场调入或调出牛群时应选择温暖季节，在寒冷季节调运牛群时，应注意防寒、保暖；长途运输时中途应停车休息，并给牛群饮水和补饲。发病时可以 2％优氯净、1％过氧乙酸等对场区、牛舍和饲养工具进行消毒，消毒前应认真打扫、冲洗，干燥后再进行消毒。早春和晚秋季节，应特别注意牛群的饲养管理，保持牛舍清洁、干燥，注意防寒保暖。

（2）发病后措施　该病尚无特效治疗药物，采用对症治疗和防止继发感染的措施常可取得良效。

　　【处方 1】①银翘散 250～300 克/头，全群拌料混饲，1 次/天，连用 3～5 天。②板蓝根注射液 20～30 毫升/头，肌内注射，1～2 次/天，连用 3～5 天。③苯唑西林钠粉针 20 毫克/千克体重、注射用水适量，肌内注射，2 次/天，连续应用 3～5 天。

　　【处方 2】①防风通圣散 250 克/头，全群拌料混饲，1 次/天，连用 3～5 天。②复方氨基比林 20～30 毫升/头，肌内注射，1～2 次/天。③头孢噻呋钠粉针 0.1 毫升/千克体重、注射用水适量，肌内注射，2 次/天，连用 3～5 天。

　　【处方 3】①荆防败毒散 250 克/头，全群拌料混饲，1 次/天，连用 3～5 天。②柴胡注射液 20～30 毫升/头，肌内注射，2～3 次/天。③环丙沙星注射液 2.5 毫克/千克体重，肌内注射，2 次/天，连用 3～5 天。

五、流行性乙型脑炎

　　流行性乙型脑炎又称日本乙型脑炎，是由日本脑炎病毒引起的一种急性人畜共患传染病。牛大多为隐性感染。

1. 病原

　　该病的病原体是日本脑炎病毒，为虫媒病毒乙组的黄病毒科微生物。该病毒对热的抵抗力不强，100℃加热 2 分钟，可使病毒完全灭活。但其对低温则有较强的抵抗力，在 −70℃低温或冻干状态下可存活数年。对酸敏感，pH7.0 以下时其活性迅速降低。普通消毒剂对它都有良好的消毒作用，1％来苏尔经 5 分钟、3％来苏尔经 2 分钟即可使其灭活；0.2％甲醛 4℃下放置 5 天可使之失去感染能力，但仍具有抗原性。

2. 流行病学

　　该病是通过蚊虫叮咬而传播，感染该病毒的库蚊、伊蚊和按蚊以及库蠓终生都有传染性，病毒能在其体内生长繁殖和越冬，并可经卵传代，带毒越冬蚊子为次年传染的来源。由此看来，蚊子不仅是传播媒介，也是传染源。因此，该病的发生有明显的季节性，一般多在夏

秋季节媒介昆虫的活动期。

3. 临床症状

牛多呈隐性感染，自然发病者较少见。牛感染发病后主要呈现发热和神经症状。病牛体温升高达 40～41℃，呈稽留热，精神沉郁，食欲降低或废绝、呻吟、磨牙、肌肉痉挛、四肢僵硬、无目的地旋转、行走或嗜睡，或后肢轻度麻痹，步态踉跄等。急性者经 1～2 天，慢性者经 10 天左右死亡。

4. 病理变化

可见脑、脊髓和脑脊膜充血，脑脊髓液增多，或有脑水肿。其它内脏变化不明显。采取大脑和小脑组织制作病理组织切片检查时，发现病毒性脑炎变化。

5. 诊断

通过血清学诊断和病毒分离鉴定可确诊。

6. 防制

（1）预防措施

① 免疫接种。兽用乙型脑炎疫苗 1.0 毫升/头，在蚊虫季节到来之前 1～2 个月，肌内注射，当年犊牛注射 1 次后，次年必须再注射疫苗 1 次。

② 消灭蚊虫。蚊虫不仅是该病的传播媒介，也是传染源。养牛场在蚊子开始出没、频繁活动的季节，应 2～3 周使用 1.5%的溴氰菊酯溶液对牛舍和牛体进行喷雾灭蚊 1 次，并在冬初、春末注意消灭越冬蚊。

③ 人员防护。流行性乙型脑炎为人畜共患的传染病。人感染流行性乙型脑炎后，病死率较高。故养牛场发生流行乙型脑炎时，牛场所有管理人员均应立即到医院进行疫苗接种，并加强个人防护，防止被蚊子叮咬。

（2）发病后措施　对流行性乙型脑炎的主要治疗措施是及时应用抗血清，加强饲养管理，降低颅内压，调整大脑功能和解毒等疗法。

【处方 1】①抗流行性乙型脑炎血清 0.1 毫升/千克体重，1 次/天，连用 3～5 天。②全群以曲蘖散 250～300 克/头，拌料内服，1 次/天，连续应用 3～5 天。③100 升饮水添加复方黄芪多糖可溶性粉 50 克，全群混饮，1 次/天，连续应用 3～5 天。

【处方 2】①抗流行性乙型脑炎血清治疗同【处方 1】。②山梨醇注射液 500～1000 毫升/头，静脉注射，1～2 次/天，连用 3～5 天。③鱼腥草注射液 20～30 毫升/次，肌内注射，2 次/天，连用 3～5 天。④100 升饮水添加复方黄芪多糖可溶性粉 50 克，全群混饮，1 次/天，连续应用 3～5 天。

【处方 3】①木香导滞散 200～250 克/头，1 次/天，全群拌料内服，连用 3～5 天。②25% 葡萄糖注射液 500～2500 毫升、10% 安钠咖 20 毫升、40% 乌洛托品 30～50 毫升，静脉注射，1～2 次/天，连用 3～5 天。③复方黄芪多糖可溶性粉 500 克加入 1000 千克饮水，全群自由饮用，连用 3～5 天。

六、牛流行热

牛流行热（三日热）是由牛流行热病毒（又名牛暂时热病毒）引起的一种急性热性传染病。其特征为突然高热，呼吸促迫，流泪，消化器官的严重卡他性炎症和运动障碍。感染该病的大部分牛经 2～3 天即恢复正常。

1. 病原

牛流行热病毒为单股负链 RNA 病毒，属于弹状病毒科、暂时热病毒属。日本分离毒的大小平均为 140 纳米×80 纳米。病毒的核酸为 RNA，该病毒对氯仿、乙醚敏感。发热期病毒存在于病牛的血液、呼吸道分泌物及粪便中。病毒在抗凝血中于 2～4℃ 贮存 8 天仍有感染性，感染鼠脑悬液于 4℃ 贮存 1 个月毒力无明显下降，−20℃ 以下低温保存可长期保持毒力。该病毒对热敏感，56℃ 10 分钟、37℃ 18 小时可灭活。pH2.5 以下和 9 以上于数十分钟内可使之灭活，其对乙醚、氯仿和去氧胆酸盐等溶液及胰蛋白酶等敏感。

2. 流行病学

该病主要侵害奶牛和黄牛。以 3～5 岁壮年牛、乳牛、黄牛易感

性最大。水牛和犊牛发病较少。发病率高而死亡率低，肥胖牛发病率高，产乳量高的牛和怀孕母牛发病率高。

病牛是该病的传染来源，其自然传播途径尚不完全清楚。人工感染时，静脉注射病牛血能引起发病，而其他途径接种的结果则不一致。一般认为，该病多经呼吸道感染。此外，吸血昆虫的叮咬，以及与病畜接触的人和用具的机械传播也是可能的。该病流行具有明显的季节性，多发生于雨量多和气候炎热的 6～9 月。流行迅猛，短期内可使大批牛只发病，呈地方流行性或大流行。流行上还有一定周期性。3～5 年大流行一次。病牛多为良性经过，在没有继发感染的情况下，死亡率为 1％～3％。

3. 临床症状

潜伏期为 3～7 天，病程 3～4 天，及时治疗可以痊愈。可以表现为呼吸型（急性型）、胃肠型和瘫痪型。呼吸型病牛食欲减少或废绝，精神不振，发出"吭吭"呻吟声，体温升高到 40℃ 以上，皮温不整，特别是角根、耳翼、肢端有冷感。流泪、畏光，结膜充血，眼睑水肿。呼吸急促，张口呼吸。口腔发炎，流线状鼻液和口水 [见图 10-8（左图）]。胃肠型病牛精神萎靡，体温升高到 40℃ 以上，眼结膜潮红，流泪，口腔流涎及鼻流浆液性黏液 [见图 10-8（中图）]。肌肉震颤，腹式呼吸。不食，胃肠蠕动减弱，瘤胃停滞，反刍停止。粪便干硬，呈黄褐色，有时混有黏液。少数病牛表现腹泻腹痛。瘫痪型病牛多数体温不高，四肢关节肿胀、疼痛，卧地不起，食欲减退，站立时后躯僵硬，不愿移动 [见图 10-8（右图）]。有些牛因跛行、瘫痪而被淘汰（见图 10-9）。

4. 病理变化

急性死亡多因窒息所致。剖检可见气管和支气管黏膜充血和点状出血，黏膜肿胀，气管内充满大量泡沫黏液。口腔和舌部糜烂。肺显著肿大，有程度不同的水肿和间质气肿，压之有捻发音，肺切面有大量暗红色液体。全身淋巴结充血，肿胀或出血。直肠、小肠和盲肠黏膜呈卡他性炎和出血。关节滑膜有浆液性纤维素性渗出物。其它实质脏器可见混浊肿胀（见图 10-10～图 10-12）。

图 10-8 牛流行热病牛临床症状（一）

病牛流线状鼻液和口水（左图）；病牛流泪、流涎（中图）；

病牛四肢关节浮肿、疼痛，站立不稳、跛行，最后卧倒（右图）

 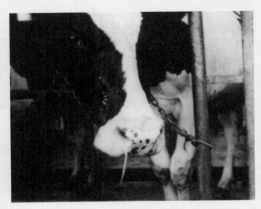

图 10-9 牛流行热病牛临床症状（二）

发生严重关节炎而倒地的病牛，易引起褥疮（左图）；

鼻黏膜和眼结膜潮红，流出浆液性鼻液关节肿大（右图）

 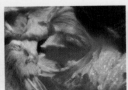 

图 10-10 牛流行热病牛病理变化（一）

肺气肿（左图）；浆液性纤维素性关节滑膜炎（中图）；口腔和舌部糜烂（右图）

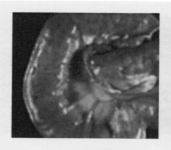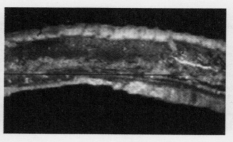

图 10-11 小肠卡他性炎症（左图）和出血（右图）

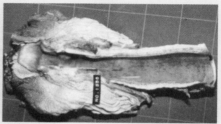

图 10-12 牛流行热病牛病理变化（二）

肺切面大量暗红色液体（左图）；气管黏膜充血、出血（右图）

5. 诊断

　　根据临床症状和病变可作出初步诊断，确诊需要进行血液学检验和血清学诊断。牛流行热的类症鉴别见表 10-2。

表 10-2　牛流行热的类症鉴别

疾病名称	茨城病	牛病毒性腹泻（黏膜病）	牛气肿疽
特征区别	茨城病的流行季节、临床症状类似牛流行热，但病牛体温降低到正常水平后会发生明显的咽喉、食道麻痹，垂头时会从口鼻流出胃内容物，并半夜咳嗽	牛病毒性腹泻（黏膜病）通常呈隐性感染，发病率较低，但死亡率能够达到 90%～100%，通常呈地方性流行，且任何季节都能够发生。而牛流行热具有高发病率，能够达到 100%，但具有较低的死亡率，一般在 2% 以下，且呈明显的季节流行性	牛气肿疽会导致牛肌肉丰满的腿部形成气肿，并具有捻发音，出现跛行。但牛流行热会导致牛关节和四肢出现炎症，从而发生跛行

6. 防制

（1）预防措施 切断病毒传播途径，针对牛流行热病毒由蚊蝇传播的特点，可每周两次用5％敌百虫液喷洒牛舍和周围排粪沟，以杀灭蚊蝇。用过氧乙酸对牛舍地面及食槽等进行消毒，以减少传染。免疫接种：牛流行热病毒亚单位疫苗和灭活疫苗，颈部皮下注射2次，每次4毫升，间隔21日，6月龄以下的犊牛注射剂量减半。

（2）发病后措施 立即隔离病牛进行治疗，对假定健康牛和受威胁牛，用高免血清进行紧急预防注射。

【处方1】高热时，肌内注射复方氨基比林20～40毫升，或30％安乃近20～30毫升。重症病牛给予大剂量的抗生素，常用青霉素、链霉素，并用葡萄糖生理盐水、林格液、安钠咖、维生素B_1和维生素C等药物，静脉注射，每天2次。四肢关节疼痛牛，可静脉注射水杨酸钠溶液。对于因高热而脱水和由此而引起的胃内容干涸的牛，可静脉注射林格液或生理盐水2～4升，并向胃内灌入3％～5％的盐类溶液10～20升。

【处方2】用清肺、平喘、止咳、化痰、解热和通便的中药，辨证施治。如九味羌活汤：羌活40克，防风46克，苍术46克，细辛24克，川芎31克，白芷31克，生地黄31克，黄芩31克，甘草31克，生姜31克，大葱一棵。水煎二次，一次灌服。加减：寒热往来加柴胡；四肢跛行加钻地风、千年健、木瓜、牛膝；肚胀加青皮、苹果、松壳；咳嗽加杏仁、全瓜蒌；大便干加大黄、芒硝。均可缩短病程，促进康复。

【处方3】25％葡萄糖液500毫升、5％葡萄糖生理盐水1000～1500毫升、10％安钠咖20毫升、40％乌洛托品50毫升、10％水杨酸钠100～200毫升，一次静脉注射，每日1～2次，连用3～5日（适用于瘫痪卧地不起病牛）。

七、狂犬病

狂犬病是由狂犬病病毒引起的一种人人皆知、可怕的人畜共患传染病。临床主要表现为脑脊髓炎等神经症状。

1. 病原

狂犬病病毒属于弹状病毒科狂犬病病毒属。病毒在唾液腺和中枢神经（尤其在脑海马角、大脑皮层、小脑等）细胞的胞内形成狂犬病特异的包涵体。该病毒对温热敏感，煮沸 2 分钟可完全将其杀死，56℃15～30 分钟可使之灭活。自然光、紫外线、胆盐、甲醛、升汞、酸性和碱性消毒剂等都可迅速使之灭活。

2. 流行病学

发病牛以犊牛和母牛较多见，牛有被犬咬伤史，也有的发病牛原因不明。该病常在一个地区内散发，这与带狂犬病病毒犬或其它带毒动物有关。

3. 临床症状

潜伏期长短差别很大，短者 1 周，长者 1 年以上，一般为 2～8 周。病初表现精神沉郁，食欲减退，反刍缓慢；继之表现兴奋不安，前肢搔地，应激性增高，对环境刺激反应性加强。稍有声响立即跃起，试图挣脱缰绳，冲撞墙壁，跨踏饲槽，磨牙流涎。兴奋发作后，往往有一个间歇期，之后再次发作。逐渐发生麻痹症状，如吞咽困难、伸颈、流涎、瘤胃臌气、里急后重等，最后倒地不起，衰竭而死，病程 2～4 天。

4. 病理变化

肉眼病变不明显。在海马角、小脑和延脑的神经元胞质内出现嗜酸性包涵体。

5. 诊断

组织学观察、小鼠脑内接种试验和包涵体的免疫荧光试验等可确诊。

6. 防制

（1）预防措施

① 消灭传染源。犬、猫是人类和动物狂犬病的主要传染源。因此，对患有狂犬病的犬、猫进行扑杀，给家养犬进行免疫接种，也就成了预防和消灭人类和牛狂犬病的最有效措施。对患狂犬病死亡的动

物，不应剖检，更不得剥皮食用，以免狂犬病病毒经破损皮肤、黏膜等使人发生感染，而应将病尸焚烧或深埋。

② 免疫接种。感染狂犬病的动物和人几乎无一例耐过，均以死亡而告终。因此，对狗尤其是牛场饲养的看门狗，要实施一例不漏的以犬五联活疫苗（狂犬病、犬瘟热、犬副流感、犬细小病毒性肠炎、犬传染性肝炎）预防性接种。仔犬断奶后以 1 头份犬五联活疫苗皮下注射，以 3 周为间隔，连续注射 3 次；成年犬以 3 周为间隔，每年注射 2 次，每次 1 头份，以免犬发病后咬伤人和牛而传播该病。除犬外，目前尚没有供其它动物使用的狂犬病疫苗。

（2）发病后措施　至今为止，还没有找到有效的治疗药物，以抗狂犬病血清进行治疗，在经济上又极不合算。因此，凡患狂犬病的牛或疑似牛均应扑杀。

八、轮状病毒感染

轮状病毒感染是婴幼儿和幼畜（犊牛、羔羊、仔猪、马驹、仔兔、猴仔、幼犬及雏禽）共患的一种急性胃肠道传染病，以厌食、呕吐和腹泻为特征。该病发生于寒冷季节，多侵害幼龄动物，患病动物突然发生水样腹泻。成年动物多呈隐性经过。

1. 病原

轮状病毒属呼肠孤病毒科轮状病毒属。病毒粒子呈球形，直径 65～80 纳米。完整的病毒粒子具有双层蛋白外壳结构，形似车轮的辐条状，因而得名。该病毒的抗原性有群特异性和型特异性。群特异性抗原（共同抗原）存在于内衣壳，为各种动物和人的轮状病毒所共有。型特异性抗原存在于外衣壳，也与一定的 RNA 基因组片段有关。目前，我国只有一个血清型，即牛轮状病毒血清 I 型（NCDV 型）。该病毒对外界环境的抵抗力较强，粪便中的病毒在 18～20℃ 条件下，经 7 个月仍有感染性。其在 pH3～9 范围内稳定。该病毒对热的抵抗力中等，在 63℃ 条件下，30 分钟被灭活；对碘仿、高氯酸具有耐受性。2% 戊二醛、0.01% 碘、1% 福尔马林、1% 次氯酸钠均能在很短的时间内杀灭轮状病毒。

2. 流行病学

该病主要发生在犊牛，发病日龄为 15～90 日龄。春、秋季发病较多。病毒存在于肠道，随粪便排出体外，经消化道感染。轮状病毒有交互感染的作用，可以从人或一种动物传给另一种动物，只要病毒在人或一种动物中持续存在，就有可能造成该病在自然界中长期传播。另外，该病有可能通过胎盘传染给胎儿。该病多发生于晚秋、冬季和早春季节。各种年龄和不同性别的牛都可感染，感染率可高达 90%～100%，老疫区发病率稍低，一般为 50%～80%，病死率为 10%～30%，严重时可达 50%。

3. 临床症状

多发生在 1 周龄以内的新生犊牛，潜伏期一般为 15～96 小时。病初精神萎靡、食欲不振、不愿行走、常有呕吐、体温正常或略有升高。随后迅速发生严重腹泻，粪便糊状或水样，呈黄白色，有时带有黏液和血液［见图 10-13（左图）］。由于持续腹泻，机体迅速脱水，体重可减轻 30% 左右，最后多由严重脱水而死亡，病程 1～5 天［见图 10-13（中图）、图 10-13（右图）］。

图 10-13 轮状病毒感染病牛临床症状

1 周龄以内新生犊牛发病后排黄白色稀便，肛门周围被腹泻粪便污染（左图）；
脱水严重、躺卧的犊牛（中图）；犊牛的严重腹泻和脱水（右图）

4. 病理变化

剖检可见胃内充满凝乳块和乳汁，肠壁变薄，呈半透明状，内容物呈灰黄色液状。肠系膜淋巴结肿大，小肠绒毛缩短变干，如用放大镜检查则更清楚。组织学检查，可见小肠绒毛顶端上皮变性、溶解或脱落，固有膜内有单核细胞和淋巴细胞浸润等。

5. 诊断

确诊必须进行实验室诊断。注意与牛病毒性腹泻、大肠杆菌病、弯曲菌病加以鉴别。牛病毒性腹泻病牛多有体温反应、呼吸道症状及口腔黏膜充血糜烂等；大肠杆菌病病牛粪样伴有未消化的凝乳块及凝血块，7 日龄以内犊牛死亡率颇高；弯曲菌病常发生在冬季，病牛粪便多呈棕黑色，常伴有血液，该病在牛群中传播较快，一旦发病，常在 2～3 日可波及 80％的牛。

6. 防制

（1）预防措施 牛场进入产仔季节时，要彻底清扫产房，全面检查产房的保暖设备，确保产房干燥、清洁、保暖设备良好。怀孕母牛进入产房后，应以 5％聚维酮碘、2％戊二醛、1％次氯酸钠进行喷雾消毒，以杀灭轮状病毒和一些病原菌。

（2）发病后措施 发现病犊牛，应立即隔离到清洁、干燥、温暖的畜舍内，停止哺乳，以消毒的牛乳、奶粉等进行人工饲喂。

【处方 1】①将 1 份量口服补液盐中的两小袋药品同时放入 1000 毫升的温开水中（30℃左右），完全溶解后，供犊牛自由饮用，连用 7～10 天。②5％庆大-小诺霉素注射液 0.1 毫升/千克体重，肌内注射，2 次/天，连用 3～5 天。③硫酸新霉素预混剂 100～150 克/次，温水调灌服，2 次/天，连用 3～5 天。

【处方 2】①将 1 份量口服补液盐中的两小袋药品同时放入 1000 毫升的温开水（30℃左右）中，完全溶解后，供犊牛自由饮用，连用 7～10 天。②葡萄糖生理盐水注射液 500～1500 毫升、10％安钠咖 5～15 毫升、5％碳酸氢钠 20～50 毫升，静脉注射，1～2 次/天，连用 3～5 天。③硫酸黏菌素预混剂（以硫酸黏菌素计）3～5 毫克/（千克体重·次），温水调灌服，2 次/天，连用 3～5 天。

【处方 3】①将 1 份量口服补液盐中的两小袋药品同时放入 1000 毫升的温开水（30℃左右）中，完全溶解后，供犊牛自由饮用，连用 3～5 天。②硫酸黏菌素预混剂（以硫酸黏菌素计）3～5 毫克/（千克体重·次），温水调灌服，2 次/天，连用 3～5 天。③葡萄糖生理盐水 250～1000

毫升、5％碳酸氢钠 20～50 毫升、10％樟脑磺酸钠 10 毫升、10％维生素 C 注射液 10 毫升，静脉或腹腔注射，1～2 次/天，连用 3～5 天。

九、伪狂犬病

伪狂犬病是由伪狂犬病病毒引起的多种家畜和野生动物以发热、奇痒及脑脊髓炎为主要症状的一种急性传染病。

1. 病原

伪狂犬病病毒属于疱疹病毒科、甲型疱疹病毒亚科，猪疱疹病毒Ⅰ型，呈球形，有囊膜，只有一个血清型。其对干燥有一定的抵抗力，病畜舍内的病毒，夏季可存活 30 天，冬季可存活 46 天以上。在腐败条件下，病料中的病毒经 11 天左右即失去感染力。病毒在阳光直射下迅速被灭活。病毒在 80℃ 经 3 分钟，也可被灭活，100℃ 立即死亡。病毒对低温的抵抗力很强，在 0～6℃ 条件下可存活 154 天。病毒对大多数消毒剂有较强的抵抗力，0.5％石炭酸处理 32 天后仍具感染性，3％来苏尔 10 分钟可将其杀死，0.1％升汞和 0.5％苛性钠可迅速使其灭活。

2. 流行病学

在自然条件下，多种动物均可感染发病。除成年猪外，对其他动物来说，该病均是高度致死性疾病，病畜极少康复。携带病毒的鼠类为该病的主要传染源，病原体通过鼻液、乳汁、眼睑及阴道分泌物等排出体外污染环境，其中尤以鼻飞沫传染性最强。牛可经由各种途径感染而发病，但主要经消化道、呼吸道及黏膜、皮肤的伤口而感染。该病多发生于冬、春两季，多呈地方性流行。在同一地区往往是猪首先发病，而后传染给牛、羊，使之发病。

3. 临床症状

伪狂犬病潜伏期为 3～6 天，短者 36 小时，长的可达 10 天。牛发病后可出现局部奇痒［见图 10-14（左图）］，奇痒可出现于眼睑、鼻孔、口唇、面颊、肩、四肢、腹部、肛门、阴部及乳房等处。病初食欲减退，反刍缓慢，体温上升至 40℃ 以上，精神高度沉郁。继之开始舔舐或啃咬发痒部位［见图 10-14（右图）］，使之脱毛，皮肤呈红色、增厚，并有淡黄色浆液性渗出物。剧痒发生在腹部、肛门、阴部及乳房等处时，病牛常呈犬坐姿式在地上反复滑擦。很快出现神经症状，表现兴奋不安、头部和颈部肌肉发生痉挛、张口伸舌、口流涎沫；随着兴奋和不安的加剧，病牛强烈喷嚏或狂鸣、共济失调、起卧不宁，但并不攻击人或动物。病至后期神经症状加剧，呼吸、心跳加快，神志不清，全身出汗，四肢瘫痪，卧地不起，衰弱无力，瘤胃膨气，死前咽喉麻痹，流出带泡沫的唾液及浆液性鼻液（见图 10-15），常于发病后 2～3 天内死亡。犊牛则常于出现症状后 1 天内死亡。

图 10-14　伪狂犬病病牛临床症状（一）
病牛因奇痒不安（左图）；病牛因奇痒舔咬躯体（右图）

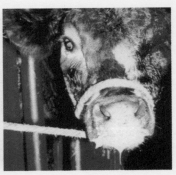

图 10-15　伪狂犬病病牛临床症状（二）
病牛出现瘤胃膨气（左图）；病牛流出带泡沫的唾液及浆液性鼻液（右图）

4. 病理变化

瘙痒部位皮肤增厚 2～3 倍，脱毛、擦伤、撕裂、水肿、出血和糜烂。中枢神经症状明显时，脑、脑膜或脊髓膜充血、出血、水肿，脑脊髓炎增多。肺充血水肿。心包有积液。消化道黏膜充血和出血。肝淤血肿大，其上有少量灰白色坏死点。

5. 诊断

动物接种试验、病原分离和血清学检查可确诊。注意与狂犬病、螨病等区别。狂犬病病程较长，病牛对人畜有攻击性，流涎，很少出现痒感，麻痹症状和突然死亡。组织学检查，螨病皮肤发痒、脱毛，皮肤刮片镜检，可查出螨虫。

6. 防制

（1）预防措施　牛舍要定期用 2％苛性钠或 20％石灰乳进行消毒。鼠类是引起其他动物发病的疫源动物和传播媒介。要消灭牧场内及其周围的鼠类。养牛场不得饲养猪。预防接种伪狂犬病灭活疫苗，犊牛 8 毫升，成年牛 10 毫升，颈部皮下注射，免疫期 1 年。伪狂犬病活疫苗，2～4 月龄犊牛 1 毫升（断奶后再接种 2 毫升/次），5～12 月龄牛 2 毫升，1 岁以上牛 3 毫升，肌内注射，接种后 6 天产生免疫力，免疫期 1 年。

（2）发病后措施

【处方 1】①牛伪狂犬病高免血清 0.2 毫升/千克体重，肌内注射，1 次/天，连用 3 天。②葡萄糖生理盐水注射液 1500～2500 毫升、安溴注射液 50～100 毫升，静脉注射，1～2 次/天，连用 2～3 天。③头孢羟氨苄可溶性粉（以头孢羟氨苄计）30～40 毫克/千克体重，全群混饮，2 次/天，连用 2～3 天。④0.5％盐酸普鲁卡因 20～50 毫升/次，奇痒处周围皮下注射，1 次/天，连用 2～3 天。

【处方 2】①盐酸氯丙嗪 1～2 毫克/千克体重，肌内注射，1～2 次/天，连用 2～3 天。②0.5％盐酸普鲁卡因 20～50 毫升/次，奇痒处周围皮下注射，1 次/天，连用 2～3 天。③穿心莲注射液 0.2 毫升/千克体重，1～2 次/天，连续应用 2～3 天。④头孢羟氨苄可溶性粉（以头孢羟氨苄计）30～40 毫克/千克体重，全群混饮，2 次/天，连用 2～3 天。

十、恶性卡他热

恶性卡他热（恶性卡他）是由恶性卡他热病毒引起的一种致死性病毒性传染病。临床表现为高热、呼吸及消化道黏膜的坏死性炎症，且常伴有角膜混浊。

1. 病原

恶性卡他热病毒是疱疹病毒科、丙疱疹病毒亚科的成员（暂定），有囊膜，主要存在于病牛的血液和脑、脾等组织中。病毒能在甲状腺和肾上腺细胞培养物上生长，并产生核内包涵体及合胞体。病毒对外界环境的抵抗力不强，常用消毒剂均可快速使之失活，冷冻及干燥也均能使之失活。

2. 流行病学

恶性卡他热在自然情况下，主要发生于黄牛和水牛，其中以 1～4 岁的牛最易感，老龄牛较少发病。绵羊、山羊等也可以感染，但症状不易察觉或无症状，成为病毒携带者。该病不能由病牛直接传染给健康牛，一般认为绵羊无症状带毒者是牛群暴发该病的传染源。该病一年四季均可发生，但以冬季和早春多发，多呈散发，有时呈地方性流行。

3. 临床症状

该病潜伏期长短变化很大，一般为 28～60 天，长的可达 20 周。现已报道的有急性型、消化道型、头眼型等类型。急性型病程多为 1～3 天，仅体温升高至 41～42℃，而不表现特征性症状而死亡。消化道型和头眼型等类型一般病程为 4～14 天，病情轻微的可恢复，但常复发，病死率很高。病初体温升高至 41～42℃，稽留不退，食欲减退，瘤胃弛缓，泌乳停止，呼吸、心跳加快，鼻镜干热，无汗，急性型者可发生死亡。第二日可见口腔与鼻腔黏膜充血、坏死及糜烂。继之鼻内排出黏稠脓样分泌物，分泌物干涸后，聚集在鼻腔内，妨碍气体流通，可引起呼吸困难；口腔黏膜广泛坏死及糜烂，流出带有臭味的涎液（见图 10-16）。双目畏光、流泪、眼睑闭合，角膜发生炎症反应，很快变得完全不透明并产生虹膜睫状体炎（见图 10-17）。体表淋巴结肿大。初便秘，后腹泻，排尿频繁，有时混有血液和蛋白质。母畜阴唇水肿，阴道黏膜潮红、肿胀。不太常见的临床表现还有趾间溃疡糜烂、溃烂性舌炎、牙龈溃疡和抑郁等（见图10-18）。

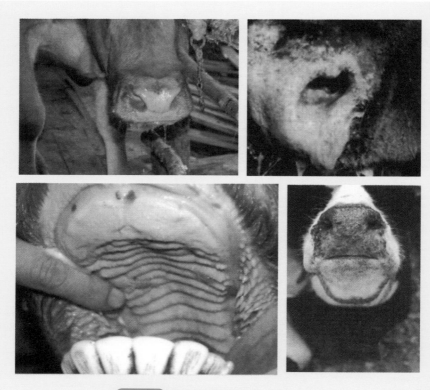

图 10-16 恶性卡他热病牛临床症状（一）

病牛流涎（上左图）；鼻腔大量的脓性黏性分泌物（上右图）；腭溃烂（下左图）；
鼻镜形成痂皮，鼻孔流出脓性鼻液，呈典型的病变（下右图）

4. 病理变化

急性型，心肌变性，肝脏、肾脏和淋巴结肿大，消化道黏膜特别是皱胃黏膜有不同程度的炎性变化。头眼型，鼻黏膜充血、肿胀，鼻前庭及鼻中隔覆盖纤维素性坏死假膜，脱落后露出糜烂面。重者，溃烂可深达鼻甲骨、筛骨和角床的骨组织，硬腭糜烂（见图10-19）。

鼻窦、额窦及角窦普遍发炎，窦内蓄积黄白色脓性物质。喉头、气管和支气管黏膜充血肿胀，常覆盖灰黄色假膜。肺充血、水肿。角膜炎，角膜混浊、溃疡，眼房水混浊，含有纤维素絮状小片（见图10-20）。消化道型，口腔黏膜坏死、糜烂，严重时可延至咽部黏膜和食管黏膜。皱胃和肠黏膜充血、出血及溃疡，肠内容物混有血液和纤维素性坏死物，小肠糜烂和出血（见图10-21）。肾盂、输尿管和膀胱黏膜充血和出血。脾脏正常或中等肿大。肝、肾肿大。心包和心外膜有出血点。

图 10-17 恶性卡他热病牛临床症状（二）
角膜形成的角膜云翳（左图）；
虹膜睫状体炎和进行性角膜炎（右图）

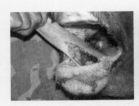

图 10-18 恶性卡他热病牛临床症状（三）
舌面溃烂（左图）；舌出血、糜烂（中图）；
趾间溃疡糜烂（右图）

 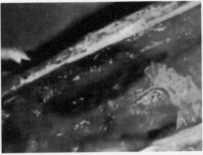

图 10-19　硬腭糜烂（左图）和鼻甲骨黏膜出血、坏死（右图）

 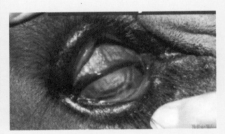

图 10-20　头眼型病牛病理变化

头眼型眼结膜发炎，羞明流泪，以后角膜浑浊，眼球萎缩，溃疡及失明

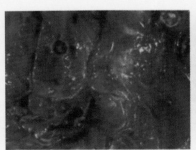 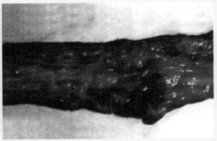

图 10-21　消化道型病牛病理变化

皱胃黏膜和肠黏膜出血、溃疡（左图）；小肠糜烂和出血（右图）

5. 诊断

确诊必须进行病毒分离和血清学检验。该病还需同牛瘟、口蹄疫、牛传染性角膜结膜炎进行鉴别诊断。牛瘟传播迅速，呈流行性，消化道病变明显，无眼部变化和神经症状；口蹄疫流行面积大，传播迅速，仅在口腔内、鼻镜及蹄趾间有水疱，无角膜混浊现象；牛传染性角膜结膜炎病变仅限于眼部，全身症状很少见。

6. 防制

（1）预防措施　养牛场不得饲养绵羊和山羊，以防绵羊和山羊将病毒传染给牛，而造成重大经济损失。牛舍要定期用2%苛性钠、20%石灰乳或0.5%过氧乙酸进行消毒。

（2）发病后措施

【处方1】①盐酸多西环素粉针10毫克/千克体重、葡萄糖生理盐水注射液1500～2500毫升、10%樟脑磺酸钠10～30毫升、10%维生素C注射液10～30毫升，静脉注射，2次/天，连用3～5天。②清瘟败毒散200～350克/头，温水调灌服，1次/天，连用3～5天。③注射用氨苄西林钠0.5克、0.5%盐酸普鲁卡因注射液10毫升、醋酸地塞米松注射液10毫克，以9#注射针头刺入睛明穴，缓慢注射，注意不得刺入眼球内，1次/2天。④以复方炉甘石眼膏点眼，2次/天，连用数天。

【处方2】①注射用氨苄西林钠0.5克、0.5%盐酸普鲁卡因注射液10毫升、醋酸地塞米松注射液10毫克，以9#注射针头刺入睛明穴，缓慢注射，注意不得刺入眼球内，1次/2天。②以复方炉甘石眼膏点眼，2次/天，连用数天。③注射用氨苄西林钠20毫克/千克体重、葡萄糖生理盐水注射液1 500～2 500毫升、10%樟脑磺酸钠10～30毫升，静脉注射，2次/天，连用3～5天。④五味消毒饮200～300克/头，煎汤灌服，1次/天，连用3～5天。

十一、牛病毒性腹泻（黏膜病）

牛病毒性腹泻是由瘟病毒属的牛病毒性腹泻病毒引起的病毒性传染病，临床上以消化道黏膜发炎、糜烂、坏死和腹泻为

特征。

1. 病原

牛病毒性腹泻（黏膜病）病毒属于黄病毒科瘟病毒属，呈球形，有囊膜，为单股 RNA 病毒。该病毒在抗原性上与猪瘟病毒存在一定的交叉反应。该病毒对外界环境的抵抗力很弱，对乙醚、氯仿、胰酶敏感，pH3 以下环境中以及 56℃很快被灭活。

2. 流行病学

牛病毒性腹泻病毒可感染黄牛、奶牛、水牛、牦牛、绵羊、山羊、猪和鹿等，使之发病。患病动物和带毒动物是该病的主要传染源，康复牛可带毒 6 个月。直接或间接接触均可传播该病，主要通过消化道和呼吸道而感染，胚胎也可通过胎盘而感染。新疫区急性病例多，且多发生于 6～18 月龄的青年牛，发病率约 5%，但病死率很高常达 90%～100%。老疫区则急性病例很少，发病率和病死率很低，而隐性感染率很高，常在 50%以上。该病发生没有严格的季节性，但常发生于冬末和春季，潜伏期为 7～14 天。

3. 临床症状

根据病程可分为急性型和慢性型两种。急性型病牛体温突然升高至 40～42℃，持续 4～7 天，精神沉郁，食欲减退，反刍缓慢，鼻、眼内有浆液性分泌物，鼻镜、口腔及舌黏膜糜烂，流涎增多，呼气恶臭（见图 10-22）。继之发生严重腹泻，开始时排出水样稀便，以后带有黏液、血液和脱落的肠黏膜碎片［见图 10-23（左图）］。一些病牛常伴发蹄叶炎及趾间皮肤坏死、糜烂，从而导致跛行。慢性型病牛很少体温升高，最明显的症状是鼻镜糜烂，此糜烂可在鼻镜上连成一片［见图 10-23（右图）］，但口腔内很少有糜烂。眼内有浆液性分泌物。由于蹄叶炎及趾间皮肤坏死、糜烂，导致跛行很明显。可能有腹泻，也可能不发生腹泻。母牛在妊娠期感染该病时常发生流产，或产下有先天性缺陷的犊牛。犊牛最常见的缺陷是小脑发育不全。患犊表现轻度共济失调或无协调和站立能力，有的可能眼瞎。

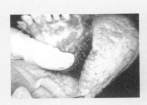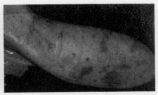

图 10-22 牛病毒性腹泻病牛临床症状（一）

病牛齿龈出血、溃疡、糜烂（左图）；鼻镜与硬腭交界处

黏膜糜烂（中图）；舌面糜烂（右图）

图 10-23 牛病毒性腹泻病牛临床症状（二）

病牛腹泻、脱水消瘦，衰竭死亡（左图）；

病牛的鼻黏膜糜烂、严重出血（右图）

4. 病理变化

尸体消瘦，鼻镜、鼻腔有糜烂及浅溃疡，齿龈、腭、舌面两侧及颊部黏膜糜烂；严重病例在咽喉黏膜有溃疡及弥漫性坏死；特征性损害是食管黏膜发生条索状糜烂；瘤胃、皱胃、小肠、大肠等处黏膜出血、水肿、坏死和溃疡。趾间及全蹄冠有糜烂溃疡，甚至坏死。流产胎儿的口腔、食管、皱胃及气管内有出血斑或溃疡。运动失调的新生犊牛小脑发育不全或脑室积水（见图 10-24～图 10-26）。

5. 诊断

确诊需进行病毒分离鉴定和血清学检验。注意与恶性卡他热、口

蹄疫、水疱性口炎、副结核病、牛传染性鼻气管炎及某些肠道寄生虫
病相区别。

图 10-24 牛病毒性腹泻病牛病理变化（一）

食道黏膜线性排列的糜烂（左图）；瘤胃黏膜充血和糜烂（中图）；
皱胃黏膜糜烂（右图）

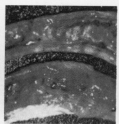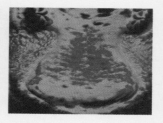

图 10-25 牛病毒性腹泻病牛病理变化（二）

小肠壁增粗，变厚（左图）；肠黏膜坏死和溃疡（中图）；腭出血、溃疡（右图）

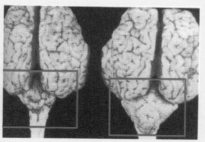

图 10-26 牛病毒性腹泻病牛病理变化（三）

小肠黏膜出血、坏死，黏膜脱落形成管型，肠系膜淋巴结肿大（左图）；
运动失调的新生犊牛小脑发育不全或脑室积水（右图）

6. 防制

（1）预防措施　首先以血清学方法检出阳性牛，继之再以分子生物学方法检出血清学阴性的带毒牛，全部淘汰。文献记载可用牛病毒性腹泻弱毒疫苗或灭活疫苗来预防和控制该病，但市场上尚无供应。

（2）发病后措施

【处方1】①将1份量口服补液盐中的两小袋药品同时放入1000毫升的温开水（30℃左右）中，完全溶解后，供牛自由饮用，连用7～10天。②5%乳酸环丙沙星注射液5毫克/千克体重，肌内注射，2次/天，连用3～5天。③白头翁散200～300克、红糖200～250克，温水调灌服，1次/天，连用3～5天。

【处方2】①将1份量口服补液盐中的两小袋药品同时放入1000毫升的温开水（30℃左右）中，完全溶解后，供牛自由饮用，连用7～10天。②葡萄糖生理盐水注射液500～1500毫升、10%葡萄糖注射液500～1500毫升、10%安钠咖5～15毫升、10%维生素C注射液20～50毫升，静脉注射，1～2次/天，连用3～5天。③白头翁散200～300克、红糖200～250克，温水调灌服，1次/天，连用3～5天。

十二、牛海绵状脑病（疯牛病）

牛海绵状脑病是由朊病毒引起的成年牛的一种神经性、渐进性、致死性传染病。临床上以出现神经症状为特征。

1. 病原

病原为朊病毒，主要由蛋白质构成，与一般病毒比较其无核酸。该病毒对各种理化因素抵抗力都很强，紫外线照射、离子辐射、双氧水、福尔马林等均不能完全灭活朊病毒，但1%～2%氢氧化钠溶液、5%次氯酸钠溶液、90%石炭酸溶液、5%碘酊等可将其灭活。

2. 流行病学

多发生于3～11岁的成年牛，且不分品种和性别，一年四季均可发生。该病主要通过消化道传播，健康牛通过食用病牛和带毒牛制成的肉骨粉而感染。该病多呈散发，发病率低，但死亡率为100%。

3. 临床症状

该病潜伏期长达 2～8 年。病牛体重急剧减轻，产乳量下降，惊恐，瘙痒，烦躁不安，有攻击行为，冲撞围栏或随意攻击其他牛和人，站立时后肢叉开，肌肉震颤，运动时步态不稳，共济失调，对外界声音或触摸过敏，但体温无变化（见图 10-27）。后期全身麻痹，衰竭而死。从最初症状出现到病牛死亡通常为几个星期至 12 个月。

图 10-27　牛海绵状脑病病牛临床症状

病牛恐惧不安，有攻击性（左图）；病牛狂奔（中图）；病牛有运动神经障碍（右图）

4. 病理变化

该病无肉眼可见的病理变化，病理组织学变化可发现中枢神经系统灰质区空泡样变的神经元呈两边对称性分布，构成神经纤维网的神经元突起内有许多小囊状空泡（即海绵样变）。神经元胞体膨胀，内有较大的空泡。星形细胞胶样变性、肥大。大脑组织淀粉样变性（见图 10-28）。

5. 防制

（1）预防措施　加强国境检疫，防止疯牛病传入我国。禁止用反刍动物蛋白饲喂牛，禁止销售和食用患疯牛病牛肉。与病牛接触的人员要做好自我防护工作，剖检划破皮肤后，立即用次氯酸钠溶液清洗伤口，被污染场所、用具用 2% 氢氧化钠溶液消毒。

（2）发病后措施　目前尚无防治该病的药物及疫苗。发生该病后，要严格封锁，长期观察，及时扑杀病牛并进行焚烧处理，严禁将病牛屠宰后供食用和作种用，对被病牛污染的环境、用具等进行彻底的消毒。

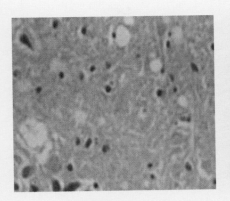

图 10-28 神经纤维网空泡（左图）和脑组织淀粉样变性（右图）

十三、蓝舌病

蓝舌病是由蓝舌病病毒引起的反刍动物的一种急性、热性、非接触性传染病。临床上以发热、跛行、口腔黏膜溃疡等为特征。因病牛舌、齿龈、颊部黏膜充血肿胀，淤血后变为青紫色，故称蓝舌病。其属于一类动物疫病。

1. 病原

蓝舌病病毒属呼肠孤病毒科环状病毒属，呈球形，有囊膜，为双股 RNA 病毒。该病毒具有血凝素，能凝集绵羊血和人 O 型红细胞，血凝抑制试验具有型特异性。目前已发现有 24 个血清型，各型之间无交叉免疫力。该病毒对外界环境抵抗力很强，可耐干燥和腐败。70％酒精、3％甲醛溶液和 3％氢氧化钠溶液能很快将其灭活。

2. 流行病学

反刍动物均易感。病牛和其他带毒反刍动物是主要传染源，主要通过吸血昆虫——库蠓进行传播，也可通过交配或经胎盘垂直传播感染。该病多发生于库蠓存在较多的夏、秋季节，特别在池塘、河流较多的低洼地区发病较多。

3. 临床症状

牛感染后多数呈隐性经过，但在较差的饲养管理和环境条件下以及遇到强毒感染时，有些病牛可表现临床症状。潜伏期一般为3～8天，体温升高达42℃。病牛精神沉郁，食欲废绝。唇、舌、咽、胸部等水肿。口腔黏膜、齿龈、舌呈青紫色并出现烂斑。鼻孔内有脓稠黏液，干涸后变为痂块覆盖在鼻孔表面。随病情发展，可在溃疡损伤部渗出血液［见图10-29（左图）、图10-29（中图）］，唾液呈红色，口臭，吞咽困难。有的出现血样下痢。蹄部皮肤上有线状或带状紫红色血斑，趾间皮肤坏死，病牛跛行［见图10-29（右图）］。肋部、腹部、会阴、乳房皮肤有斑块状皮炎。怀孕母牛发生流产、死胎或犊牛呈先天性畸形和脑积水。公牛可出现暂时性不育。

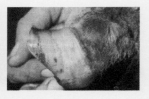

图 10-29　蓝舌病病牛临床症状

病牛面部无毛处皮肤充血（左图）；病牛吻突部和鼻周围充血、
出血和糜烂（中图）；病牛蹄部出血（右图）

4. 病理变化

皮肤有充血斑块或局限性皮炎块，蹄冠皮肤有暗紫色带。肌肉出血，肌纤维变性。口腔和舌部黏膜青紫、水肿和糜烂（见图10-30）。瘤胃黏膜有暗红色区和坏死灶。呼吸道、消化道和泌尿道黏膜及心肌、心内外膜有小出血点。脾肿大，被膜下出血。

5. 诊断

进行病毒分离及血清学检测可确诊。注意与口蹄疫、牛病毒性腹泻（黏膜病）、牛传染性鼻气管炎、水疱性口炎和牛瘟等相区别。

图 10-30 口腔和舌部黏膜发绀

6. 防制

（1）预防措施 引进牛只时要严格检疫，避免引入带毒牛。夏季应定期对牛药浴、驱虫，消灭库蠓，及时清理牛场的污水和粪便。在疫区可用弱毒疫苗和灭活疫苗进行免疫接种，可获得 1 年的免疫力。但对怀孕母牛不能使用弱毒疫苗，应使用灭活疫苗，以免影响胎牛。

（2）发病后措施 一旦发现疫情或检出阳性动物，应立即扑杀病牛和同群牛，对尸体做焚烧或深埋处理。对被其污染的环境或用具用 3% 氢氧化钠溶液等严格消毒。

十四、牛传染性鼻气管炎

牛传染性鼻气管炎又称"坏死性鼻炎"和"红鼻病"，是由牛传染性鼻气管炎病毒引起牛的一种急性、热性、接触性传染病。

1. 病原

牛传染性鼻气管炎病毒属于疱疹病毒科，又称牛疱疹病毒 1 型。该病毒为双股 RNA，有囊膜。该病毒只有一个血清型，对乙醚、氯仿和酸敏感，较耐碱，在 pH7 的溶液中很稳定。牛传染性鼻气管炎病毒对低温、冻干、冻融也极其稳定，但 63℃ 以上数秒内可被灭活，诸多消毒药也可将其灭活。

2. 流行病学

自然条件下该病仅感染牛，肉用牛比乳用牛易感；不同年龄和性别的牛均易感染，以 20～60 日龄的犊牛最易感染，有较高的病死率。该病主要的传染源是病牛和带毒牛，隐性感染的种公牛精液带毒，成为最危险的传染源。病愈牛可长期带毒，病毒主要存在与鼻、眼、阴道分泌物和排泄物中。该病常通过空气经呼吸道传染，交配亦可传染，病毒也能经胎盘侵入胎儿引发流产。饲养拥挤、饲养环境突变、饲养卫生条件差、长途运输、分娩以及应激因素等能够促进该病的发生和流行。该病多发于寒冷的秋、冬季节。

3. 临床症状

该病自然感染潜伏期一般为 4～6 天，可表现出多种临诊类型，且往往不同程度地同时存在，极少单独发生。

（1）鼻气管炎型　病畜初期高热，体温可达 42℃，精神沉郁，厌食，流泪，口流涎，鼻黏膜高度充血坏死、呈火红色而被称为"红鼻子"，鼻腔流出黏脓性分泌物（见图 10-31）。呼吸极度困难，呼出气体恶臭。母牛乳产量大减。一般经 10～14 天症状消失，重症病例数小时死亡。

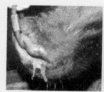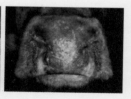

图 10-31 鼻气管炎型病牛临床症状

病牛鼻流出大量黏性分泌物（左图）；病牛鼻腔流出脓性分泌物，
口腔流涎（中图）；病牛有坏死性鼻炎，红鼻子病（右图）

（2）生殖器官感染型　母牛以传染性脓疱性阴道炎为主要特征，公牛以传染性龟头包皮炎为主要特征（见图 10-32）。

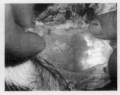 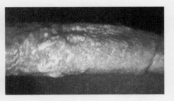

图 10-32 生殖器官感染型病牛临床症状

母牛脓疱性阴道炎（左图）；阴户黏膜严重充血，有溃疡（中图）；公牛龟头包皮炎（右图）

（3）角膜结膜炎型　多与上呼吸道炎症合并发生，病初眼睑水肿，眼结膜高度充血，流泪，角膜轻度浑浊，眼、鼻流脓性或浆性分泌物（见图 10-33）。重症病例眼结膜出现针头大灰黄色颗粒，致使眼睑黏着与眼结膜外翻。

 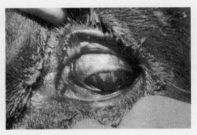

图 10-33 角膜结膜炎型病牛临床症状

流泪，结膜炎，鼻黏膜充血、出血、潮红（左图）；病牛眼睑浮肿，
眼结膜充血，严重者眼中有脓性分泌物（右图）

（4）流产型　一般认为病毒经呼吸道感染后，从血液循环进入胎膜，导致胎儿流产，流产胎儿全身出血，常见于初胎青年母牛怀孕期的任何阶段（见图 10-34）。

（5）脑膜炎型　多发生于犊牛，病牛病初体温升高达 41℃，张口呼吸，流涎，精神沉郁，共济失调，继而惊厥、兴奋、口吐白沫、角弓反张、磨牙、倒地、四肢划动，最终死亡（见图 10-35）。

图 10-34 流产型病牛临床症状

流产的胎儿全身出血（左图）；牛群 60% 以上怀孕母牛流产，

一般发生于怀孕 6 个月以后（右图）

图 10-35 脑膜炎型病牛临床症状

病牛出现张口呼吸及流涎等症状（左图）；部分牛四肢僵硬，

腿部疼痛而出现跛行或无法站立的情形（右图）

4. 病理变化

呼吸道病变表现在呼吸道黏膜高度发炎、溃疡，黏膜上覆有腥臭脓性黏液渗出物（见图 10-36、图 10-37）；肠表现卡他性炎症；脑膜脑炎的病灶呈非化脓性脑炎变化；流产胎儿肝、脾有局部坏死，有时皮肤有水肿；生殖道感染病例呈现宫颈黏膜和子宫内膜炎症。

5. 诊断

根据流行病学和典型病例的临床症状可初步诊断，确诊则需病原学检查。注意与牛流行热、牛病毒性腹泻（黏膜病）、蓝舌病和茨城病等病进行鉴别诊断。

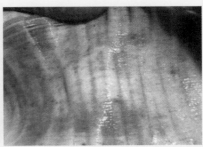

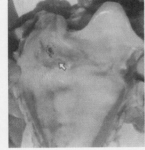

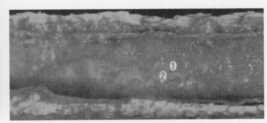

图 10-36　牛传染性鼻气管炎病牛病理变化（一）

局部溃疡性舌炎（上左图）；口腔腭出血（上右图）；
后期继发感染喉头黏膜溃疡（下左图）；坏死性支气管炎
支气管黏膜充血，并有黏液和假膜（下右图）

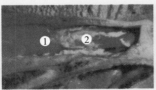

图 10-37　牛传染性鼻气管炎病牛病理变化（二）

病牛的鼻中隔黏膜充血、出血（①），坏死，表面附黏液（②）（左图）；
病牛坏死性气管炎和肺炎（中图）；气管黏膜出血，
喉头出血，有假膜（右图）

6. 防制

（1）预防措施　加强饲养管理，严格执行检疫制度，不从有病地区引进牛，确需引进时必须按照规定进行隔离观察和血清学试验，确定未被感染才可引进。发病后疫情尚未广泛蔓延时，要根据具体情况逐渐将病牛淘汰或进行扑杀，并做好无害化处理工作。当前，弱毒疫苗、灭活疫苗以及亚单位疫苗能够起到预防牛传染性鼻气管炎发生的效果。

（2）发病后措施

【处方1】 及时隔离病牛，采用抗生素治疗。成年牛可皮下或穴位注射干扰素20～30毫升，1次/天。继发感染时，应肌内注射100万单位链霉素、400万单位青霉素各2支，1次/天，连用3天。

【处方2】 马勃、升麻各18克，薄荷、桔梗、黄连各20克，黄芩、柴胡、连翘、玄参、甘草、牛蒡子各30克，板蓝根120克。上述方剂临床应用时需根据具体病情加减，鼻气管炎型病例加麻黄18克、葛根20克和荆芥穗30克；生殖器官型病例减去升麻、薄荷、桔梗，加扁蓄20克，红藤、土茯苓各30克，败酱草60克；角膜结膜炎型病例加桑白皮、蒲公英各30克，薏米仁90克；脑膜炎型病例加生石膏、代赭石各90克，生牡蛎240克；流产型病例减去升麻、薄荷、桔梗、黄连，加川芎20克，桃仁、红花、赤芍各30克，当归45克，熟地黄60克。将上述中药置于1.5升水中，水煎取汁500毫升，候温灌服给病牛。每天早晚各1次，连用3～5天。

第二节　细菌性传染病诊治

一、炭疽

炭疽是由炭疽杆菌引起的人及动物共患的急性、败血性传染病，常呈散发或地方性流行。临床特征是突然发生高热、可视黏膜发绀、天然孔出血、尸僵不全。剖检可见血液凝固不良、呈煤焦油样，脾脏显著肿大等。

1. 病原

炭疽杆菌属需氧芽孢杆菌属。革兰氏染色阳性，两端平直，在动物体内为单个、成双或 3～5 个菌体相连的短链，可形成芽孢。炭疽杆菌菌体对外界理化因素的抵抗力不强，但芽孢则有坚强的抵抗力，120℃需 5～10 分钟才能杀死全部芽孢。0.1% 升汞、0.5% 过氧乙酸等可在 5 分钟内将其杀死。炭疽芽孢对碘特别敏感，1∶25000 稀释的碘液 10 分钟即可杀死其芽孢。

2. 流行病学

各种家畜、野生动物对炭疽杆菌都有不同程度的易感性。其中以马、牛、绵羊、山羊及鹿的易感性最强。人对炭疽杆菌也很易感，其可经皮肤、消化道等途径侵入人体，发生相应的皮肤型炭疽、肠炭疽或肺炭疽。患炭疽病畜是该病的主要传染源，该病主要经消化道、皮肤伤口、呼吸道感染，其次是通过带有炭疽杆菌的吸血昆虫叮咬而感染。该病通常仅以散发形式出现。夏季炎热多雨，吸血昆虫增多，该病多发。潜伏期一般为 1～5 天。

3. 临床症状和病理变化

病牛体温升高至 42℃，表现为口腔、鼻腔流暗红色血液，兴奋不安，吼叫或顶撞人畜、物体，继之变为虚弱，食欲、反刍、泌乳减少或停止，呼吸困难，初便秘后腹泻带血，尿有时混有血液，瘤胃常有轻度膨气，孕牛多流产，一般 1～2 天死亡（见图 10-38）。病情较缓者在颈、咽、胸、腹下、肩胛或乳房等部皮肤、直肠或口腔黏膜发生炭疽痈。天然孔出血，脾肿大，内脏浆膜有出血斑点，皮下结缔组织胶样浸润，肺充血、水肿，心肌松软，心内外膜出血，全身淋巴结肿胀、出血、水肿等（见图 10-39）。为防止病原散播，造成新的疫源地，怀疑为炭疽病时应禁止剖检。

4. 诊断

细菌学检查和血清学检查，可做出确切诊断。

5. 防制

（1）预防措施

① 消毁病尸。屠宰厂应加强对屠宰牛只的检疫工作，屠宰厂和

动物医院发现炭疽病牛，应立即采取封锁、消毒、毁尸的坚决措施。

图 10-38　炭疽病病牛临床症状

病牛口腔、鼻腔流暗红色血液（左图）；从肛门流凝固不全暗红色血液（中图）；
病牛瘤胃臌气，天然孔流血（右图）

图 10-39　炭疽病病牛病理变化

脾肿大、质软，呈黑紫色（左图）；皮下结缔组织呈出血性胶样水肿（右图）

② 严格消毒。牛场应制订严格的消毒防病措施，场区及牛畜舍、饲养用具等每天应以 1% 聚维酮碘水溶液、0.5% 过氧乙酸水溶液等进行消毒。

③ 预防接种。第Ⅱ炭疽芽孢苗 1 毫升/头，颈部皮下注射，免疫期 1 年。

（2）发病后措施　患炭疽的动物一般不进行治疗，而销毁。发病较多的牛场，进行治疗时，必须在严格隔离条件下进行，所有与病牛接触的人员要加强个人防护，以防感染。

【处方 1】①苯唑西林钠 15～20 毫克/（千克体重·次），2～3 次/天，肌内注射，连用 5～7 天。②硫氰酸红霉素可溶性粉 5 毫克/（千克体重·次），3 次/天，全群混饮，连用 5～7 天。

【处方 2】 ①病初应用抗炭疽血清 50～120 毫升/（头·次），肌内或静脉注射，1 次/天，连用 3 天，必要情况下可增加用量或注射次数。②头孢曲松钠注射液 0.1 毫升/千克体重，肌内注射，1 次/天，连用 5～7 天。③阿莫西林可溶性粉 10～15 毫克/（千克体重·次），全群混饮，2 次/天，连续应用 5～7 天。

二、破伤风

破伤风（强直症）是由破伤风梭菌经伤口感染引起的急性、中毒性传染病。临床特征是畜体骨骼肌呈现持续性痉挛，对外界刺激的反射兴奋性增高。该病是人畜共患的传染病，发病后病死率很高。

1. 病原

破伤风梭菌为革兰氏阳性细长杆菌，无荚膜、有鞭毛、有芽孢，在厌氧条件下可产生破伤风痉挛毒素、溶血毒素和非痉挛毒素等毒性很强的外毒素。其中破伤风痉挛毒素引起该病特征性症状和刺激保护性抗体产生；溶血毒素能溶解红细胞，引起局部组织坏死；非痉挛毒素对神经末梢有麻痹作用。破伤风梭菌繁殖体对一般理化因素抵抗力不强，煮沸 5 分钟即可死亡，一般消毒药均能在短时间内将其杀死。但其芽孢具有很强的抵抗力，耐热，在土壤中可存活几十年，5% 来苏尔经 5 小时、3% 甲醛经 24 小时，方能将其芽孢杀死。

2. 流行病学

各种家畜均有易感性，其中单蹄兽最易感，猪、羊、牛次之，人也易感。破伤风的主要传播途径是土壤和粪便。动物感染最常见于各种创伤，如牛常因去势、断脐、去角、断尾、穿鼻或带鼻环、蹄底脓肿或打耳号等途径感染。该病没有季节性，但夏、秋雨水较多季节，发病较多。该病不能由病畜直接传染给无创伤的健畜，故常呈现零星散发。

3. 临床症状

该病潜伏期不定，短的为 1～3 天（幼畜），长的可达 40 天以上。牛常由于断脐、阉割而感染，一般是从头部肌肉开始痉挛，瞬膜外露、牙关紧闭、流涎、叫声尖哑、吞咽困难（见图 10-40、图 10-41）。应激性增高，如有声响或有人走近时肌肉痉挛加剧。病程长短不一，通常 1~2 周。

图 10-40　刺激后瞬膜明显露出（左图）和全身强直性痉挛（右图）

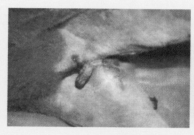

图 10-41　破伤风病牛临床症状

外阴囊部呈化脓性外伤（左图）；全身肌肉强直，四肢呈木马状的病牛（右图）

4. 诊断

取创伤分泌物或坏死组织进行革兰氏染色镜检，并进行细菌分离和鉴定

5. 防制

（1）预防措施　产房清扫和消毒，怀孕母牛才能进入产房。清除产房内可能与母牛和犊牛接触的锐利物品以避免外伤。在断脐带、去势时，必须做好局部和器械的消毒。破伤风明矾沉降类毒素 1 毫升/

头，颈部皮下注射，免疫期可达 1 年以上。

（2）发病后措施　该病必须早发现、早治疗才有治愈的希望。保持环境安静，减少各种刺激。保证充足的清洁饮水；不能采食者，用管给予流质食物；冬季尚应注意保暖。治疗时应采取加强护理、创伤处理和药物治疗等综合措施。

【处方 1】①清除创中异物、坏死组织等，以 3％双氧水或 1％高锰酸钾水冲洗，创内应撒青霉素粉。②苯唑西林钠 15～20 毫克/（千克体重·次），肌内注射，2～3 次/天，连用 5～7 天。③破伤风抗毒素 1.5 万～3 万单位/（头·次），肌内注射，1 次/天，连续应用至症状消失，早期使用疗效较好。

【处方 2】①清除创中异物、坏死组织等，以 3％双氧水或 1％高锰酸钾水冲洗，创内应撒青霉素粉。②破伤风抗毒素 5 万～15 万国际单位/（头·次），蛛网膜下腔注射。方法是在牛的背正中线的寰枕关节处剪毛消毒，下压头部，即可见有一小凹，以 12$^#$长针头缓慢刺入，当刺破硬膜时有刺破窗纸的感觉，然后徐徐将针头推入少许，针尖即达蛛网膜下腔，并有淡黄色脑脊液流出，放出脑脊液 10～30 毫升，然后注入破伤风抗毒素，一般 1 次即可治愈。重症者 3 天后可重复 1 次。③苯唑西林钠 15～20 毫克/（千克体重·次），肌内注射，2～3 次/天，连用 5～7 天。④葡萄糖生理盐水 500～2000 毫升、5％碳酸氢钠 100～150 毫升、25％硫酸镁 20～50 毫升/次，静脉注射，1～2 次/天，使用天数依情况而定。

三、恶性水肿

恶性水肿是由以腐败梭菌为主的多种梭菌引起的多种动物的一种经创伤感染的急性传染病。该病的特征是创伤局部发生急剧气性炎性水肿，并伴有发热和全身性毒血症。

1. 病原

其他梭菌如水肿梭菌（诺维氏梭菌）、魏氏梭菌即产气荚膜梭菌、溶组织梭菌等也参与致病作用。腐败梭菌为严格厌氧的革兰氏阳性菌。菌体粗大，两端钝圆，无荚膜，有周身鞭毛，能形成芽孢。在培养物中菌体单在或呈短链状（在诊断上有一定参考价值）。腐败梭菌的繁殖体抵抗力不强，常用的消毒剂和消毒方法很容易将其杀死；但其芽孢的抵抗力很强，在腐败的尸体内可存活 3 个月，在液体培养基中可耐煮沸 5～12 分钟，在干燥的肌肉内于室温下可存活多年，2% 石炭酸对其无作用。

2. 流行病学

该病多为散发。自然条件下，绵羊、马较多见，牛、猪、山羊也可发生，犬、猫不能自然感染，实验动物中的家兔、小鼠和豚鼠均易感。如食入多量芽孢，除绵羊和猪可感染外，对其他动物一般无致病作用。其传染主要是由于外伤，如去势、断尾、分娩、外科手术、各种注射等的消毒不严，污染该菌芽孢而引起感染，尤其是较深的创伤，造成缺氧更易发病。潜伏期一般为 12～72 小时。

3. 临床症状

病牛食欲不振，体温升高，局部发生气性炎性水肿，并迅速扩散蔓延，肿胀部坚实、灼热、疼痛，渐变无热痛，触之柔软（见图 10-42、图 10-43）。

图 10-42 恶性水肿病牛临床症状

病牛颜面肿胀（左图）；鼻孔流出血样鼻汁（中图）；头部感染后向颈部蔓延（右图）

4. 病理变化

肿胀部皮下及肌肉间的结缔组织中有酸臭的、含有气泡的淡黄色或红黄色液体浸润。肌肉松软似煮肉样，病变严重者呈暗红或暗褐色。胸、腹腔积有多量淡红色液体。肺脏严重淤血、水肿。心脏扩张，心肌柔软，呈灰红色。肝、肾淤血、变性。脾脏质地变软，从切面可刮下大量脾髓。如果经产道感染，剖检还可见子宫壁水肿、黏膜肿胀并覆以恶臭的糊状物。骨盆腔和乳房上淋巴结肿大，切面多汁，有出血。

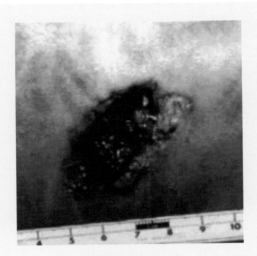

图 10-43　气性坏疽

5. 诊断

进行细菌分离鉴定或免疫荧光抗体试验可确诊。

6. 防制

（1）预防措施　在分娩、断脐带、去势时，必须做好局部和器械的消毒。当牛发生外伤时，要对外伤进行清理，然后撒青霉素，对预防该病的发生甚为有效。

（2）发病后措施

【处方1】①清除创中异物、坏死组织等，以3%双氧水或1%高锰酸钾水冲洗，创内应撒青霉素粉。②苯唑西林钠15～20毫克/（千克体重·次），肌内注射，2～3次/天，连用5～7天。③葡萄糖生理盐水1500～2500毫升、5%碳酸氢钠100～150毫升、复方康福那心注射液20毫升/次，静脉注射，1～2次/天，使用天数依情况而定。

【处方 2】①清除创中异物、坏死组织等，以 3％双氧水或 1％高锰酸钾水冲洗，创内应撒青霉素粉。②葡萄糖生理盐水 1000～2500 毫升、5％维生素 C 30～50 毫升、复方康福那心注射液 20 毫升/次，静脉注射，1～2 次/天，使用天数依情况而定。③氨苄西林 0.5～1.5 克、复方氨基比林注射液 5～10 毫升/次，肌内注射，2～3 次/天，连用 5～7 天。

四、大肠杆菌病

大肠杆菌是人畜肠道内的正常栖居菌，其中的某些致病菌株，可引起畜、禽，特别是幼畜、幼禽的急性、高度致死性传染病，使患病动物发生严重腹泻或败血症，导致患病动物生长停滞或死亡。

1. 病原

病原为某些血清型的致病性大肠杆菌，革兰氏染色阴性，与非致病性大肠杆菌在培养特性和生化反应等方面没有区别，但抗原构造不同。根据大肠杆菌 O 抗原、K 抗原和 H 抗原组合的不同，可将该菌分成不同的血清型。致病性大肠杆菌具有多种毒力因子，主要产生内毒素、外毒素（肠毒素）、大肠杆菌素等。该菌对外界环境因素抵抗力不强，50℃30 分钟、60℃15 分钟即可死亡，常用的消毒剂均可将其杀灭。

2. 流行病学

该病多发生于 10 日龄以内的犊牛。病牛和带菌牛是主要传染源，通过粪便排出病菌，污染水源、饲料、母牛的乳房及皮肤等。其主要经消化道传染，亦可经子宫内和脐带传染。一年四季均可发生，以冬春舍饲时多发。牛舍潮湿、寒冷、通风换气不足、气候突变、拥挤、场地污秽、出生后未食初乳、饲养用具及环境消毒不彻底等因素，均可促使该病发生。

3. 临床症状和病理变化

该病根据症状和病理变化可分为败血型和肠型二种。

败血型潜伏期很短，仅几个小时。病犊体温高达 40℃，精神沉郁，食欲减退或废绝，由肛门排出混有血块、血丝和泡沫的灰白色稀便，迅速脱水，经 1～2 天虚脱而死亡（见图 10-44）。胃肠黏膜呈现出血性炎症变化，肠系膜淋巴结充血、肿大。肠型体温变化不大，主要表现为腹泻和机体脱水，如不及时治疗常发生虚脱死亡。病牛小肠和盲肠浆膜有斑状出血（见图 10-45）。

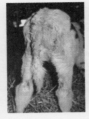

图 10-44 大肠杆菌病病牛临床症状

病牛精神不振、食欲废绝和腹泻（左图）；肛门附近和后腿附着
灰白色稀便（中图）；病牛的下痢粪便（右图）

图 10-45 2 日龄犊牛肠型大肠杆菌病病死牛小肠和盲肠浆膜斑状出血

4. 诊断

进行细菌学检查：败血型取内脏、血液组织，肠型为发炎的肠黏膜，直接涂片镜检。对分离培养出的大肠杆菌应进行血清型鉴定。

5. 防制

（1）预防措施　母牛进入产房前、进入产房时及临产时要进行彻底消毒。产前 3～5 天对母牛的乳房及腹部皮肤用 0.1% 高锰酸钾擦拭，哺乳前应再重复一次。有该病存在的牛场，在母牛产前 2～3 天应用大蒜素 5 克/（头·天），拌料内服，连续用至产后 7 天，可有效防止犊牛发生感染。犊牛出生后立即喂服地衣芽孢杆菌 2～5 克/次，3 次/天，或乳酸菌素片 6 粒/次，2 次/天，可获良好预防效果。

（2）发病后措施　犊牛大肠杆菌病以发病急、死亡快为特征，临床上必须采取综合治疗措施方能奏效。

【处方 1】①病犊牛以乳酸环丙沙星注射液 5 毫克/（千克体重·次），肌内注射，2 次/天。②病犊牛以硫酸黏菌素预混剂 5～10 毫克/（千克体重·次）（按硫酸黏菌素计），灌服，1～2 次/天，连用 3～5 天。③口服补液盐，打开大塑料袋，将两小袋药品同时放入 1000 毫升的温开水（30℃左右）中，完全溶解后，供病犊牛饮用。④母牛以白头翁散 200～250 克/（头·次）加红糖 100 克，1 次/天，灌服，连用 3～5 天。

【处方2】①母牛以白头翁散 200～250 克/（头·次）加红糖 100 克，1 次/天，灌服，连用 3～5 天。②病犊牛以硫酸黏菌素预混剂 5～15 毫克/（千克体重·次）（按硫酸黏菌素计），灌服，1～2 次/天，连用 3～5 天。③病犊牛以林格氏液 250～1500 毫升、庆大-小诺霉素注射液 0.5～1 毫升/千克体重、复方康福那心注射液 10～15 毫升、5% 维生素 C 8～10 毫升，静脉注射，1～2 次/天，连续应用 3～5 天。

五、沙门菌病

沙门菌病是由沙门菌属病菌引起的一种传染病。临床上以败血症、胃肠炎、肺炎和关节炎为特征。

1. 病原

沙门菌属的鼠伤寒沙门菌、都柏林沙门菌和纽波特沙门菌，为革兰氏染色阴性的短杆菌或球杆菌，可产生毒性较强的毒素。沙门菌血清型繁多，我国发现的血清型约有 200 个。沙门菌对干燥、腐败、日光等因素具有较强的抵抗力，在外界环境中可存数周或数月，但对化学消毒剂抵抗力不强，一般常用消毒剂和消毒方法均能将其杀灭。如3%石炭酸、0.1%升汞、3%来苏尔等，均可在15～20分钟将其杀死。阳光直射可迅速杀死沙门菌，加热75℃5分钟也可杀死沙门菌。

2. 流行病学

该病可发生于任何年龄的牛，但以10～40日龄的犊牛最易感。病牛和带菌牛是主要传染源。病牛排出的粪便污染饲料、饮水，主要经消化道传播。未吮初乳、乳汁不良、断奶过早，或过分拥挤、粪便堆积、长途运输、气候恶劣、寒冷潮湿、病毒和细菌感染、寄生虫侵袭等因素可促使该病的发生和传播。该病一年四季均可发生，但以春、冬季和多雨潮湿的秋季发生最多。

3. 临床症状和病理变化

（1）牛沙门菌病　病牛体温突然升高至40～41℃，精神萎靡，食欲废绝，呼吸困难，12～24小时后开始下痢，粪便带血、恶臭，含有纤维素絮片、黏膜。病牛可于发病后24小时内死亡，多数在3～5天内死亡。肠黏膜潮红、出血，大肠黏膜脱落，有局限性坏死区；脾脏肿大，呈暗红色，肠系膜淋巴结肿大、出血；心内外膜出血，腹膜出血，皱胃出血（见图10-46、图10-47）。

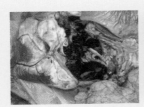

图 10-46 牛沙门菌病病牛病理变化（一）

心内外膜出血（左图）；腹膜有出血点（中图）；脾脏肿大、出血（右图）

（2）犊牛副伤寒　多于生后2～14天内发病，体温升高至40～41℃，精神不振，寒战，24小时后排出灰黄色液状稀便，混有黏液和血液。一般于症状出现后5～7天内死亡。病情缓和者，腕关节和跗关节可能肿大，有的可有支气管炎和肺炎症状。急性者心壁、腹膜、腺胃、小肠和膀胱黏膜有小出血点，脾脏肿大、出血，肠系膜淋巴结肿大、出血，胰腺坏死（见图10-48）。肝脏色泽变淡，肺常有肺炎区，关节损害时，腱鞘和关节腔含有胶样液体。

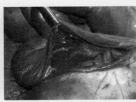

图 10-47 牛沙门菌病病理变化（二）

肠系膜出血、肠道出血（左图）；肠黏膜潮红、出血，
肠黏膜脱落（中图）；皱胃出血（右图）

4. 诊断

进行沙门菌的分离和鉴定。

5. 防制

（1）预防措施　认真搞好饲养管理和卫生工作，消除发病的应激因素。牛副伤寒氢氧化铝菌苗，1岁以下犊牛2毫升，1岁以上牛4毫升，肌内注射，10天后再以同样剂量免疫1次。

（2）发病后措施　牛沙门菌病治疗应用【处方1】、【处方2】；犊牛副伤寒治疗应用【处方3】、【处方4】。

【处方1】①乳酸环丙沙星注射液5毫克/（千克体重·次），肌内注射，2次/天。②白头翁散200～500克，加红糖100克，温开水拌匀，灌服，1次/天，连用3～5天。③将1份量口服补液盐放入1000毫升的温开水（30℃左右）中，完全溶解后，供病牛饮用。

【处方2】①白头翁散200～500克，加红糖100克，温开水拌匀，灌服，1次/天，连用3～5天。②硫酸安普霉素注射液20毫克/

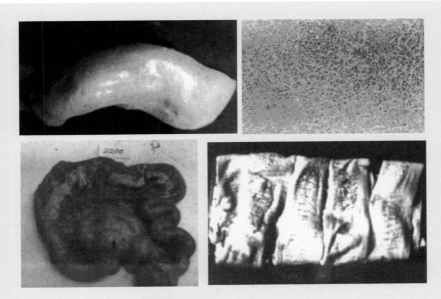

图 10-48 犊牛副伤寒病牛病理变化

脾脏肿大，如橡皮样（上左图）；脾局部坏死和肉芽肿（上右图）；

犊牛副伤寒卡他性肠炎（下左图）；

犊牛副伤寒卡他性肠炎和胰腺坏死（下右图）

（千克体重·次）（按硫酸安普霉素计），肌内注射，2 次/天，连续应用 3～5 天。③将 1 份量口服补液盐放入 1000 毫升的温开水（30℃左右）中，完全溶解后，供病牛饮用。④林格液 1000～2500 毫升、复方康福那心注射液 20 毫升、5％维生素 C 30～50 毫升，静脉注射，1～2 次/天，连续应用 3～5 天。

【处方 3】①林格液 250～1000 毫升、庆大-小诺霉素注射液 0.5～1 毫升/千克体重、复方康福那心注射液 5～10 毫升、5％维生素 C 4～10 毫升，静脉注射，1～2 次/天，连续应用 3～5 天。②硫酸黏菌素预混剂 5～15 毫克/（千克体重·次）（按硫酸黏菌素计），灌服，1～2 次/天，连用 3～5 天。③将 1 份量口服补液盐放入 1000 毫升的温开水（30℃左右）中，完全溶解后，供犊牛饮用。

【处方 4】①林格液 250～1000 毫升、乳酸环丙沙星注射液 5 毫克/(千克体重·次)、复方康福那心注射液 5～10 毫升、5％维生素 C 4～10 毫升，静脉注射，1～2 次/天，连续应用 3～5 天。②犊牛以硫酸新霉素预混剂 100～150 克/次，温水调灌服，1～2 次/天，连用 3～5 天。③将 1 份量口服补液盐放入 1000 毫升的温开水（30℃左右）中，完全溶解后，供犊牛饮用。

六、巴氏杆菌病

巴氏杆菌病又称出血性败血症，是由多杀性巴氏杆菌引起的传染性疾病。

1. 病原

多杀性巴氏杆菌革兰氏染色呈阴性，是一个两端钝圆、中央微凸的短杆菌。血或脏器涂片，瑞氏、吉姆萨或亚甲蓝染色，具有两极浓染的特征。多杀性巴氏杆菌的抵抗力不强，在阳光直射下经 10～15 分钟死亡，在粪便中 14 天死亡，如果堆积发酵则 2 天即可死亡，60℃加热 1 分钟死亡。常用消毒剂都可在数分钟内将其杀死。

2. 流行病学

该菌常存在于健康牛的上呼吸道，此时牛呈健康带菌状态，当由于饲养管理不当、营养不良、饲养密度过大、长途运输、过度疲劳、卫生状况不良等因素引起机体抵抗力下降时，细菌在体内大量繁殖而致病，病牛成为传染源。病原主要通过病牛分泌物、排泄物排出体外，主要通过被污染的饲料和饮水经消化道传染，其次通过飞沫经呼吸道传染，偶尔可经损伤的皮肤黏膜或吸血昆虫的叮咬而传播。该病的发生无明显的季节性，但以冷热交替、闷热潮湿的多雨季节发生较多，常呈地方性流行。

3. 临床症状和病理变化

潜伏期为 2～5 天，根据病情可分为败血型、浮肿型和肺炎型。

（1）败血型　体温升高达 41～42℃，食欲废绝，病牛表现腹痛，开始下痢，粪便初为粥状，后呈液状，混有黏液、黏膜片、有恶臭，鼻孔内流出浆液性鼻液，常带有血丝。体温随之下降，迅速死亡，病程多为12～24小时[见图10-49（左图）]。因败血型死亡的，呈一般败血症变化，内脏器官充血，在黏膜、浆膜及肺、舌、皮下组织和肌肉，都有出血点[见图10-49（中图）、图10-49（右图）]。脾脏无变化和有小点状出血，肝脏和肾脏实质变性，胆囊肿大，淋巴结显著水肿，胸腹腔内有大量渗出液（见图10-50）。

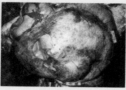

图 10-49 败血型病牛临床症状和病理变化
突然发病之后，死亡前的病牛（左图）；胃浆膜和腹膜广泛性点状出血
（中图）；肠浆膜严重充血、出血（右图）

图 10-50 肝脏和胆囊肿大（左图）及肝脏的实质性变性（右图）

（2）浮肿型　病牛在颈部、咽部及胸前皮下出现炎性水肿，发热，舌根部肿胀，呼吸困难，头颈伸直，舌呈暗红色伸出口外，流涎，鼻有黏性鼻液，有时混有血液（见图10-51）。初便秘后腹泻，食欲减退或废绝，往往因窒息而死，病程24～36小时。在颈部、咽部皮下有浆液性浸润，咽淋巴结、颈前淋巴结高度肿胀，上呼吸道黏膜潮红。肺有不同程度的肝变区，周围常伴有水肿和气肿，胸膜常有纤维素附着物与肺发生粘连。

（3）肺炎型　呈纤维素性胸膜肺炎症状，鼻孔不时流出黏性或脓性分泌物，胸部触诊有痛感。病牛精神不振，食欲较差，时有腹泻，进行性消瘦，终因衰竭而亡，病程3～7天。肺有不同程度的肝变区，周围常伴有水肿和气肿，胸膜常有纤维素附着物与肺发生粘连（见图10-52、图10-53）。

图 10-51 浮肿型病牛临床症状

病牛流涎、下颌部和颈部急性炎性水肿（左图）；下颌下腺急性炎性水肿（右图）

图 10-52 肺炎型病牛病理变化（一）

肺脏充血、水肿，大叶性纤维性肺炎（左图）；肺切面似大理石样外观，为灶状肝变区，肝变的部分由不同色彩的病灶组成，即暗红色、灰红色、灰白色（右图）

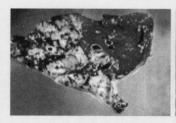

图 10-53 肺炎型病牛病理变化（二）

肺切面，左侧为红色肝变区，右侧为灰色肝变区（暗黑色），切面干燥（左图）；
尖叶、心叶大部分为充血水肿期，呈暗红色，小叶间增宽，膈叶呈灰红色，
小叶间亦增宽，并有散在的局灶状肝变区（右图）

4. 诊断

病料涂片镜检、细菌分离培养和动物试验可确诊。

5. 防制

（1）预防措施　认真搞好饲养管理和卫生工作，消除发病的应激因素，以增强牛的抗病能力。场区及牛舍、饲养用具等每天应以1%聚维酮碘水溶液、0.5%过氧乙酸水溶液等进行消毒。免疫接种。牛出血性败血症氢氧化铝胶菌苗，100千克以下的牛4毫升/头，100千克以上的牛6毫升/头，皮下或肌内注射，每年春、秋两季各免疫1次，免疫期半年。

（2）发病后措施

【处方1】①5%乳酸环丙沙星注射液5毫克/（千克体重·次），肌内注射，2次/天，连用3～5天。②全群以阿莫西林可溶性粉5～10毫克/千克体重，混饮，1次/天，连用3～5天。③清肺止咳散250～400克/头，温开水拌匀，灌服，1次/天，连用3～5天。

【处方2】①头孢噻呋钠粉针0.1毫升/千克体重，注射用水稀释，肌内注射，2次/天，连用3～5天。②全群以清肺止咳散250克/头，拌料混饲，1次/天，连用3～5天。③全群以阿莫西林可溶性粉5～10毫克/千克体重，混饮，1次/天，连用3～5天。

【处方3】①头孢噻呋钠粉针0.1毫升/千克体重，注射用水20毫升，肌内注射，2次/天，连用3～5天。②葡萄糖生理盐水500～2500毫升、复方康福那心注射液10～20毫升、5%维生素C 30～50毫升、地塞米松15毫克/头，静脉注射，1～2次/天，连续应用3～5天。③全群以清肺止咳散100克/头，拌料混饲，1次/天，连用3～5天。

七、牛产气荚膜梭菌肠毒血症

产气荚膜梭菌原称魏氏梭菌，是一种重要的人畜共患病原菌。产气荚膜梭菌是引起各种动物坏死性肠炎、肠毒血症、人类的食物中毒以及创伤性气性坏疽的主要病原菌之一。产气荚膜梭菌病主要是由产气荚膜梭菌引起的条件性、高度致死性传染病，各类家畜均有发病，尤以牛的发病最多，该病的发生可给养牛业的发展造成严重威胁。

1. 病原

产气荚膜梭菌属于厌氧芽孢杆菌属。该菌是一种条件性致病菌，广泛分布于自然界，可见于土壤、污水、饲料、食物和粪便中，遍布世界各地。迄今为止已发现产气荚膜梭菌能够产生十余种外毒素，但起致病作用的毒素主要有四种（α、β、ε、ι）。

2. 流行病学

产气荚膜梭菌能使不同年龄、不同品种的牛（包括黄牛、奶牛、水牛等）发病，主要呈零星散发或区域性流行，一般可波及几个至十几个乡镇或牛场。该病一年四季均有发生，但春末、秋初及气候突然变化时发病率明显升高。耕牛以 4～6 月发病较多，奶牛、犊牛以 4～5 月、10 月～次年 1 月发病较多，牦牛以 7～8 月发病较多。病程长短不一，短则数分钟至数小时，长则 3～4 天或更长。发病时有的集中在同圈或毗邻舍，有的呈跳跃式发生；发病间隔时间长短不一，有的间隔几天、十几天，有的间隔几个月。近年国内各地发生的产气荚膜梭菌病虽以 A、D 型产气荚膜梭菌为主要病原菌，但 B、C、E 型产气荚膜梭菌也都是病原菌之一。

3. 临床症状和病理变化

牛产气荚膜梭菌肠毒血症多呈急性或最急性。犊牛出生后精神、食欲尚好，发病突然，多发生于生后 2～10 日龄的犊牛，其特征是腹部膨胀、脱水和排出红色黏性粪便；病程短，死亡快。最急性病例，未见任何症状，即出现猝死。急性病例，精神沉郁，不吃奶，皮温不稳，耳、鼻、四肢末端发凉，口腔黏膜渐由红变暗红至紫色，有腹痛症状，仰头蹬腿，后肢踢腹，腹部膨胀，腹泻，排出暗红色、恶臭粪便，呼吸促迫，体温 39.5～40.0℃。病的后期，高度衰弱，卧地不起，虚脱而死亡，也有见神经症状，表现为头颈弯曲、磨牙、吼叫，发生痉挛而死亡。剖检可见严重的小肠炎。部分小肠有伪膜覆盖、黏膜坏死和带血的稀薄液状内容物。肠系膜淋巴结肿胀，浆膜下和黏膜出血。肠、心、肺浆膜面和胸腺上有大小不等的出血点。肺充血、水肿。心包内含有大量液体。肠系膜淋巴结肿胀并有出血。脾脏肿大。肝脏质软、出血。肺脏间质增宽水肿（见图 10-54～图 10-56）。

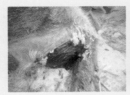

图 10-54 牛产气荚膜梭菌肠毒血症病牛病理变化

肛门外翻，黏膜出血，沾有血凝块（左图）；心肌出血（中图）；脾脏肿大（右图）

图 10-55 肝脏褪色并散在充血斑（左图）和小肠严重出血（右图）

图 10-56 小肠浆膜弥漫性出血（左图）和肺脏间质增宽水肿（右图）

4. 诊断

细菌学检查，取死亡犊牛小肠内容物、肝脏涂片，镜检，培养、

分离鉴定。注意与大肠杆菌病鉴别。

5. 防制

（1）预防措施　该病的发病率低，但死亡率高，一旦发生，往往来不及治疗即死亡，因此采取综合防制措施，显得尤为重要。预防主要以提高动物的抵抗力、改善饲养环境为目标。

（2）发病后措施　由于该病常呈急性散发，目前尚无有效的治疗措施，一般遵循强心补液、解毒、镇静、调理肠胃的原则，进行对症治疗。给予强心剂、肠道消毒药、抗生素等药物，如青霉素、四环素、安痛定、甘露醇等；采用同型的高免血清治疗，对症加减，也可收到一定的效果。中药治疗法，采用能增加胃肠蠕动、清热解毒、凉血止痢、阻止瘟疫热毒进入机体的中药，如黄芩黄连解毒汤加减，煎水灌服，2 次/天，连用 3～5 天，可收到良好的效果。另有研究结果发现，服用益生菌对该病也可以起到一定的防治作用。

八、布鲁氏菌病

布鲁氏菌病是由布鲁氏菌引起的人畜共患传染病。在家畜中，牛、羊、猪最常发生，且可传染给人和其他家畜。特征是生殖器官和胎膜发炎，引起流产、不育和某些组织的局部病灶。

1. 病原

布鲁氏菌属于布鲁氏菌属（有六种，即牛型、羊型、猪型、绵羊型、犬型和沙林鼠型，在我国发现的主要是前三种），为细小球杆菌，一般不形成荚膜，无芽孢，无鞭毛，不运动，革兰氏染色阴性，需氧。该菌对自然环境因素的抵抗力较强，在阳光直射下可存活 4 小时。对湿热和消毒剂的抵抗力不强，煮沸立即死亡，2% 石炭酸、3% 来苏尔，可于 1 小时内杀死该菌；0.3% 洗必泰或 0.01% 杜灭芬、消毒净、新洁尔灭，5 分钟内即可杀死该菌。

2. 流行病学

易感动物主要是羊、牛、猪。病牛为主要传染源，流产的胎儿、胎衣、羊水、子宫阴道分泌物及乳汁、公牛的精液中均有病原菌。该病主要通过被细菌污染的饲料、饮水及牛奶而传染，也可由于病菌通过交配、口鼻黏膜、眼结膜和破损的皮肤进入牛体而传染，吸血昆虫也可传播该病。该病常呈地方性流行，感染的牛常终身带菌，新疫区往往可使大批妊娠母牛流产，老疫区则妊娠牛流产逐渐减少，但关节炎、子宫内膜炎、胎衣不下、屡配不孕、睾丸炎等增多。犊牛有抵抗力，初产牛易感，母牛比公牛易感。

3. 临床症状

显著特征是流产，在怀孕期的任何时间均可发生流产，但多发生在第 6～8 个月，流产后常表现胎衣不下，阴门流出棕红色、有恶臭分泌物，流产胎儿水肿、有出血斑、关节腔积液（见图 10-57、图 10-58）。公牛常发生睾丸炎和附睾炎（见图 10-59），行走困难，拱背，食欲减少，消瘦。

图 10-57　布鲁氏菌病病牛临床症状（一）

母牛流产，产出发育比较完全的死胎（左图）；母牛流产，产出发育不完全的胎儿，
全身肿胀，有出血斑（中图）；流产胎儿后肢水肿（右图）

图 10-58　布鲁氏菌病病牛临床症状（二）

病牛流产胎儿关节腔积液（左图）；流产的母牛从阴道排出污灰色或
棕红色有恶臭的分泌物（右图）

图 10-59　公牛常发生睾丸炎（左图）和附睾炎（右图）

4. 病理变化

流产胎衣水肿增厚，呈黄色胶冻样浸润，有些部位表面覆有纤维蛋白絮片和脓液。绒毛叶部分或全部贫血呈苍白色，有出血点和灰色、黄绿色不洁渗出物，并覆盖有坏死组织。胎儿皮下结缔组织发生血样浆液性浸润，皱胃中有淡黄色或白色黏液絮状物，胃肠和膀胱的浆膜下可能有点状或线状出血。胸腹腔有多量微红色积液，肝、脾和淋巴结肿胀，并散在炎性坏死灶。脐带常呈浆液性浸润，肥厚。公牛睾丸和附睾有炎性坏死灶和化脓灶，精囊内可能有出血点和坏死灶。布鲁氏菌病死亡的初生犊牛，呈败血症变化，肺暗红色淤血水肿，有小出血灶，肝肿大淤血，有小坏死灶，心包积液（见图 10-60、图 10-61）。

5. 诊断

进行细菌分离鉴定和血清学检验可确诊。

6. 防制

（1）预防措施　牛场应制订严格的消毒防病措施，场区及牛畜舍、饲养用具等每天应以 0.3% 洗必泰或 0.01% 百毒杀、消毒净等进行消毒。疫区牛场用凝集反应或荧光抗体技术进行定期普遍检疫，检出的阳性牛和可疑牛，均应隔离，肥育后淘汰屠宰。免疫接种。布鲁氏菌猪型 5 号冻干苗，按瓶签注明的免疫头数，用生理盐水稀释成每头份 1～2 毫升（125 亿～250 亿活菌），皮下注射，免疫期为 1 年。

图 10-60 布鲁氏菌病病牛病理变化（一）

公牛睾丸切面的炎性坏死病灶（左图）；布鲁氏菌病死亡初生的犊牛，呈败血症变化，肺暗红色淤血水肿，有小出血灶，肝肿大淤血，有小坏死灶，心包积液（右图）

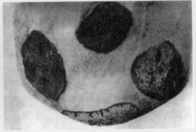

图 10-61 布鲁氏菌病病牛病理变化（二）

牛胎儿肝脏的炎性坏死灶（左图）；绒毛叶上的纤维性脓性渗出物，部分绒毛贫血并被浸润，绒毛膜下水肿（右图）

（2）治疗措施　布鲁氏菌病是慢性传染病，牛群一旦被感染，可长期带菌，当牛群更新时，带菌牛又可传染给健康牛，引起再度暴发流行。布鲁氏菌是兼性细胞内寄生菌，因此化疗药物不易生效。故各养殖场对病牛和血清学反应阳性牛均不进行治疗，而采取严格隔离肥育后淘汰、以除后患的果断措施。

九、李氏杆菌病

李氏杆菌病是由单核细胞增生性李氏杆菌引起的人和动物共患传染病。人和家畜主要表现为脑膜脑炎、败血症和流产。

1. 病原

单核细胞增生性李氏杆菌为革兰氏阳性小杆菌，在抹片中或单个分散，或两个排成"V"形，或相互并列。该菌对食盐和热的耐受性强，在20％的食盐中能经久不死，在土壤、粪便中能长期存活。该菌对消毒液的抵抗力不强，2.5％石炭酸、2.5％氢氧化钠、2％福尔马林20分钟均可杀死该菌。

2. 流行病学

患病和带菌动物是该病的传染源。许多野兽、野禽、啮齿动物尤其是鼠类都是易感动物，且常为该菌的贮存宿主。患病动物的粪尿、乳汁、精液以及眼、鼻、生殖道的分泌物都曾分离到该菌。饮水和饲料可能是主要的传播媒介。该病为散发性，偶呈现地方性流行，但不广泛传播，发病率只有百分之几，但致死率很高。

3. 临床症状

潜伏期为2～3周，病初体温升高1～2℃，不久降至常温。原发性败血症主要见于犊牛，表现精神沉郁、呆立、流涎、流鼻涕、流泪，不听驱使，意识障碍，运动失调，作转圈运动。继之卧地，呈昏迷状态，常一侧卧，强行翻身后，又很快自行翻转过来，直至死亡[见图10-62（左图）]。病程短者2～3天，长者1～2周或更长。成年牛症状不明显，妊娠母牛常发生流产[见图10-62（右图）]。牛和奶牛常突发脑炎，与黄牛相似，但病程较短，死亡率较高。表现吞咽障碍，舌神经与舌下神经麻痹。由于面部神经功能障碍，使泪腺分泌受阻以致角膜干燥或者损伤可引起暴露性角膜炎和左耳朵下垂（见图10-63）。

4. 病理变化

有神经症状的病牛，脑膜和脑可能充血、发炎或水肿（见图10-64），脑脊髓液增加，稍混浊，有很多细胞。肝脏可能有小炎灶和小坏死灶。败血症的犊牛可见灶性肝坏死，明显的出血性胃炎变化以及小肠炎症。流产母牛可见子宫内膜充血，以至广泛坏死，胎盘子叶常见出血和坏死。

图 10-62 严重斜颈倒地不起的病牛（左图）和怀孕母牛发生流产（右图）

图 10-63 李氏杆菌病病牛临床症状

局部麻痹引起的左耳朵下垂的病牛（左图）；舌麻痹而引起的流涎，脱水而引起的
眼窝凹陷的病牛（中图）；眼睑麻痹肿胀而引起的角膜炎病牛（右图）

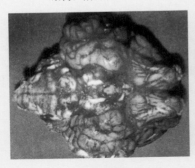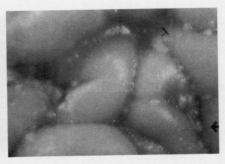

图 10-64 大脑充血、出血（左图）和大脑水肿（右图）

5. 诊断

确诊进行细菌学检查、荧光抗体染色等。

6. 防制

（1）预防措施 牛场应定期以物理或化学方法进行灭鼠，并以杀虫剂定期杀灭牛体表寄生虫。饲养管理、动物医学人员应注意自身防护，以防感染发病。

（2）发病后措施 一旦发病，应及时隔离治疗。抗生素中的链霉素、青霉素及庆大霉素，磺胺类中的磺胺嘧啶钠、磺胺甲基嘧啶等均有较好的疗效。

【处方1】①5%庆大-小诺霉素注射液0.1毫升/千克体重，肌内注射，2次/天，连续应用3～5天。②葡萄糖生理盐水250～1000毫升、氨苄西林7毫克/千克体重、盐酸氯丙嗪0.6毫克/千克体重，静脉注射，1～2次/天，连用3～5天。③全群以阿莫西林可溶性粉5～10毫克/千克体重，混饮，1次/天，连用3～5天。

【处方2】①全群以阿莫西林可溶性粉5～10毫克/千克体重，混饮，1次/天，连用3～5天。②乳酸环丙沙星注射液，肌内注射，2.5毫克/千克体重，2次/天。③葡萄糖生理盐水250～1000毫升、盐酸氯丙嗪0.6毫克/千克体重、磺胺间甲氧嘧啶钠注射液首次量100毫克/（千克体重·次）、地塞米松15毫克/头，磺胺间甲氧嘧啶钠注射液维持量50毫克/（千克体重·次），2次/天，静脉注射，连用3～5天。

十、链球菌病

牛链球菌病是由数种致病性链球菌引起牛的多种疾病（链球菌乳腺炎、链球菌肺炎、犊牛链球菌病）的总称。

1. 病原

链球菌属于链球菌属，有牛链球菌、马链球菌兽疫亚种（旧称兽疫链球菌）和类牛链球菌等。近年来由牛链球菌2型所引起的牛败血性链球菌病比较常见。其为革兰氏阳性、球形或卵圆形细菌，不形成芽孢，亦无鞭毛，有的可形成荚膜，呈长短不一的链状排列，需氧或兼性厌氧。在培养基中加入血液、血清及腹水等可促进其生长，37℃培养24小时，形成无色露珠状细小菌落。该菌对外界环境的抵抗力不强，70℃1小时、86℃15分钟可将其杀死，煮沸则立即死亡。

0.1%升汞、5%石炭酸、2%甲醛，10分钟即可杀死该菌；1：2000洗必泰、1：10000杜灭芬、消毒净在5分钟内可将其杀死。

2. 流行病学

病牛和病愈带菌牛是该病的主要传染源。病原存在于病牛的各实质器官、血液、肌肉、关节和分泌物及排泄物中。病死牛的内脏和废弃物是造成该病发生的重要因素。该病主要经呼吸道、消化道和损伤的皮肤感染。牛、马属动物、绵羊、山羊、鸡、兔、水貂以及鱼等均有易感染性。牛不分年龄、品种和性别均易感。牛链球菌2型可感染人并致死。该病一年四季均可发生，但以5~11月较多发。该病呈地方流行性，但在新疫区呈暴发流行，发病率和死亡率很高。在老疫区多呈散发，发病率和死亡率均较低。

3. 临床症状和病理变化

（1）链球菌乳腺炎　链球菌乳腺炎可分为急性型和慢性型两种，可表现为浆液性或化脓性乳腺炎。急性型乳腺炎表现乳房明显肿胀、坚硬、发热、疼痛，全身不适，体温稍高，食欲减退，产奶量减少或停止，乳房肿胀严重时行走困难，病牛常侧卧、呻吟、后肢伸直。最初乳汁呈淡黄色或微红色，继之出现微细的凝乳块至絮片。慢性型乳腺炎多为原发性，也有从急性型转变而来，临床症状不明显。表现产奶量逐渐下降，乳汁带有咸味，有时呈淡蓝色水样，间断地排出凝乳块和絮片。乳房有大小不同的灶性或弥漫性硬肿。

（2）链球菌肺炎　是由肺炎链球菌引起的一种急性、败血性传染病，多发生于犊牛。传染源为病牛和带菌牛，3周以内的犊牛最易感，主要经呼吸道感染，呈散发或地方性流行。病初不食或少食，呼吸极度困难，结膜发绀，心脏衰竭。很快出现神经症状，四肢抽搐、共济失调，常于几小时内死亡。病程长的，鼻镜潮红，鼻流脓涕，结膜发炎，消化不良并伴有腹泻，很快呈现支气管肺炎症状，呼吸困难、咳嗽、共济失调。病理变化见胸腔积液，脾脏充血增生、质韧如橡皮样，即所谓"橡皮脾"，是该病特征。

（3）犊牛链球菌病　多由脐带感染而引起的犊牛急性败血症。犊牛出生后不久即出现眼炎，很快呈败血症状，知觉过敏，四肢关节发

硬、发热。

4. 诊断

确诊需进行细菌学检查。

5. 防制

（1）预防措施　牛场应制订严格的消毒防病措施，场区及牛畜舍、饲养用具等每天应以 0.5％洗必泰、0.01％杜灭芬、1％复合酚等进行喷洒消毒。注意接生断脐、断尾、阉割、注射等手术的消毒，防止感染。

（2）发病后措施　链球菌乳腺炎的治疗详见产科病。

【处方1】①乳酸环丙沙星注射液 5 毫克/（千克体重·次），肌内注射，2 次/天，连用 3～5 天。②全群以阿莫西林可溶性粉 5～10 毫克/千克体重，混饮，1 次/天，连用 3～5 天。③复方康福那心注射液 5～10 毫升/（头·次），肌内注射，2 次/天，连用 3～5 天。

【处方2】①磺胺甲噁唑注射液首次量 100 毫克/（千克体重·次）［维持量 50 毫克/（千克体重·次）］、5％碳酸氢钠 30～50 毫升、葡萄糖生理盐水 500～1500 毫升、柴胡注射液 5～20 毫升，静脉注射，2 次/天，连用 3～5 天。②硫氰酸红霉素可溶性粉 5 毫克/（千克体重·次），全群混饮，2 次/天，连续应用 3～5 天。

【处方3】①头孢噻呋钠粉针 0.1 毫升/千克体重，注射用水稀释，肌内注射，2 次/天，连用 3～5 天。②阿莫西林可溶性粉 10～15 毫克/（千克体重·次），2 次/天，全群混饮，连续应用 3～5 天。③复方康福那心注射液 5～10 毫升、葡萄糖生理盐水 500～1500 毫升、40％乌洛托品 10～25 毫升/（头·次），静脉注射，1～2 次/天，连用 3～5 天。

十一、坏死杆菌病

坏死杆菌病是由坏死梭杆菌引起的各种动物的一种慢性传染病。临床上表现为皮肤、皮下组织和消化道黏膜坏死，有时在内脏形成转移性坏死灶。

1. 病因

坏死梭杆菌为严格厌氧菌，无鞭毛，不能运动，不形成芽孢和荚膜。其对温热的抵抗力不强，加热到100℃1分钟可杀死该菌，0.1%高锰酸钾、2%氢氧化钠、1%甲醛、5%来苏尔或4%醋酸在15分钟内都可杀死该菌。

2. 流行病学

病畜和带菌动物是该病的传染源。坏死梭杆菌主要经损伤的皮肤、黏膜侵入而造成感染，经血流而散播，形成新的坏死病灶。新生幼畜也可经脐带而侵入，在肝内形成脓疡。该病多发生于炎热、多雨季节，一般呈散发性，偶尔呈现地方性流行，潜伏期常为1～3天。

3. 临床症状和病理变化

根据发病部位的不同，而有不同的病名和表现。

（1）腐蹄病　多见于成年牛。病初跛行，蹄部肿胀或溃烂，流出恶臭的脓汁。如果病变向深处扩展，则可波及腱、韧带、关节和滑液囊，严重时可出现蹄壳脱落（见图10-65）。重症者有发热、厌食、反刍停止等全身症状，进而发生脓毒败血症而死亡。

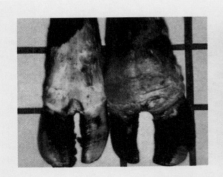

图 10-65　腐蹄病病牛临床症状
蹄冠、蹄间形成蜂窝质炎，形成脓肿（左图）；严重者蹄壳脱落（右图）

（2）坏死性口炎　多发生于犊牛。体温升高，流涎，齿龈、舌、上颌、颊及咽黏膜出现溃疡，覆有粗糙的灰白色伪膜，伪膜下有淡黄色的化脓性坏死灶。发生在咽喉者有颌下水肿、呕吐，不能吞咽及严重的呼吸困难。病变有时蔓延至肺部，引起致死性支气管炎或在肺、肝和脾形成坏死性病灶，常导致病牛死亡，病程5～20天（见图10-66、图10-67）。

4. 防制

（1）预防措施　对牛场、牛舍每天应进行清扫和定期消毒，清除牛舍中的尖锐物体，尤其是栏架上的毛刺，以防牛发生外伤和感染。饲草应铡短，不喂给尖锐坚硬的饲料。补充矿物质和维生素，提高牛的抗病能力。

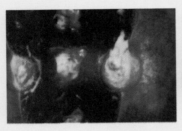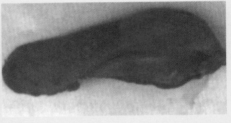

图 10-66　坏死性口炎病牛临床症状（一）

肺部有坏死灶（左图）；牛坏死杆菌感染，舌坏死溃疡（右图）

图 10-67　坏死性口炎病牛临床症状（二）

肝坏死杆菌病，其中肝表面有大小不一的凝固性坏死灶，肝切面有较大的脓性坏死灶（左图）；脾坏死杆菌病，切面灰白色圆形病灶，由坏死杆菌引起的化脓性坏死灶（中图）；舌坏死杆菌病，舌坏死溃疡（右图）

（2）发病后措施　治疗方法很多，但收效较慢，需时较长，应当有耐心。

【处方1】 ①用0.1%高锰酸钾冲洗口腔，口腔创面涂布碘甘油，1～2次/天，直至痊愈。②阿莫西林可溶性粉（按阿莫西林计）10毫克/千克体重，混饮，1次/天，连用5～7天。

【处方2】 ①乳酸环丙沙星注射液5毫克/（千克体重·次），肌内注射，2次/天，连用5～7天。②用0.1%高锰酸钾冲洗病蹄，清除局部坏死组织，涂布适量紫草膏，1次/天，直至痊愈。③阿莫西林可溶性粉（按阿莫西林计）10毫克/千克体重，混饮，1次/天，连用5～7天。

十二、放线菌病

牛放线菌病是由放线菌引起的非接触性、慢性传染病。主要特征是在头、下颌、颈、乳房部位呈现特异性肉芽肿和慢性化脓灶。

1. 病原

病原主要有牛放线菌、伊氏放线菌和林氏放线菌等。这些细菌的抵抗力不强，易被普通浓度的常用消毒剂所杀死。

2. 流行病学

放线菌病的病原体广泛存在于被污染的土壤、饲料和饮水中，或寄居于牛的口腔和上呼吸道中。牛常因被饲喂含有病原菌的带刺的饲草如硬干草、大麦穗等，刺破口腔黏膜而感染发病，偶尔也可发生于换牙时。该病主要侵害2～5岁牛，多为散发，偶尔可呈地方性流行。

3. 临床症状

病牛上、下颌骨肿大，界限明显，肿胀进展缓慢，一般经过6～18个月才出现一个小而坚实的硬块[见图10-68（左图）]。有时肿胀发展很快，牵连整个头骨。肿胀部位初期疼痛，后期无痛觉。病牛呼吸、吞咽和咀嚼均感困难，很快消瘦，有时皮肤化脓破溃，脓汁流出，形成瘘管，长久不愈[见图10-68（右图）]。颌间软组织及颌下淋巴结肿大、变硬并破溃，当头、颈、颌间软组织被侵害时，发生无痛无热的硬肿块（见图10-69）。舌和咽部组织侵害时，舌呈弥漫性肿胀、变硬，充满口腔，称为"木舌病"，病牛流涎，咀嚼困难，周围淋巴结肿大形成脓肿。乳房被侵害时，呈弥漫性肿大或有局限性硬结，乳汁黏稠、混有脓液，乳房淋巴结肿大。

图 10-68　放线菌病病牛临床症状（一）

两侧下颌骨受到侵害，牛的下颌部增大（左图）；

肿块破裂形成瘘管，不断排出脓汁（右图）

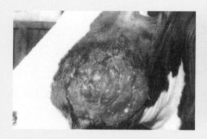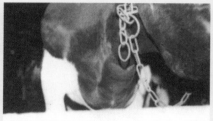

图 10-69　放线菌病病牛临床症状（二）

左上颌的放线菌肿，肉芽组织异常增大，皮肤破溃，

呈瘢痕瘤样凸起（左图）；右下颌严重肿胀（右图）

4. 病理变化

受害器官形成扁豆大的结节，小结节可聚集成大结节最后形成脓肿，脓肿中含有乳黄色脓汁。若病原菌侵入骨骼，则见骨骼增生异常、体积增大、密度降低，形如蜂窝状，其中镶有细小脓肿，也可发现形成瘘管通过皮肤引流到口腔（见图 10-70）。

5. 诊断

从脓汁中找到硫黄样颗粒，压片镜检，见有放射性结构的菌团，即可确诊。经革兰氏染色进一步鉴别牛放线菌和林氏放线菌。

图 10-70　牛的下颌骨明显变形

6. 防制

（1）预防措施　由于牛放线病为散发，且不能由病畜直接传给健畜，故对病牛一般不进行治疗而作淘汰处理。对牛场、牛舍每天应进行清扫和定期消毒，清除牛舍中的尖锐物体，尤其是栏架上的毛刺，以防发生外伤和感染。

（2）发病后措施　对症状较轻、治愈后不妨碍产乳的奶牛，可应用碘制剂、环丙沙星联合治疗。

【处方 1】①乳酸环丙沙星注射液 5 毫克/（千克体重·次），肌内注射，2 次/天，连用 5～7 天。②阿莫西林可溶性粉 5～10 毫克/千克体重，混饮，1 次/天，连用 5～7 天。③碘化钾 2～5 克/（次·天），拌料中喂给，连用 3～5 天。

【处方 2】①乳酸环丙沙星注射液 5 毫克/（千克体重·次），肌内注射，2 次/天，连用 5～7 天。②阿莫西林可溶性粉 5～10 毫克/千克体重，混饮，1 次/天，连用 5～7 天。③葡萄糖生理盐水 500～1500 毫升、10％碘化钾 25～50 毫升，隔日静注一次，连用 3～5 次。④以 12 ＃长针头刺入牛放线菌肿内部，以 0.5％聚维酮碘反复冲洗，

排出脓液、坏死组织后，再度注入 0.5％聚维酮碘 20～50 毫升，留作治疗用。

十三、钩端螺旋体病

钩端螺旋体病是一种人畜共患和自然疫源性传染病，家畜带菌率和发病率都较高。临床表现形式多样，如发热、黄疸、血红蛋白尿、出血性素质、流产、皮肤和黏膜坏死、水肿等。

1. 病原

钩端螺旋体个体纤细、柔软，呈螺旋状，一端或两端可弯曲成钩。革兰氏染色不易着色，用吉姆萨染色呈淡红色，镀银法染色呈棕黑色。可在一般的水田、池塘、沼泽地里及淤泥中生存数月或更长。其对热、酸、氯、肥皂及常用消毒剂均较敏感；在含氯千万分之三的水溶液中作用 3 分钟，直射日光照射 2 小时，56℃加热 30 分钟，均可将其杀死。

2. 流行病学

其主要通过皮肤、黏膜或经消化道进入而造成感染；也可通过交配、人工授精而造成感染；在菌血症期间还可通过吸血昆虫（如蜱、虻、蝇和水蛭）传播。每年以 7～10 月为流行的高峰期，可呈地方性流行。该病可发生于各种年龄的家畜，但以幼龄发病较多，症状也较严重。

3. 临床症状

潜伏期一般为 2～20 天。急性型病牛表现体温升高，厌食，皮肤干裂、坏死或溃疡。黏膜黄染，尿呈浓茶样、含有大量血红蛋白和胆色素等，常于发病后 3～7 天死亡。亚急性型常见于奶牛，病初表现不同程度的体温升高，厌食，精神不振，黏膜水肿，产奶量显著下降或停乳，乳汁变黄常有血凝块，病牛很少死亡。流产是该病的重要症状之一，牛群大量流产可疑为该病。

4. 病理变化

急性型可见口腔黏膜溃疡，皮肤、黏膜及皮下组织大面积黄染。

肝、心、肾和脾等实质器官有出血斑点。肝肿大、泛黄。肠系膜淋巴结肿大，膀胱积有深黄色或红色尿液。亚急性型、慢性型病例肾外观苍白，表面或切面有灰白色结节样病灶（见图 10-71）。

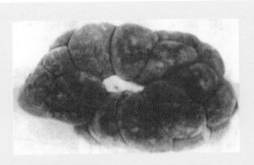

图 10-71 犊牛的慢性间质性肾炎

5. 诊断

确诊需要进行病原学和血清学检验。

6. 防制

（1）预防措施 消灭自然疫源。牛场应坚持灭鼠、杀灭吸血昆虫，填平场区内的污水坑，保证排污道封盖完整，以避免人畜接触污物。在牛群中发现该病，应立即隔离病牛，彻底消毒被污染的场地、牛舍、用具，病牛和带菌牛应设专人护理和饲养。注意个人防护。兽医工作者和饲养管理人员要做好个人防护工作，并接种钩端螺旋体病多价疫苗，以防自身感染。免疫接种。钩端螺旋体病多价疫苗 8～10毫升/头，皮下或肌内注射，该苗既可用来预防接种，也可用来进行紧急接种，2 周内可以控制疫情。

（2）发病后措施 牛场发现感染牛，应视为全群感染，采取隔离措施，进行全群治疗。

【处方 1】①电解多维 300～500 克、阿莫西林可溶性粉 10～15毫克/（千克体重·次），拌料混饲，2 次/天，连续应用 3～5 天。②硫酸链霉素粉针 15 毫克/千克体重，注射用水稀释，肌内注射，

2 次/天，连用 3～5 天。

【处方2】①电解多维 300～500 克、氟苯尼考可溶性粉 1000～1500 克/吨饲料，拌料混饲，连喂 7 天。②葡萄糖生理盐水 500～1500 毫升、10％抗坏血酸 10～30 毫升、复方康福那心注射液 5～10 毫升，静脉或腹腔注射，1～2 次/天，连用 3～5 天。③阿莫西林粉针 10～15 毫克/千克体重，2 次/天，连用 3～5 天。

十四、结核病

结核病是由结核分枝杆菌引起的一种人畜（禽）共患的慢性传染病。

1. 病原

病原为牛结核分枝杆菌，革兰氏染色阳性，菌体形态为两端钝圆、短粗的杆菌，不形成芽孢和荚膜，无鞭毛，没有运动性，为严格需氧菌，具抗酸染色特性。该菌对湿热的抵抗力较弱，100℃沸水中立即死亡，5％来苏尔 48 小时、5％甲醛溶液 12 小时死亡，而在70％酒精、10％漂白粉中很快死亡。

2. 流行病学

牛型结核分枝杆菌除感染牛外，还可引起人、猪、马等致病。传染源为结核病患牛和病人，结核分枝杆菌随着鼻汁、唾液、痰液、粪尿、乳汁和生殖器官分泌物排出体外，污染饲料、饮水、空气和周围环境，通过呼吸道、消化道和生殖道传播。该病一年四季均可发生，牛舍阴暗潮湿、光线不足、通风不良、牛群拥挤、病牛与健牛同栏饲养、饲料配比不当及饲料中某些营养成分匮乏等因素，均可促进该病的发生和传播。

3. 临床症状和病理变化

牛常发生的是肺结核，病初食欲、反刍无变化，但易疲劳，常发干咳。继之咳嗽逐渐加重，呼吸次数增加、气喘，精神欠佳。病牛日渐消瘦、贫血，下颌、咽、肩前、股前、腹股沟淋巴结肿大如拇指状，不热不痛，表面凹凸不平，有的破溃排出脓汁或干酪样物，不易愈合，常形成瘘管（见图 10-72、图 10-73）。乳房常被侵害，乳房淋巴结肿大，坚硬，无热无痛，泌乳量减少，乳汁一般无明显变化，严重时呈水样稀薄。肠道结核多发于犊牛，表现食欲不振，消化不良，顽固性下痢，迅速消瘦。生殖系统结核时，表现性功能紊乱，性欲亢进，频繁发情。孕牛流产、公牛睾丸肿大。肺部和肺门淋巴结、胸腹膜、肠及系膜、心包等出现结核结节（见图10-74）。

图 10-72 结核病病牛临床症状（一）

牛下颌淋巴结和股前淋巴结肿大（左图）；犊牛鼻孔流干酪样
鼻液（中图）；肠系膜淋巴结干酪样结核病变（右图）

图 10-73 结核病病牛临床症状（二）

肺结核结节和干酪样病变（左图）；牛肺脏突起的
白色结节（中图）；牛胸腹膜密集结核结节（右图）

4. 诊断

结核病病状多样，临床症状不明显。确诊可进行结核菌素试验（见图10-75）、病原镜检和培养鉴定。

5. 防制

（1）预防措施　发现可疑病例的牛群，可用结核菌素试验进行检疫，阳性牛、病牛均应被淘汰。对被污染的场所、用具等须以10％漂白粉或3％氢氧化钠进行彻底消毒。

（2）发病后措施　牛结核病发病率低、病程长、治疗见效慢、费用高，因此一般不进行治疗，而淘汰处理。

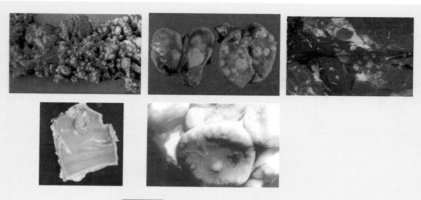

图 10-74　结核病病牛临床症状（三）

胸膜珍珠样结核结节（上左图）；淋巴结结核结节（上中图）；肝干酪样结核病变（上右图）；牛气管黏膜结核性溃疡（下左图）；牛乳房淋巴结早期形成的结核结节（下右图）

结核菌素试验

用牛结核菌素0.1毫升，皮内注射，观察72小时，若局部有明显的炎性反应，皮厚差在4毫米以上者，判为阳性。若红肿不显著，皮厚差在2~4毫米者为疑似。皮厚差在2毫米以内者为阴性。凡判为疑似的牛，30天后需复检一次，如仍为疑似，经30~50天再次复检，如仍为疑似可判为阳性

皮内变态阳性

该牛颈部皮内试验阳性，用卡尺测量48小时之内达到阳性标准

图 10-75　结核菌素试验

十五、副结核病

副结核病（副结核性肠炎）是由副结核分枝杆菌引起牛的一种慢性传染病。显著特征是顽固性腹泻和渐行性消瘦，肠黏膜增厚并形成皱襞。

1. 病原

副结核分枝杆菌属分枝杆菌属，与结核分枝杆菌相似，为革兰氏阳性小杆菌，具抗酸染色特性。副结核分枝杆菌对湿热的抵抗力较弱，100℃沸水中立即死亡，5％来苏尔48小时死亡，5％甲醛溶液12小时死亡，而在70％酒精、10％漂白粉中很快死亡。

2. 流行病学

副结核分枝杆菌主要引起牛发病，特别是乳牛，依次为黄牛、牦牛、水牛，除牛外，绵羊、山羊、猪、马也可感染而发病。患病动物通过粪便排出大量病原菌污染环境，健康牛通过食入被污染的饮水、草料等，经消化道而感染。当怀孕母牛患有副结核病时，可通过子宫传染给犊牛。

3. 临床症状

潜伏期为6～12个月，甚至更长。早期为间断性腹泻，继之变为经常性的顽固腹泻，排出稀薄、恶臭、带有气泡和黏液及血块的粪便。起初食欲、精神尚好，渐变食欲减退、消瘦、脱水、精神变差、经常卧地、不愿起立。被毛粗乱，上腭齿龈部有浅溃疡，下颌及胸前水肿，体温常无变化（见图10-76）。如果腹泻不止，经3～4个月因衰竭而死。

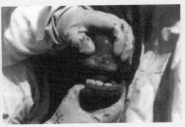

图 10-76 副结核病病牛临床症状

病牛消瘦，被毛粗乱无光泽，精神委顿（左图）；上腭齿龈部的浅溃疡（右图）

4. 病理变化

尸体消瘦，主要病变在消化道和肠系膜淋巴结。空肠、回肠和结肠前段肠壁增厚，浆膜下淋巴管和肠系膜淋巴管肿大呈索状，浆膜和肠系膜显著水肿。肠黏膜增厚3～20倍，形成较硬而弯曲的脑回样纵横皱褶，肠黏膜色黄白或灰黄，皱褶突起处常呈充血状态，表面覆盖有大量的灰黄色或黄白色黏液（见图10-77）。肠系膜淋巴结肿大2～3倍，呈串珠样，变软，切面多汁并有灰白色点状病变。

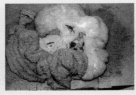

图 10-77 副结核病病牛病理变化

回盲肠和结肠黏膜增厚形成皱褶（左图）；小肠黏膜变厚形成皱褶（中图）；病牛解剖杀后腹腔肠管的外观（右图）

5. 诊断

根据临床症状和病理变化可初步怀疑为该病，确诊需做病原学和血清学检验。

6. 防制

（1）预防措施　认真搞好饲养管理和卫生工作，给予全价平衡营养，消除发病的应激因素，以增强牛的抗病能力。疫区牛场每年要做4次变态反应检查，对有临床症状或反应阳性的牛，应作扑杀处理。严格消毒。牛场应制订严格的消毒防病措施，场区及牛畜舍、饲养用具等应以10%含氯石灰水、1%优氯净、2%氢氧化钠等进行喷洒消毒。

（2）发病后措施　副结核病尚无有效疗法，用硫酸链霉素、异烟肼等进行治疗有一定效果。但病程长，见效慢，一般还是以淘汰病牛为好。

【处方 1】 ①电解多维 300～500 克/吨饲料、硫酸新霉素预混剂 100～150 克/(头·次)，拌料混饲，2 次/天，连续应用 7 天为一疗程。②硫酸链霉素粉针 15 毫克/千克体重，注射用水稀释，肌内注射，2 次/天，连用 7 天为一疗程。休息 1～2 天，开始第二个疗程。

【处方 2】 ①硫酸链霉素粉针 15 毫克/千克体重，注射用水稀释，肌内注射，2 次/天，连用 5～7 天。②异烟肼 2～3 克/(头·次)，灌服，3 次/天，连用 5～7 天。休息 1～2 天，开始第二个疗程。

十六、弯曲菌病

弯曲菌病是由弯曲菌引起的有不同临床表现的一种传染病，主要表现为腹泻、流产、不育。该病分布于世界各地，也可感染人。

1. 病原

弯曲菌为革兰氏染色阴性，细长，弯曲呈 S 形或逗号状，能运动。弯曲菌对干燥、阳光和常用消毒药敏感，58℃加热 5 分钟即死亡。其在干草、厩肥和土壤中 20～27℃可存活 10 天，6℃可存活 20 天。

2. 流行病学

胎儿弯曲菌对人和动物均有感染性，可致牛散发性流产。其主要存在于流产胎盘、胎儿胃内容物，病牛肠内容物、血液和胆汁中，其感染途径为消化道。胎儿弯曲菌性病亚种致牛不育和流产，主要存在于生殖道、流产胎盘和胎儿组织中，其感染途径为交配和人工授精。空肠弯曲菌致牛"冬痢"。从食物、水和未经消毒的牛奶中可分离到该菌。病牛和带菌动物是该病的传染源，它们可以通过粪便、牛奶或其它分泌物向外排菌，污染水源、饲料或食物。公牛与病母牛交配后，可将该病传给其它母牛。公牛带菌可长达 6 年。在宰杀牛的过程中，其产品易被污染。

3. 临床症状

（1）**弯曲菌性流产**　弯曲菌性流产是由胎儿弯曲菌引起的流产，母牛在交配感染后，可引起阴道炎和子宫内膜炎，从阴门不时排出黏液（见图 10-78）。胚胎早期死亡并被吸收，从而导致母牛不断发情，发情周期不规则或明显延长。有些怀孕母牛的胎儿死亡较迟，流产多发生于怀孕的第 5～6 个月，流产率 5%～20%，往往有胎衣滞留现象。牛经第一次感染获得痊愈后，一般不再发生感染。公牛感染后一般没有明显临床症状，精液也正常，但常常带菌。

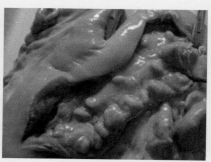

图 10-78　弯曲菌性流产病牛临床症状

弯曲菌性流产胎儿（左图）；流产母牛子宫内脓性分泌物（右图）

（2）弯曲菌性腹泻（冬痢）　弯曲菌性腹泻是由空肠弯曲菌引起的。牛感染空肠弯曲菌后发生的腹泻，又称"冬痢"。该病多发生于秋冬季节，大、小牛均可发病，呈地方性流行。潜伏期为 3 天，病常突然而来，一夜之间可使 20% 以上的牛发病，病牛排出恶臭、水样、棕色稀便，并常含有血液，体温、呼吸、心跳正常（见图 10-79）。小肠蠕动亢进，产奶量下降 50%～95%。病情严重者，精神沉郁，食欲不振，弓背收腹，毛逆立，寒战虚脱，病程 2～3 天，治疗及时，很少发生死亡。

4. 诊断

通过病原学检查和血清学试验可以确诊。注意与布鲁氏菌病、衣原体病、沙门菌病以及牛病毒性腹泻（黏膜病）等类似疾病进行区别。

5. 防制

（1）预防措施　牛场应制订严格的消毒防病措施，场区及牛畜舍、饲养用具等应以 0.5% 过氧乙酸、10% 含氯石灰水、3% 来苏尔、2% 复合酚等进行喷洒消毒，淘汰有病种牛。弯曲菌性流产是由交配传染，发病牛场应对种公牛进行严格检疫，淘汰患病和带菌种公牛，最好改为人工授精。

（2）发病后措施　弯曲菌性流产母牛采用局部结合全身治疗可取得良好效果，可采用【处方1】、【处方2】进行治疗。弯曲菌性腹泻可采用【处方3】、【处方4】进行治疗。

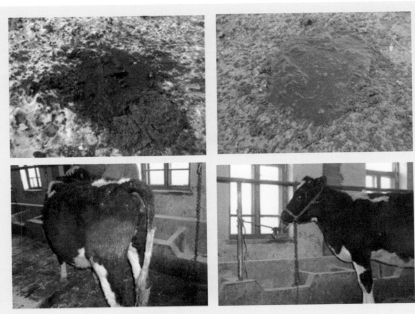

图 10-79　弯曲菌性腹泻病牛临床症状

弯曲菌性腹泻排出棕色水样稀便（上左图）；带血液的有气泡稀便（上右图）；
肛门周围沾有稀便（下左图）；病牛虽有腹泻，但精神食欲无明显变化（下右图）

【处方1】①0.1% 高锰酸钾溶液反复冲洗子宫，排净冲洗液后，注入宫净康1支，1次/天，连用3～5天。②催产素75～150单位/（头·次），肌内注射，4小时后胎衣仍不能排出，可重复应用1次。③全群以恩诺沙星可溶性粉100克拌入100千克饲料喂给，2次/天，

连用 3～5 天。

【处方 2】①硫酸双氢链霉素 15 毫克/千克体重、注射用水 10～20 毫升，肌内注射，2 次/天，连用 3～5 天。②葡萄糖生理盐水 1000～2500 毫升、乳酸环丙沙星注射液 2.5 毫升/千克体重、10%维生素 C 10～20 毫升，静脉注射，2 次/天，连用 3～5 天。③0.1%高锰酸钾溶液反复冲洗子宫，排净冲洗液后，将 1.5%露它净溶液 30～40 毫升与氟苯尼考注射液 15 毫升混匀后注入，1 次/天，连用 3～5 天。④垂体后叶素 50～100 国际单位/（头·次），肌内注射，连用 1～2 次。

【处方 3】①乳酸环丙沙星注射液 2.5 毫克/千克体重，肌内注射，2 次/天，连用 3～5 天。②全群以硫酸新霉素预混剂 100～150 克/次，拌料混饲，2 次/天，连用 3～5 天。③将 1 份量口服补液盐放入 1000 毫升的温开水（30℃左右）中，完全溶解后，供病牛饮用。

【处方 4】①氟苯尼考注射液 10 毫克/千克体重，肌内注射，1 次/天，连用 3～5 天。②硫酸黏菌素预混剂（以硫酸黏菌素计）3～5 毫克/千克体重，拌料混饲，1 次/天，连用 3～5 天。③葡萄糖生理盐水 1500 毫升、10%葡萄糖注射液 500 毫升、10%樟脑磺酸钠注射液 10～20 毫升、10%维生素 C 10～20 毫升，静脉注射，2 次/天，连用 3～5 天。

十七、莱姆病

莱姆病是由伯氏疏螺旋体引起的人和多种动物共患传染病。临床表现为以叮咬性皮损、发热、关节炎、脑炎、心肌炎为特征。

1. 病原

莱姆病的病原体为一种螺旋体，称伯氏疏螺旋体，本菌呈细长螺旋状，长 7～20 微米、宽 0.2～0.3 微米，具有高度的侵入特性，在 30～34℃适宜培养温度下，一世代时间是 720 小时。伯氏疏螺旋体在蜱叮咬人或动物时，随蜱唾液进入皮肤，经 2～32 天潜伏期，病菌在皮肤中扩散，形成皮肤损伤，并可进入血液。

2. 流行病学

多种动物对该病均有易感性。病原体主要通过蜱类作为传播媒介，蜱的传染途径主要是通过叮咬宿主动物而传染。有些硬蜱还可以经卵垂直传播。直接接触也能发生传染。

该病的流行与硬蜱的生长活动密切相关，因而具有明显的地区性，在蜱能大量生长繁衍的山区、林区、牧区该病多发。同时还具有明显的季节性，多发生于温暖季节，一般多见于夏季的 6～9 月，冬春一般无病例发生。

3. 临床症状

牛感染时表现发热，精神沉郁，身体无力，跛行，关节肿胀疼痛。病初轻度腹泻，继之出现水样腹泻。奶牛产奶量减少，早期怀孕母牛感染后可发生流产。有些病牛出现心肌炎、肾炎和肺炎等症状。可从感染牛的血液、尿、关节液、肺和肝脏中检出病菌。

4. 病理变化

动物常在被蜱叮咬的四肢部位出现脱毛和皮肤剥落现象。牛在心和肾表面可见苍白色斑点，腕关节的关节囊显著变厚，含有较多的淡红色浸液，同时有绒毛增生性滑膜炎，有的病例胸腹腔内有大量的液体和纤维素，全身淋巴结肿胀。

5. 诊断

应用最普遍的是免疫荧光抗体试验和酶联免疫吸附试验，以后者较为敏感。

6. 防制

（1）预防措施　应避免家畜进入有蜱隐匿的灌木丛地区。采取保护措施，防止人和动物被蜱叮咬。受该病威胁的地区，要定期进行检疫，发现病例及时治疗。对感染动物的肉应高温处理，杀灭病菌后方可食用。采取有效措施灭蜱。

（2）发病后措施　早期用抗生素治疗，治愈率高。未及时治疗者、并发多器官损害者疗效欠佳。因此早期诊断、早期治疗很重要。

【处方 1】①氯唑西林钠粉针 5～10 毫克/（千克体重·次），肌内注射，2 次/天，连用 3～5 天。②复方氨基比林注射液 10～20 毫升/（头·次），2 次/天，连用 3～5 天。③全群以硫氰酸红霉素可溶性粉

5 毫克/(千克体重·次)，混饲，2 次/天，连用 3～5 天。

【处方 2】①苯唑西林钠 10～15 毫克/(千克体重·次)，肌内注射，2～3 次/天，连用 3～5 天。②葡萄糖生理盐水 1500 毫升、盐酸多西环素粉针 5 毫克/千克体重、10％樟脑磺酸钠注射液 10～20 毫升、10％维生素 C 10～20 毫升、30％安乃近 10～20 毫升，静脉注射，2 次/天，连用 3～5 天。③肿胀的关节涂以鱼石脂软膏，1 次/天，连用 3～5 天。

十八、衣原体病

衣原体病是由鹦鹉热衣原体或反刍动物衣原体引起的多种动物和人类的共患传染病。表现为流产、肺炎、肠炎、脑炎、多发性关节炎、结膜炎等。

1. 病原

衣原体对外界环境的抵抗力较强，对热敏感，在 56～60℃ 仅能存活 5～10 分钟。紫外线照射可迅速使其死亡。2％甲醛溶液、0.1％新洁尔灭、3％碘酊等均可于短时间内将其杀死。

2. 流行病学

病牛和带菌牛是该病的主要传染源，它们由粪便、尿液、乳汁、流产的胎儿、胎衣和羊水排出衣原体，污染环境，经消化道、呼吸道或眼结膜传染给健康牛。各种年龄的牛均可感染发病，初产牛主要表现流产，流产多发生于怀孕后期，流产率高达 60％。一般预后良好，很少发生不育和再次流产。

3. 临床症状

（1）新生犊牛衣原体性肠炎　可使犊牛发生腹泻、低热和鼻分泌物增多。病的程度取决于犊牛的年龄和初乳的质量。未吃初乳的犊牛易感染。

（2）犊牛衣原体性支气管肺炎　以 2～3 周龄的犊牛最为易感，在停喂母乳转入普通牛栏时也易发病。该病以犊牛的发热、鼻炎、支气管炎、肺炎和腹泻为主要特征。

（3）多发性关节炎-浆膜炎　多在出生后数周发病。患牛腿部疼痛，行动缓慢，关节肿大、周围水肿、关节液混浊、呈灰黄色、内含大小不等的纤维蛋白凝块。肝和肠浆膜无光泽，有网状纤维附着。心包和胸膜也出现纤维素沉着。一般在出现临床症状后 1～2 周死亡。

（4）散发性脑脊髓炎　患牛出现明显的神经症状，常发生于 3 岁以内的牛。死亡率高达 50％左右。

（5）衣原体性流产　一般发生在怀孕后 6～9 个月，流产率可达20％。流产的胎儿黏膜和皮下组织有出血点，有大量腹水，肝肿胀、呈淡红黄色。母牛主要由于衣原体在子宫内膜细胞内繁殖，引起子宫内膜炎而导致流产，也可导致不孕症。公牛感染后，可引起精囊炎，精液中含有多量白细胞及无活力的畸形精子。衣原体可通过精液传染给母牛，使母牛子宫感染，而导致不孕。

（6）衣原体性乳腺炎　衣原体侵害乳房时，可见乳房明显肿胀、发热、水肿、发硬，产奶量下降、牛奶变成带有多量白色纤维素的凝块、呈黄色液体。此外，衣原体可引起牛的角膜结膜炎。

4. 诊断

该病表现多样，临床上较难做出诊断，对疑似病牛应尽早进行实验室检查。

5. 防制

（1）预防措施　牛场应坚持定期以 0.1％新洁尔灭、2％甲醛溶液消毒，以杀灭病原。牛场内不得养鸡、鸽和其它鸟类，以免传播病原。

（2）发病后措施　流产病牛采用【处方 1】、【处方 2】治疗；肺炎及肠炎病牛采用【处方 3】、【处方 4】治疗；脑脊髓炎病牛采用【处方 5】、【处方 6】治疗；多发性关节炎、角膜结膜炎病牛采用【处方 7】、【处方 8】治疗。

【处方 1】①土霉素注射液 5～10 毫克/千克体重，1 次/天，肌内注射，连用 3～5 天。②0.1％高锰酸钾溶液反复冲洗子宫，排净冲洗液后，将 1.5％露它净溶液 30～40 毫升与氟苯尼考注射液 15 毫升混匀后注入，1 次/天，连用 3～5 天。③催产素 75～150 单位/（头·次），肌内注射，4 小时后可重复应用 1 次。④全群以头孢羟氨苄可溶性粉30～40毫克/千克体重（以头孢羟氨苄计），2次/天，连用3～5天。

【处方2】①全群电解多维300克/吨、氟苯尼考可溶性粉1000～1500克/吨，拌料混饲，连喂3～5天。②乳酸环丙沙星注射液2.5毫克/千克体重，肌内注射，2次/天，连用3～5天。③1.5%露它净溶液反复冲洗子宫，排净冲洗液后，注入氟苯尼考注射液15毫升，1次/天，连用3～5天。

【处方3】①葡萄糖生理盐水1500～2500毫升、盐酸多西环素粉针5毫克/千克体重、10%樟脑磺酸钠注射液10～20毫升、10%维生素C10～20毫升、30%安乃近10～20毫升，静脉注射，2次/天，连用3～5天。②复方氨基比林注射液10～20毫升/次，肌内注射，2次/天，连用3～5天。③白头翁散200克/（头·次），1次/天，腹泻病牛灌服；白矾散200克/（头·次），1次/天，咳嗽病牛灌服。

【处方4】①复方氨基比林注射液10～20毫升/次，肌内注射，2次/天，连用3～5天。②葡萄糖生理盐水1 500毫升、氨苄西林钠粉针25毫克/千克体重、10%樟脑磺酸钠注射液10～20毫升、醋酸地塞米松10毫克/头、30%安乃近10～20毫升，静脉注射，2次/天，连用3～5天。③清肺止咳散350克/（头·次），温开水冲匀，灌服，1次/天，连用3～5天。

【处方5】①10%葡萄糖注射液1 500毫升、20%甘露醇1500毫升、5%碳酸氢钠注射液250～500毫升、复方磺胺嘧啶钠注射液首次量60毫克/千克体重（以磺胺嘧啶钠计，维持量30毫克/千克体重），静脉注射，2次/天，连用3～5天。②10%樟脑磺酸钠注射液10～20毫升/（头·次），肌内注射，2～3次/天。③醋酸地塞米松10毫克/头，肌内注射，2～3次/天，连用3～5天。

【处方6】①10%葡萄糖注射液1 500毫升、5%碳酸氢钠注射液250～500毫升、磺胺甲噁唑注射液首次量100毫克/千克体重（维持量50毫克/千克体重）、10%樟脑磺酸钠注射液10～20毫升、醋酸地塞米松10毫克/头，静脉注射，2次/天，连用3～5天。②30%安乃近10～20毫升/（头·次），肌内注射，1～3次/天。③头孢羟氨苄可溶性粉（以头孢羟氨苄计）40毫克/（千克体重·次），全群混饲，2

次/天，连用 3～5 天。

【处方7】①肿大关节涂抹鱼石脂软膏，1 次/天，连用数日。②氯唑西林钠粉针 5～10 毫克/（千克体重·次），肌内注射，2 次/天，连用 3～5 天。

【处方8】①注射用氨苄西林钠 0.5 克、0.5％盐酸普鲁卡因 10 毫升，以 9# 注射针头刺入睛明穴，缓慢注射，注意不得刺入眼球内，1 次/2 天。②以红霉素眼药膏点眼，2 次/天，连用数日。③决明散 350 克、蜂蜜 60 克、鸡蛋 2 枚，温开水冲匀，一次灌服，1 次/天，连用 3～5 天。

十九、附红细胞体病

附红细胞体病是由温氏附红细胞体引起的以发热、黄疸和贫血为主要临床特征的一种传染病。

1. 病原

附红细胞体属立克次体目，无浆体科，附红细胞体属。直径为 0.3～2.5 微米，在血液中呈圆形、逗点状、哑铃状等形态，单个生长或成团寄生，也可游离于血浆中做快速游动、伸展、扭转等运动。其对干燥和化学药物比较敏感，一般常用消毒药在几分钟内即可使其死亡，但对低温冷冻的抵抗力较强，可存活数年之久。

2. 流行病学

附红细胞体寄生的宿主有鼠类、绵羊、山羊、牛、猪、狗、猫、鸟类和人等。传播途径主要有接触性传播、血源性传播、垂直传播及媒介昆虫传播等。动物之间、人与动物之间长期或短期接触可发生传播。用被附红细胞体污染的注射器、针头等器具进行人、畜注射，或因打耳标、剪毛、人工授精等可经血液传播。该病多发于高热、多雨且吸血昆虫繁殖滋生的季节。

3. 临床症状

病牛最初为食欲减少，反刍减弱，行走无力，双眼流泪[见图 10-80（左图）]。随着病情发展，病牛体温高达 41℃左右，呈稽留热。呼吸加快，心率快，瘤胃蠕动音减弱，病牛出现便秘，继而腹泻，排出稀软或水样带血的粪便[见图 10-80（中图）]，尿量减少，尿中带血，眼结膜苍白。病牛逐渐消瘦，四肢无力，病后期体温下降至常温，可视黏膜苍白、黄疸，严重者卧地不起至死亡[见图 10-80（右图）]。

图 10-80 附红细胞体病病牛临床症状

病牛精神沉郁，食欲减退（左图）；排出稀软或水样带血的粪便（中图）；

病牛极度消瘦，四肢无力，卧地不起（右图）

4. 病理变化

病牛血液稀薄、凝固不良，腹腔及胸腔积水，淋巴结肿大，肝肿大 1～2 倍，脾有坏死灶，心肌扩张，心间质水肿，心冠脂肪出血和黄染，肺出现代偿性肺气肿，肾脏肿大变性，胃肠黏膜局部水肿。

5. 诊断

通过压滴、涂片检查或离心血涂片等方法可以确诊。

6. 防制

（1）预防措施　温暖季节应定期喷洒杀虫剂，以杀灭蚊、蝇、蜱、牛虻、体虱、跳蚤等吸血昆虫，消灭传播媒介。平常应加强牛群的饲养管理，供给全价饲料和清洁饮水，做好夏季防暑，冬季保暖工作。

（2）发病后措施　可采用以下处方治疗。

【处方 1】①三氮脒粉针 3～5 毫克/千克体重，临用前以生理盐水配成 5％～7％的溶液，分点深部肌内注射，必要时，可于 3 日后再注射 1 次。②0.1％维生素 B_{12} 2 毫克/（次·天），连用 3 次。

【处方 2】①新胂凡纳明（九一四）15～25 毫克/千克体重、葡萄糖生理盐水 500～1500 毫升，静脉注射，间隔 2～3 天重复一次，2～

3 次为一个疗程。②多西环素 10～15 毫克/千克体重，肌内注射，2
次/天，连用 3～5 天。③0.1％维生素 B_{12} 2 毫克/（次·天），连用
3 次。

【处方 3】①黄色素 3～5 毫克/千克体重，以生理盐水配成 0.5％
溶液，静脉注射，1 次/天，连用 4 天。②0.1％维生素 B_{12} 2 毫克/
（次·天），连用 3 次。

二十、无浆体病

无浆体病是由无浆体引起的反刍动物的一种血液传染病，其特征
为高热、贫血、消瘦、黄疸和胆囊肿大。

1. 病原

致病性的无浆体有边缘无浆体、中央无浆体、有尾无浆体和绵羊
无浆体。无浆体几乎没有细胞浆，由致密的球菌样团块所组成，在红
细胞内 95％位于边缘一个红细胞，一般含有 1～3 个无浆体。用吉姆
萨染色法染色呈紫红色。边缘无浆体病原性强，引起的症状也较重，
对外界环境的抵抗力不强，对干燥、阳光、常用消毒剂和广谱抗生素
均敏感。

2. 流行病学

黄牛是无浆体的特异性宿主，水牛、野牛、骆驼、山羊等也可感
染发病，幼龄动物有一定抵抗力。患病动物和带菌动物为主要传染
源，蜱是该病的主要传播媒介，多为机械性传播；牛虻、厩蝇及多种
吸血昆虫也可传播该病，消毒不彻底的医疗器械也可引起传染。一般
发生于炎热季节，我国南方于 4～9 月多发，北方在 7～9 月以后
发生。

3. 临床症状和病理变化

潜伏期为 17～45 天，体温突然升高至 40～42℃，鼻镜干燥，食
欲减退，反刍减少，皮肤和黏膜苍白和黄染。常伴有顽固性的前胃弛
缓，粪便暗黑、常有血液或黏液。病畜体表有蜱附着。大多数器官的
变化都与贫血有关，尸体消瘦，内脏器官脱水、黄染［见图 10-81（左
图）］。体腔有少量渗出液。颈部、胸下与腋下部位皮下轻度水肿。心

内外膜以及其他浆膜上有大量斑点状出血、脾脏肿大，髓质增生呈颗粒状[见图 10-81（右图）]。

图 10-81 无浆体病病牛临床症状

可视黏膜黄染、贫血（左图）；脾脏肿大，髓质增生呈颗粒状（右图）

4. 诊断

血涂片检查可做出确切诊断。

5. 防制

（1）预防措施　温暖季节应定期喷洒杀虫剂，以杀灭蜱、蚊、蝇、牛虻、体虱、跳蚤等吸血昆虫，消灭传播媒介。免疫接种，目前尚无可供使用的疫苗。

（2）发病后措施　可采用以下处方治疗。

【处方 1】①土霉素注射液 5～10 毫克/千克体重，肌内注射，1次/天，连用 3～5 天。②健胃散 300～500 克/（头·次），1 次/天，连续应用 7～10 天。③0.1%维生素 B_{12} 2 毫克/（次·天），连用 3 次。

【处方 2】①三氮脒粉针 3～5 毫克/千克体重，临用前以生理盐水配成 5%～7%的溶液，分点深部肌内注射，必要时，可于 3 日后再注射 1 次。②0.1%维生素 B_{12} 2 毫克/（次·天），连用 3 次。③全群以健胃散 250 克/头，1 次/天，连用 7 天。

二十一、气肿疽

气肿疽是由气肿疽梭菌引起的牛的一种急性、发热性传染病，其特征为肌肉丰满部位发生炎性气性肿胀，并常有跛行。

1. 病原

气肿疽梭菌为两端钝圆的粗大杆菌，能运动、无荚膜，在体内外均可形成芽孢，能产生不耐热的外毒素。芽孢抵抗力强，可在泥土中保持5年以上，在腐败尸体中可存活3个月。在液体或组织内的芽孢经煮沸20分钟、0.2%升汞10分钟或3%福尔马林15分钟方能杀死。

2. 流行病学

自然感染一般多发生于黄牛，水牛、奶牛、牦牛、犏牛易感性较小。发病年龄为0.5～5岁，尤以1～2岁多发，死亡居多。羊、猪、骆驼亦可感染。病牛的排泄物、分泌物及处理不当的尸体，污染的饲料、水源及土壤会成为持久性传播媒介。该病传染途径主要是消化道，深部创伤感染也有可能。该病呈地方性流行，有一定季节性，夏季放牧（尤其在炎热干旱时）容易发生，这与蛇、蝇、蚊活动有关。

3. 临床症状和病理变化

潜伏期为3～5天，体温升高至40～42℃，早期即出现跛行。继之在肌肉丰满的部位发生肿胀，初期热而痛，后来中央变冷、无痛，患部皮肤干硬呈暗红色或黑色（见图10-82）。切开患部，从切口流出污红色、含泡沫的酸臭液体。发病局部淋巴结肿大，触之坚硬。食欲废绝，反刍停止，呼吸困难，最后体温下降而死。

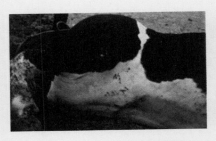

图 10-82 气肿疽病牛临床症状

肩部和胸部皮下炎性气性水肿（左图）；肩部、胸部皮下炎性气性水肿切面（右图）

4. 防制

（1）预防措施 牛场应制订严格的消毒防病措施，场区及牛畜舍、饲养用具等应以 3%福尔马林、0.2%升汞、2%氢氧化钠等进行喷洒消毒。气肿疽明矾菌苗，不论年龄大小，一律为 5 毫升/头，免疫期 6 个月。发现病畜应立即隔离治疗，病死牛严禁剥皮食肉，应深埋或焚烧，以减少病原的传播。

（2）发病后的措施 可采用以下处方治疗。

【处方 1】①氯唑西林钠粉针 5～10 毫克/（千克体重·次），肌内注射，2 次/天，连用 3～5 天。②切开患部，3%过氧化氢反复冲洗，以生理盐水冲去残留的过氧化氢，然后撒布青霉素粉。③葡萄糖生理盐水 500～1500 毫升、10%樟脑磺酸钠注射液 10～20 毫升、10%维生素 C10～20 毫升、30%安乃近 10～20 毫升，静脉注射，2 次/天，连用 3～5 天。

【处方 2】①氨苄西林钠 0.5～1.5 克、0.25%普鲁卡因 20～30 毫升，患部周围分点注射。②葡萄糖生理盐水 500～1500 毫升、10%樟脑磺酸钠注射液 10～20 毫升、氨苄西林钠 7 毫克/千克体重、30%安乃近 10～20 毫升，静脉注射，2 次/天，连用 3～5 天。

二十二、牛传染性胸膜肺炎（牛肺疫）

牛传染性胸膜肺炎是由丝状支原体引起的一种传染病，以纤维素性胸膜肺炎为主要特征。

1. 病原

牛肺疫丝状支原体（旧称星球丝菌）细小，多种形态，但常见球形，革兰氏染色阴性。其多存在于病牛的肺组织、胸腔渗出液和气管分泌物中。日光、干燥和热均不利于该菌的生存。该菌对苯胺染料和青霉素具有抵抗力，但 1%来苏尔、5%漂白粉、1%～2%氢氧化钠或 0.2%升汞均能迅速将其杀死。十万分之一的硫柳汞，十万分之一的"九一四"或每毫升含 2 万～10 万国际单位的链霉素，也均能抑制该菌。

2. 流行病学

自然病例仅见于牛，不同年龄、性别和品种的牛均能感染。病牛及带菌牛是该病的主要传染源。该病一年四季都可发生，在新发病的牛群中常为暴发性流行，病势剧烈，发病率和病死率都比较高，且多为急性经过。潜伏期为 2～4 周。根据病的经过可分为急性型和慢性型两种类型。

3. 临床症状

急性型体温升高至 40～42℃，稽留不退，呼吸次数剧增，张口喘气，鼻孔不时流出黏性或脓性分泌物，咳嗽次数少而低沉，胸部触诊有痛感，精神不振，食欲较差，时有腹泻，病程一般为 5～8 天，病死率较高。慢性型表现为清晨、晚间、运动、采食时，咳嗽明显。咳嗽时病牛站立不动，背拱起，颈直伸，直到呼吸道内分泌物被咳出、吞咽下为止。呼吸次数增多，腹式呼吸。症状时而明显，时而缓和。消化功能紊乱，进行性消瘦，病程可拖延两三个月，甚至长达半年以上。

4. 病理变化

特征性病变在胸腔，肺脏切面呈大理石样花纹和浆液纤维素性胸膜肺炎，胸膜常有纤维素附着物与肺发生粘连（见图 10-83）。肺小叶间质及周围血管水肿；痊愈期肺肉变，间质纤维化（见图 10-84）。

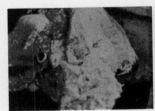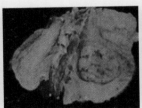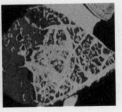

图 10-83 牛传染性胸膜肺炎病牛临床症状（一）

肺纤维素膜（左图）；肺坏死（中图）；肺大理石病变（右图）

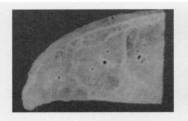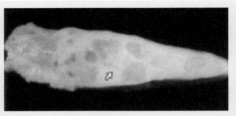

图 10-84 牛传染性胸膜肺炎病牛临床症状（二）

肺小叶间质及周围血管水肿（左图）；痊愈期肺肉变，间质纤维化（右图）

5. 诊断

补体结合反应和病原的分离鉴定可确诊。注意与牛巴氏杆菌病区别。牛巴氏杆菌病发病急、病程短，有败血症表现，组织和内脏有出血点，肺病变部大理石样变及间质增宽不明显。

6. 防制

（1）预防措施　牛场应采用自繁自养的方法，不从外地引入青年牛，是预防该病的首要措施，可采用人工授精技术。牛场环境及牛舍应注意打扫，定期以 5% 来苏尔、2% 氢氧化钠溶液进行消毒。1997年我国宣布已消灭了该病，故预防该病的疫苗也停止生产。

（2）发病后措施　可采用以下处方治疗。

【处方 1】①酒石酸泰乐菌素粉针 10 毫克/千克体重、注射用水20 毫升，肌内注射，2 次/天，连用 5～7 天。本品禁止与莫能菌素、盐霉素等同时使用。②盐酸壮观-克林霉素可溶性粉 10 毫克/千克体重，全群混饲，连用 5～7 天。

【处方 2】①乳酸环丙沙星注射液 2.5 毫克/千克体重，肌内注射，2 次/天，连用 5～7 天。②10% 延胡索酸泰妙菌素可溶性粉（以延胡索酸泰妙菌素计）80 克/吨饲料，混饲，本品禁止与莫能菌素、盐霉素等同时使用。

二十三、土拉菌病

土拉菌病（也称野兔热）是由土拉热杆菌引起的一种自然疫源性

疾病。原发于野生啮齿动物，它们传染于家畜和人。动物患该病主要表现为体温升高，淋巴结肿大，脾脏和其他内脏的坏死性变化。

1. 病原

土拉热杆菌是一种多形态的细菌，抵抗力较强，在土壤、水、肉、皮毛中可存活数十天。对常用消毒药（来苏尔、石炭酸等）都敏感。

2. 流行病学

主要传染源是野兔和啮齿动物（田鼠、水鼠、小家鼠）等。传播途径多种多样，牛可因被蜱等吸血昆虫叮咬而感染；也可因吸入带菌的飞沫及尘土或经消化道而感染。牛则以犊牛较为多见，发生季节与野生啮齿动物及吸血昆虫繁殖滋生的季节相一致。

3. 临床症状

潜伏期为 1～3 天，患病牛表现体表淋巴结肿大，精神沉郁，食欲减退，体温升高至 41℃ 以上，全身虚弱，行动迟缓，呼吸困难，常呈腹式呼吸，有时咳嗽，病程缓慢，多数病牛可耐过，而逐渐康复，很少发生死亡。妊娠母牛常发生流产。水牛常表现食欲减退或废绝，发热寒战，时有咳嗽，体表淋巴结肿大。

4. 病理变化

可见体表淋巴结肿大发炎、化脓，支气管肺炎、胸膜炎以及脾实质变性、坏死。

5. 防制

（1）预防措施　养牛场内应定期灭鼠，温暖季节应定期以杀虫剂喷洒，杀灭吸血昆虫，养牛场内不得饲养其他动物。牛场环境及牛舍应注意打扫，定期以 5% 来苏尔、3% 石炭酸、2% 氢氧化钠溶液进行喷洒消毒。

（2）发病后措施　可采用以下处方治疗。

【处方 1】①硫酸链霉素 20 毫克/千克体重，肌内注射，2 次/天，连续应用 5～7 天。②多西环素可溶性粉 100 克拌入 100 千克饲料中，全群混饲，连用 5～7 天。③健胃散 350 克/头，温开水冲匀，一次灌服，1 次/天，连服 3～5 天。④复方氨基比林注射液 10～25 毫升/（头·次），肌内注射，2～3 次/天，使用天数视体温而定。

【处方 2】①硫酸链霉素 20 毫克/千克体重，肌内注射，2 次/天，连续应用 5～7 天。②氟苯尼考可溶性粉 100 克拌入 100 千克饲料，全群混饲，连续应用 5～7 天。③清瘟败毒散 300～400 克/（头·次），温开水冲匀，一次灌服，1 次/天，连服 3～5 天。④复方氨基比林注射液 10～25 毫升/（头·次），肌内注射，2～3 次/天，使用天数视体温而定。

二十四、传染性角膜结膜炎

传染性角膜结膜炎（红眼病）是主要危害牛羊的一种急性传染病。其特征为眼结膜和角膜发生明显的炎症变化，伴有大量流泪，继之发生角膜混浊。

1. 病原

它是一种多病原性疾病，已报道的病原有牛嗜血杆菌、立克次体、支原体、衣原体和某些病毒。

2. 流行病学

牛、绵羊、山羊、骆驼、鹿等，不分性别和年龄均具有易感性，但以幼龄动物多发。病畜通过眼泪和鼻分泌物排出病原体，污染饲料、饮水和周围环境，健畜可因食入被病原体污染饲料和饮水，或与病畜直接接触而感染。该病主要发生于天气炎热和湿度较高的夏季和秋季，其他季节则较少。一旦发病，传播迅速，常呈地方流行。青年牛群发病率高达 60%～90%。

3. 临床症状

潜伏期为 3～7 天，病初羞明流泪，眼睑肿胀、疼痛[见图 10-85（左图）]，角膜血管扩张、充血，结膜和瞬膜红肿、外翻。严重者角膜混浊增厚，并发生溃疡，形成角膜翳[见图 10-85（右图）、图 10-86]。个别的可见眼前房积脓或角膜破裂，晶状体脱落。病程 20～30 天，一般无全身症状。眼球化脓时，往往伴有体温升高，食欲减退，精神沉郁等。病情较轻者，常可自愈，但常会遗留角膜翳、角膜白斑或失明。

图 10-85　传染性角膜结膜炎病牛临床症状（一）

初期眼睑肿胀，羞明流泪（左图）；结膜充血，角膜浑浊，在眼球周围开始新生血管（右图）

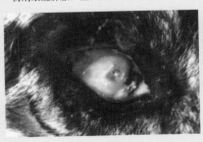
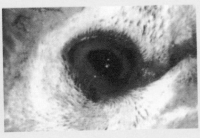

图 10-86　传染性角膜结膜炎病牛临床症状（二）

可见浑浊角膜中心的溃疡（左图）；眼球周围新长出的血管，角膜的浑浊已消失（右图）

4. 防制

（1）预防措施　牛场环境及牛舍应注意打扫，定期以 5％来苏尔、3％石炭酸、0.5％过氧乙酸溶液进行喷洒消毒。牛场从外地引进青年牛时，应进行严格检疫，确认无病时才能引进，并混群饲养。

（2）发病后措施　无全身症状的只做眼部治疗即可，如有体温升高、食欲减退、精神沉郁等全身症状的，除眼部治疗外，尚应配合全身治疗，以加快康复。

【处方 1】①注射用氨苄西林钠 0.5 克、0.5％盐酸普鲁卡因注射液 10 毫升、醋酸地塞米松注射液 10 毫克，以 9# 注射针头刺入睛明穴，缓慢注射，注意不得刺入眼球内，1次/2天。②以红霉素眼膏点眼，2次/天，连用数日。

【处方2】①注射用氨苄西林钠0.5克、0.5％盐酸普鲁卡因注射液10毫升、醋酸地塞米松注射液10毫克，以9#注射针头刺入睛明穴，缓慢注射，注意不得刺入眼球内，1次/2天。②以金霉素眼药膏点眼，2次/天，连用数日。

【处方3】①注射用氨苄西林钠0.5克、0.5％盐酸普鲁卡因注射液10毫升、醋酸地塞米松注射液10毫克，以9#注射针头刺入睛明穴，缓慢注射，注意不得刺入眼球内，1次/2天。②以光明眼药膏点眼，2次/天，连用数日。③葡萄糖生理盐水500～1500毫升、10％樟脑磺酸钠注射液10～20毫升、氨苄西林钠7毫克/千克体重、30％安乃近10～20毫升，静脉注射，2次/天，连用3～5天。④决明散350克、蜂蜜60克、鸡蛋2枚，温开水冲匀，一次灌服，1次/天，连用3～5天。

二十五、牛传染性脑膜炎

牛传染性脑膜炎（牛传染性血栓性脑膜炎）是由昏睡嗜血杆菌引起的一种急性、败血性传染病。

1. 病原

昏睡嗜血杆菌为革兰氏染色阴性，不运动，多形性球形小杆菌，无芽孢、无鞭毛、无荚膜、不溶血。其具有细胞黏附性、细胞毒性、能抑制细胞的吞噬作用，对理化因素抵抗力较弱，常用消毒液及65℃ 2～5分钟即可将其杀死。

2. 流行病学

该病主要发生于育肥牛，奶牛、放牧牛也可发病，多见于6月龄到2岁的牛。昏睡嗜血杆菌是牛的正常寄生菌，应激因素和并发感染可导致发病，通常呈散发性。一般通过飞沫、尿液或生殖道分泌物而传染。发病无明显的季节性，但多见于秋末、冬初或早春等寒冷潮湿的季节。

3. 临床症状和病理变化

病牛高热、呼吸困难、咳嗽、流泪、流鼻液，母牛阴道炎、子宫内膜炎、流产，病犊牛常表现眼球震颤、四肢僵直、昏睡等神经症状。剖检可见脑膜充血出血，脑膜血管怒张、脑底部有红色坏死软化灶；肺见出血性梗死灶，色暗红，界限明显。

神经型见脑膜充血，脑脊液增量、呈红色。脑的表面和切面有针尖至拇指头大的出血性坏死软化灶。肺脏、肾脏、心脏等器官也可见边界清楚的出血性梗死灶，切面见多数血管因内膜损伤而形成大小不等的血栓。有的病例发生心内膜炎和心肌炎等。组织学检查，在脑、脑膜及全身许多组织器官有广泛的血栓形成，血管内膜损伤（脉管炎），并出现以血管为中心的围管性嗜酸性粒细胞浸润或形成小化脓灶。

4. 防制

（1）预防措施　该病的预防可使用氢氧化铝灭活菌苗定期注射，同时加强饲养管理，减少应激因素，饲料中添加四环素类抗生素可降低发病率，但不要长期使用，以免产生抗药性。

（2）发病后措施　病牛早期用抗生素和磺胺类药物治疗，效果明显，但如果出现神经症状则抗菌药物治疗无效。

二十六、化脓放线菌感染

化脓放线菌感染旧称化脓棒状杆菌感染，是牛、猪、绵羊、山羊、兔的化脓性传染病。

1. 病原

化脓放线菌为需氧及兼性厌氧菌。在多种化脓性疾病中，都能发现该菌，如化脓性肺炎、多发性淋巴管炎、子宫内膜炎、化脓性子宫炎、乳腺炎、精囊炎、关节炎、多发性皮下脓肿等，或单纯为该菌，或有其他细菌并发。

2. 流行病学

该病的主要传染源是病牛，尤其是患处发生破溃的病牛。污染的土壤、饮水和饲料中都存在放线菌病的病原，且其也是一种寄生菌。该菌通常在机体鼻腔、口腔以及气管内寄生，还有一些在体表皮肤寄生。在以上部位出现破损，就会导致放线菌侵入其中，且会大量繁殖，并在此处定居、生长繁殖，从而出现发病。牛化脓放线菌感染一般具有3～18个月的潜伏期，往往呈散发。2～5岁的牛最易感。

3. 临床症状与诊断

成年牛和处女牛由该菌引起的乳腺炎，有明显的季节性，蝇虫活动季节发病率可高达30％，处理不当的病牛死亡率可达50％。常可继发化脓性关节炎，使死亡率上升。根据流行病学、临床症状，即可做出诊断。

4. 防制

（1）预防措施　奶牛场应制订严格的消毒防病措施，场区及奶牛舍、饲养用具等每天应以0.3％洗必泰或0.1％杜灭芬等进行消毒。进入蚊蝇活动季节，奶牛均应定期以25％二嗪农乳液2.4毫升，兑水1000毫升，对牛舍、牛体喷洒灭蝇。

（2）发病后措施　可采用以下处方治疗。

【处方1】①乳酸环丙沙星注射液5毫克/（千克体重·次），肌内注射，2次/天，连用3～5天。②阿莫西林可溶性粉10毫克/千克体重，混饲，1次/天，连用3～5天。③以通奶针插入乳房，排净乳液后，注入0.1％高锰酸钾冲洗乳房。排出冲洗液，苄星青霉素120万国际单位，以注射用水稀释为50毫升注入乳房，1次/天，连用3～5天。

【处方2】①以通奶针插入乳房，排净乳液后，注入0.1％高锰酸钾冲洗乳房。排出冲洗液，苄星青霉素120万国际单位，以注射用水稀释为50毫升注入乳房，1次/天，连用3～5天。②阿莫西林可溶性粉10毫克/千克体重，混饮，1次/天，连用3～5天。③葡萄糖生理盐水注射液1500～2500毫升、40％乌洛托品注射液300～50毫升/头、复方康福那心注射液20～30毫升，静脉注射，1～2次/天，连用3～5天。

第三节　寄生虫病诊治

一、球虫病

牛球虫病是由牛球虫寄生于牛肠道黏膜上皮细胞内而引起的原虫病。临床上以出血性肠炎、渐进性消瘦和贫血为主要特征。

1. 病原

引起牛球虫病的病原主要是邱氏艾美耳球虫和牛艾美耳球虫。邱氏艾美耳球虫主要寄生于直肠，有时在盲肠和结肠下段也可发现。卵囊为圆形或椭圆形，无卵膜孔，低倍显微镜下观察时为无色，而在高倍显微镜下呈淡玫瑰色，原生质团几乎充满卵囊腔。牛艾美耳球虫寄生于小肠、盲肠和结肠。卵囊呈椭圆形，大小为（27～29）微米×（20～21）微米。卵膜孔不明显，有内残体，无外残体。在低倍显微镜下呈淡黄玫瑰色。

2. 流行病学

主要危害 2 岁以内的犊牛，死亡率也高。成年牛多为带虫者。一般多发生于每年的 4～9 月，特别是在潮湿、多沼泽的牧场上放牧时，易造成该病的流行。该病的主要传染源为成年带虫牛及临床治愈的牛，它们不断向外界排放卵囊，在适宜的条件下发育为具有感染性的孢子化卵囊，污染了饲料和饮水，牛在采食和饮水时经口感染。此外，犊牛吸吮被孢子化卵囊污染的母牛乳房时也可感染。

3. 临床症状

潜伏期为 2～3 周，多呈急性经过。病初精神沉郁，被毛粗乱，体温略高或正常，站立无力，喜卧于地，食欲减退，排出稀便，粪便中带有血液。随后体温升高至 40～41℃，机体消瘦，可视黏膜苍白，被毛粗乱无光，食欲减退或消失，肠音亢进，排出水样、咖啡色稀便，粪便中带有脱落的肠黏膜碎片和凝血块，后期粪便呈黑色，几乎全为血液，体温下降到 36℃ 以下，卧地不起，在极度贫血和衰竭的情况下死亡（见图 10-87）。

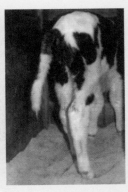

图 10-87 球虫病病牛临床症状
排黏液性血便致使肛门周围呈暗红色污染的犊牛（左图）；弓腰努背反复努责的犊牛（右图）

4. 病理变化

尸体极度消瘦，可视黏膜苍白。肛门松弛、外翻，后肢和肛门周围被粪便污染。肠系膜淋巴结肿大，肠黏膜肿胀、出血。直肠黏膜肥厚，有出血点和出血斑。淋巴滤泡肿大突出，有白色和灰色的小病灶、溃疡，其表面覆有凝乳样薄膜。直肠内容物呈褐色，恶臭，有纤维性薄膜和黏膜碎片。犊牛大肠肠腺上皮细胞可见不同发育阶段的球虫寄生（见图 10-88）。

5. 诊断

饱和盐水漂浮法检查粪便，发现大量卵囊时即可确诊。

6. 防制

（1）预防措施　牛场和牛舍应每天进行打扫，将粪便及污物运往贮粪池进行发酵处理后，作肥料。并以 5％氢氧化钠热溶液消毒；保持饲料、饮水清洁。成年牛可能是球虫携带者，故犊牛与成年牛应分开饲养，以防犊牛被球虫卵囊所感染。

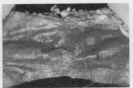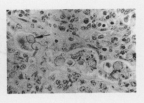

图 10-88 球虫病病牛病理变化

犊牛球虫病的小肠，肠黏膜呈弥漫性暗红色，黏膜肿胀，为急性出血性肠炎（左图）；
犊牛结肠黏膜水肿、出血、坏死，有许多黏稠状红色内容物（中图）；
犊牛大肠肠腺上皮细胞见不同发育阶段的球虫寄生（右图）

（2）发病后措施　可采用以下处方治疗。

【处方 1】①磺胺二甲基嘧啶 0.1 克/千克体重、甲氧苄氨嘧啶 25 毫克/千克体重、次硝酸铋 20 克、小苏打 50 克、颠茄酊 20 毫升，温水调灌服，1～2 次/天，连用 3～5 天。②0.1% 维生素 B_{12} 注射液 2 毫升，肌内注射，1 次/天，连用 3～5 天。③安络血注射液 50～100 毫克/次，肌内注射，2～3 次/天，连用 3～5 天。

【处方 2】①白头翁散 200～250 克/头，温水调灌服，1 次/天，连用 3～5 天。②葡萄糖生理盐水注射液 1500～2500 毫升、10% 安钠咖 20 毫升、磺胺间甲氧嘧啶钠注射液 50 毫克/千克体重、5% 碳酸氢钠注射液 200～250 毫升，静脉注射，2 次/天，连用 3～5 天。③0.1% 维生素 B_{12} 注射液 2 毫升，肌内注射，1 次/天，连用 3～5 天。④安络血注射液 50～100 毫克/次，肌内注射，2～3 次/天，连用 3～5 天。

【处方 3】①成年病牛用氯苯胍 400 毫克/头、磺胺二甲基嘧啶 10 毫克/千克体重，1 次/天，拌料口服，连用 4 天，犊牛减量。②全群牛采用氯苯胍拌料口服，成年牛 200 毫克/头，1 次/天，连用 7 天。犊牛按 25 毫克/千克体重投服氨丙啉，2～3 次/天。

二、牛囊尾蚴病（牛囊虫病）

牛囊尾蚴病（牛囊虫病）是由寄生在人肠道的牛带绦虫的幼虫寄

生于牛肌肉中而引起的寄生虫病。中间宿主主要是黄牛、水牛，绵羊、山羊、羚羊和鹿也可作为中间宿主，人类则是终末宿主。牛囊尾蚴多寄生在中间宿主的横纹肌、脑、眼和其他内脏器官中。该病严重危害人和动物的健康。

1. 病原

牛囊尾蚴呈灰白色、半透明的囊泡状，囊内充满液体。囊壁一端有一个内陷的粟粒大的头节，其上有 4 个吸盘。无顶突和小钩。牛带绦虫呈乳白色、带状，头节上有 4 个吸盘，无顶突和小钩，故又称之为无钩绦虫。雌雄同体，虫卵呈球形，黄褐色，内含六钩蚴。成虫寄生于人的小肠。孕节随粪便排出体外，污染牧地和饮水。当中间宿主——牛吞食虫卵后，六钩蚴在小肠中逸出，钻入肠黏膜血管，随血液循环到达全身肌肉，逐渐发育为牛囊尾蚴。人误食了含牛囊尾蚴的牛肉而感染。其在小肠经 2～3 个月的发育，成为牛带绦虫并开始排出孕节，成虫每天能生长 8～9 个节片，成虫在体内的寿命一般为 3～35 年。牛带绦虫卵对外界环境抵抗力较强，在干草堆存活 22 天，在牧地上存活 159 天，－30℃存活 16～19 天，－5～4℃存活 168 天。人是牛带绦虫唯一的终末宿主。

2. 临床症状

牛患囊尾蚴病多不表现临床症状，在大量感染或是某一器官受侵害时才见到症状。多表现为营养不良，生长受阻，贫血，水肿。当喉头受侵害时，可出现呼吸困难，声音嘶哑和吞咽困难；眼睛受侵害时，则出现视力障碍甚至失明；大脑受侵害时，可表现癫痫症状，有时产生急性脑炎，或突然死亡。

3. 病理变化

牛囊尾蚴寄生于咬肌、舌肌、颈部肌、肋间肌、臀部肌、心肌与膈肌等部位。严重感染时全身肌肉均可寄生，偶见于肝、肺、淋巴等器官。牛囊尾蚴约黄豆大，呈乳白色囊泡状，囊内充满液体，囊壁上有一个乳白色小结。将此小结制成压片用低倍显微镜观察，可见到头节上的四个吸盘（见图 10-89）。

图 10-89 牛囊尾蚴病病牛病理变化

牛骨骼肌中寄生的囊尾蚴，色灰白，呈小泡状，内含液体和一个头节（左图）；
牛心脏寄生的囊尾蚴，在心室壁切面和心外膜均可见到，
心外膜下的囊尾蚴常向外突出，呈小泡状（右图）

4. 防制

（1）预防措施　宰杀场发现患囊尾蚴病牛，应彻底煮熟后出售；感染严重的病尸可炼油供工业用。养牛场饲养管理人员，要定期以灭绦灵或吡喹酮内服，以驱杀肠道牛带绦虫。人驱虫后排出的虫体和粪便应彻底焚烧，以达无害化目的。

（2）发病后措施　目前尚无治疗牛囊尾蚴病的有效方法。防治牛患囊尾蚴病，重在治疗人的牛带绦虫病。人无绦虫病，牛就不会感染囊尾蚴，不会发生牛囊尾蚴病。

三、细颈囊尾蚴病

细颈囊尾蚴病是由泡状带绦虫的幼虫（细颈囊尾蚴）寄生于猪、黄牛、山羊、绵羊等家畜及野生动物肝脏浆膜、网膜和肠系膜等处，所引起的寄生虫病。

1. 病原及流行病学

病原为泡状带绦虫的幼虫——细颈囊尾蚴，囊泡似鸡蛋大小，头节所在处呈乳白色。成虫在犬小肠中寄生。孕卵节片随粪便排出，牛吞食虫卵后，释放出六钩蚴，六钩蚴随血流到达肠系膜和网膜、肝脏

等处，发育为细颈囊尾蚴。

泡状带绦虫寄生于终末宿主，犬、狐狸、家猫、狼、北极熊等的小肠内，孕节和虫卵不断随粪便排出体外，污染环境、饮水和饲料，被中间宿主猪、牛、羊等吞食后，在胃肠道内逸出的六钩蚴即钻入肠壁血管，随血流到肝脏，并逐渐移行至肝表面，进入腹腔发育。经过3个月左右的发育，囊体达到一定的体积并成熟。成熟的囊尾蚴多寄生在肝被膜、肠系膜和网膜上，也可见于腹腔的其他部位。此时的囊体直径可达5厘米或更大，囊内充满液体，当终末宿主，犬、狐狸、家猫、狼、北极熊等吞食了含有细颈囊尾蚴的内脏后，它们进入小肠内发育为成虫。

2. 临床症状和诊断

细颈囊尾蚴对幼龄家畜的致病性很强，尤以仔猪、犊牛和羔羊为甚。成年动物除感染特别严重者外，一般无临床症状。而仔猪、犊牛和羔羊常有明显的症状。多表现为虚弱消瘦和黄疸。有急性腹膜炎时，体温升高，腹腔积水，肚腹膨大，按压腹壁有痛感，经过9～10天的急性发作期后，转为慢性。细颈囊尾蚴病生前诊断比较困难，只有剖检或用饱和盐水漂浮法做粪便中的虫卵检查才能确诊。

3. 防制

（1）预防措施　养牛场最好不要养犬和猫，如养犬和猫应定期以吡喹酮内服，以驱杀肠道泡状带绦虫。犬和猫驱虫后排出的虫体和粪便应彻底焚烧。养牛场以屠宰动物废弃物，如肝脏、肠系膜和网膜饲喂犬和猫时，应煮熟后喂给，不得生喂。

（2）发病后措施　目前只有吡喹酮对细颈囊尾蚴有治疗作用，杀灭效果可达100%。

【处方】吡喹酮75毫克/千克体重，温水调灌服，1次/天，连服3天。

四、食道口线虫病（结节虫病）

反刍兽食道口线虫病是由食道口线虫的幼虫及成虫寄生于结肠腔及肠壁而引起的寄生虫病，由于有些种的幼虫阶段可使肠壁发生结节，故有结节虫病之名。

1. 病原及流行病学

病原主要有辐射食道口线虫、哥伦比亚食道口线虫、微管食道口线虫。牛以辐射食道口线虫的危害最大，虫卵随粪便排出体外，污染环境、饮水和饲料，虫卵在 25～27℃ 的条件下孵化出第一期幼虫，经 7～8 天蜕变两次变为第三期感染性幼虫。感染性幼虫被牛吞食后而感染，幼虫在肠内脱鞘，感染后 36 小时，大部分幼虫已钻入小结肠和大结肠固有膜深处，至 3～4 天，大多数幼虫已形成结节状包囊。6～8 天幼虫在结节内完成第三次蜕变，并自结节中钻出返回肠腔，在其中发育。到 27 天第四期幼虫发育完成。感染后 32 天，97% 的幼虫已发育到第五期。至 41 天发育为成虫，开始产卵。虫卵随粪便排出体外，污染饮水、饲料和环境，牛吞食虫卵而感染。

2. 临床症状和诊断

严重感染时，病牛表现为持续性腹泻，粪便常呈暗绿色，含有大量黏液、脓汁或血液，病牛弓腰，后肢僵直，有腹痛症状，逐渐消瘦，贫血，生长受阻，被毛粗乱无光，可因脱水衰弱致死［见图 10-90（左图）］。继发细菌感染时，可发生化脓性结节性大肠炎［见图 10-90（右图）］，甚至引起死亡。生前诊断比较困难，只有在剖检时在结肠肠壁发现乳白色结节才能做出诊断。

图 10-90 食道口线虫病病牛临床症状

病牛表现为持续性腹泻、消瘦（左图）；化脓性结节性大肠炎（右图）

3. 防制

（1）预防措施　牛舍应每天进行打扫、冲洗，并以 2％氢氧化钠消毒，不到被食道口线虫虫卵污染的草地放牧，以避免被感染。

（2）发病后措施　可采用以下处方治疗。

【处方 1】 潮霉素 B 预混剂（按潮霉素 B 计），10～13 克拌入 1000 千克饲料，发病牛场全群混饲，连用 8 天。

【处方 2】 芬苯达唑预混剂（按芬苯达唑计）7.5 毫克/千克体重，全群拌料混饲，1 次/天，连用 6 天。服药后每天清扫牛舍，将排出的虫体和粪便运到远离牛场的地方堆积发酵，或挖坑沤肥，以杀灭食道口线虫卵。

【处方 3】 盐酸左旋咪唑预混剂（按盐酸左旋咪唑计）7.5 毫克/千克体重，拌料全群混饲 1 次，间隔 2 周再驱虫 1 次。服药后 1～3 天，每天清扫牛舍，将排出的虫体和粪便运到远离牛场的地方堆积发酵，或挖坑沤肥，以杀灭食道口线虫卵。

五、血矛线虫病

血矛线虫病是由寄生于反刍动物皱胃和小肠的多种线虫引起的消化道圆线虫病，其中以捻转血矛线虫的致病力最强。

1. 病原及流行病学

新鲜虫体淡红色，头端较细、口囊小，其内有一个角质背矛，有显著的颈乳突。雌虫因吸血变为红色的肠管和白色的生殖器官交互缠绕，形成红白线条相间的外观，故称捻转血矛线虫，因寄生在胃，故又称捻转胃虫。捻转血矛线虫寄生于反刍动物的皱胃，偶见于小肠。虫卵随粪便排出，在适宜的条件下大约经 1 周发育为第三期感染性幼虫。感染性幼虫带有鞘膜，在干燥的环境中，可以休眠状态存活 1 年半以上。感染性幼虫被反刍动物摄食后，在瘤胃内脱鞘，脱鞘后进入皱胃，钻进胃黏膜，感染后 18～21 天发育成熟，成虫游离在胃内，交配产卵，其寿命不超过 1 年。

2. 临床症状和病理变化

捻转血矛线虫和指形长刺线虫感染性幼虫钻入胃黏膜时，机械作用破坏胃黏膜，引起炎症（见图 10-91）。由于虫体吸血致使病牛发生贫血和衰弱。

图 10-91 胃黏膜发炎，充血、出血

3. 防制

（1）预防措施 在血矛线虫病流行地区，每年春季和秋季，应用丙硫咪唑或依维菌素等，各进行一次预防性驱虫；粪便堆积生物热处理；保持牧场和饮水清洁，有计划地实行轮牧；加强饲养，合理补充精料，增强机体抵抗力。

（2）发病后措施 可采用以下处方治疗。

【处方 1】1% 依维菌素注射液 0.3 毫升/千克体重，皮下注射，夏、秋季节每月 1 次。

【处方 2】盐酸左旋咪唑片 7.5 毫克/千克体重，拌料内服，夏、秋季节每月 1 次。

六、螨病

牛螨病主要是由疥螨和痒螨寄生于牛表皮内或体表所引起的慢性皮肤病。临床上以剧痒和皮炎为特征。

1. 病原

疥螨寄生于牛等动物的表皮深层。虫体呈圆形，背面隆起，腹部扁平，浅黄色，大小为 0.2～0.5 毫米。痒螨寄生于牛等动物的体表。虫体呈椭圆形，大小为 0.52～0.8 毫米，虫体前端突出一长椭圆形的吸吮型口器。

2. 流行病学

螨病主要通过病牛接触健康牛直接传播，或通过被病牛污染的圈舍、用具等间接接触传播。此外，亦可由工作人员的衣服、手及诊断治疗器械传播病原。螨病主要发生于秋末、冬季和初春，尤其在牛舍潮湿、阴暗、拥挤及卫生条件差的情况下，极易造成螨病的严重流行。疥螨和痒螨的全部发育过程均在动物体上进行，包括卵、幼虫、若虫、成虫 4 个阶段。疥螨的口器为咀嚼式，在牛表皮内挖掘隧道，以角质层组织和渗出的淋巴液为食，在此发育和繁殖。痒螨以口器穿刺皮肤，以组织细胞和体液为食。

3. 临床症状

牛的疥螨和痒螨大多混合感染。初期多在头、颈部发生不规则丘疹样病变，病牛剧痒，到处用力擦痒或用嘴啃咬患处，造成局部损伤、脱屑、脱毛和发炎，甚至出血、皮肤增厚、弹性下降（见图 10-92）。鳞屑、污物、被毛和渗出物粘在一起，形成痂皮，痂皮被擦破后，创面有多量液体渗出及毛细血管出血，又重新结痂。病变逐渐扩大，往往波及全身，病牛长期躁动不安，严重影响牛采食和休息，消化、吸收功能减退，日渐消瘦。若继发感染，则体温升高。严重时因消瘦、衰竭死亡。

4. 诊断

病变部位检出病原即可确诊。首先在患部皮肤和健康皮肤交界处剪毛，刮下表层痂皮，用消毒的凸刃刀片，刮取病灶边缘处皮屑，刮至皮肤微出血为止，将刮下的皮屑收集于培养皿或试管内，然后通过直接涂片法、沉淀法、漂浮法检查病原。

5. 防制

（1）预防措施　平时对圈舍、场地经常打扫，定期消毒，保持圈舍通风干燥，宽敞明亮；经常观察牛群，检查有无脱毛、发痒现象，发现可疑病牛，应立即隔离并查明原因给予治疗。引入牛后隔离一段时间，必要时进行灭螨处理后再合群；牛群中发现疥螨病时，以依维菌素预混剂（按依维菌素计）2 克拌料 1000 千克，全群混饲，连用7 天。

图 10-92 水牛耳部的疥螨，皮肤粗糙、脱屑、脱毛

（2）发病后措施　可采用以下处方治疗。

【处方 1】①患部及其周围剪毛，除去污垢和痂皮，以温肥皂水或 2% 温来苏尔水刷洗。②以硫黄软膏涂抹患部，2 次/天，直至痊愈。

【处方 2】①1% 依维菌素注射液 0.3 毫升/千克体重，皮下注射。如不能痊愈，可每隔 7 用药 1 次，连用 2～3 次。②以硫黄软膏涂抹患部，2 次/天，直至痊愈。

【处方 3】敌百虫，用 2%～3% 水溶液涂擦患部，每次不宜超过10 克，每次治疗后应间隔 2～3 天再处理。或敌百虫 1 份加液体石蜡4 份，加热溶解后涂擦患部。或溴氰菊酯（敌杀死、倍特）配成0.005%～0.008% 水溶液，喷淋或涂擦，1 周后再治疗 1 次。或双甲脒（特敌克），12.5% 双甲脒乳油 1 毫升，配成 0.2%～0.3% 水溶液，喷淋或涂擦。

七、弓形虫病

弓形虫病是由刚地弓形虫引起的一种人畜共患病。宿主种类十分广泛，人和动物的感染率都很高。牛、羊、犬等也能被感染而发病。

1. 病原和流行病学

弓形虫的发育过程需要中间宿主（哺乳类、鸟类等）和终末宿主（猫科动物）两个宿主。猫吞食了弓形虫包囊或卵囊，子孢子、速殖子和慢殖子侵入小肠黏膜上皮细胞，进行发育和繁殖，最后产生卵囊，卵囊随猫粪便排出体外污染饮水、饲料和环境，在适宜条件下，经 2～4 天，发育为感染性卵囊。感染性卵囊通过消化道侵入中间宿主释放出子孢子，子孢子通过血液循环侵入有核细胞，在胞浆中以内出芽的方式进行繁殖。

2. 临床症状和诊断

弓形虫病的急性症状表现为食欲减退或废绝，体温升高，呼吸急促，眼内出现浆液或脓性分泌物，流清鼻涕。精神沉郁，嗜睡，数日后出现神经症状，后肢麻痹，病程 2～8 天，常发生死亡。慢性病例则病程较长，表现出厌食，逐渐消瘦，贫血。病畜可出现后肢麻痹，并导致死亡，但多数病畜可耐过。根据流行病学和临床症状可做出初步诊断，要做出确诊必须进行实验室检查。

3. 防制

（1）预防措施　养牛场禁止养猫，并严防外来猫进入牛场，更不得使其接触饲料和饮水。大多数消毒剂对弓形虫卵囊无效，养殖场发生弓形虫病时，对可能被污染的区域可用火焰喷灯进行消毒。

（2）发病后措施　可采用以下处方治疗。

【处方1】磺胺二甲氧嘧啶钠预混剂（按磺胺二甲氧嘧啶钠计）0.1 克/千克体重、碳酸氢钠粉 30～100 克/次，拌料混饲，1 次/天，连用 3～5 天。

【处方2】①20％磺胺间甲氧嘧啶钠注射液首次量 0.5 毫升/千克体重，维持量 0.25 毫升/千克体重，肌内注射，2 次/天。②碳酸氢钠粉 30～100 克/次，拌料混饲，2 次/天，连用 3～5 天。

【处方3】葡萄糖生理盐水注射液 1500～2500 毫升、20％磺胺间甲氧嘧啶钠注射液首次量 100 毫克（维持量 50 毫克）/（千克体重·次）、5％碳酸氢钠注射液 200～300 毫升，静脉注射，2 次/天，连用

3～5 天。

八、牛巴贝斯虫病

巴贝斯虫病是由双芽巴贝斯虫和巴贝斯虫寄生于牛的红细胞内而引起的一种寄生虫病。临床上以高热、血红蛋白尿和贫血等为特征。

1. 病原和流行病学

双芽巴贝斯虫的虫体较大，其长度大于红细胞半径，呈梨子形、圆形、椭圆形及不规则形等，成对存在，多位于红细胞中央。吉姆萨染色虫体胞浆呈淡蓝色，染色质呈紫红色。巴贝斯虫的虫体较小，其长度小于红细胞半径，呈梨子形、圆形、椭圆形及不规则形等。大部分虫体位于红细胞边缘，少数位于中央。

该病多发生在 7～9 月，呈地方性流行，微小牛蜱为该病的主要传播媒介。当带有病原体的蜱吸食牛血时，病原体随蜱的唾液进入牛体内而引起该病的发生。以 1～2 岁的牛发病最多，但症状轻，很少死亡，成年牛虽然发病率低，但症状重，死亡率也高。纯种牛和从外地引进的牛易感性高，且死亡率高。

2. 临床症状

潜伏期为 8～15 天，病初体温升高至 40～42℃，呼吸心跳加快，精神沉郁，食欲减退或消失，反刍缓慢或停止，嗳气异常，便秘或腹泻，一些病牛常排出黑褐色、恶臭并带有黏液的粪便。怀孕母牛可发生流产，奶牛泌乳减少或停止。病牛迅速消瘦、贫血，可视黏膜苍白和黄染（见图 10-93）。尿液呈淡红色，逐渐变为黑红色。

3. 诊断

红细胞显著减少，可降至 $1×10^{12}～3×10^{12}$ 个/升。初期发热反应中，红细胞中可发现虫体。

4. 防制

（1）预防措施　进入温暖季节后，要以 25％二嗪农杀虫乳液 2.4 毫升，加水 1000 毫升，对牛舍和牛体进行喷洒以杀灭蜱，每月 1 次。

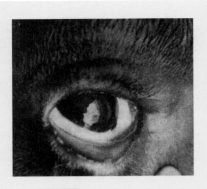

图 10-93 眼结膜贫血、黄染

（2）发病后措施　可采用以下处方治疗。

【处方 1】①二丙酸双脒苯脲注射液 2 毫克/千克体重，肌内注射。②0.1％维生素 B_{12} 注射液 2 毫升，肌内注射，1 次/天，连用 3～5 天。③右旋糖酐铁注射液 10 毫克/千克体重，深部肌内注射。

【处方 2】①三氮脒 5～7 毫克/千克体重，以注射用水配成 7％溶液，深部肌内注射，1 次/天，连用 2～3 次。②0.1％维生素 B_{12} 注射液 2 毫升，肌内注射，1 次/天，连用 3～5 天。③右旋糖酐铁注射液 10 毫克/千克体重，深部肌内注射。

九、泰勒虫病

泰勒虫病是由泰勒虫寄生于牛的红细胞和网状内皮系统的细胞内而引起的一种寄生虫病。临床上以高热、淋巴结肿大和贫血等为特征。

1. 病原

病原为环形泰勒虫、虫体较小，形态多样。寄生于红细胞内的虫体长度小于红细胞半径，虫体呈环形、椭圆形、逗点形、卵圆形、杆形、圆点形、十字形等，各种形状的虫体可同时出现在一个红细胞内。寄生在网状内皮系统细胞（主要是单核细胞和淋巴细胞）中的虫体常常是一种多核体，形状像石榴的横切面，称之为石榴体。

2. 流行病学

传播媒介是残缘璃眼蜱，该病多发生在 6～9 月，且只发生在圈舍饲养的牛。各种年龄的牛均易感，但以 1～3 岁的牛发病最多。在流行地区，本地品种的牛大多为带虫者，对病原体有抵抗力，常不发病，或发病后症状轻微。而引进品种易感性高，病情严重，且死亡率高。

3. 临床症状和病理变化

潜伏期为 14～20 天，常取急性经过，大部分病牛经 3～20 天死亡。体温升高至 40～42℃，呈稽留热型，少数病牛可呈弛张热或间歇热。病牛精神沉郁，呼吸、心跳加快，食欲减退或消失，反刍、嗳气缓慢，行走无力，多卧少立，眼结膜充血肿胀，流出多量浆液性眼泪，以后贫血和黄染，布满绿豆大溢血斑。尾根、肛门周围及阴囊等薄的皮肤上出现粟粒乃至扁豆大的、深红色结节。颌下、胸前、腹下及四肢发生水肿。全身皮下、肌间、黏膜和浆膜上均可见大量的出血点和出血斑。全身淋巴结肿大，切面多汁，实质有暗红色和灰白色大小不一的结节（见图 10-94、图 10-95）。

图 10-94 泰勒虫病病牛病理变化（一）

皮肤增生性结节（左图）；气管黏膜的出血性结节（中图）；

淋巴结肿大，切面呈红褐色（右图）

4. 诊断

红细胞下降至 $1 \times 10^{12} \sim 3 \times 10^{12}$ 个/升（正常为 $5 \times 10^{12} \sim 6 \times 10^{12}$ 个/升），血红蛋白降至 20%～40%（正常为 50%～70%）；红

细胞大小不均，出现异型红细胞；血液涂片，经吉姆萨或瑞氏染色后镜检，在红细胞内可见虫体，穿刺淋巴结，在淋巴细胞内可见石榴体。

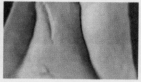

图 10-95 泰勒虫病病牛病理变化（二）

脾被膜血管怒张，可见许多大小不等的圆形、出血性结节（左图）；

皱胃黏膜可见许多大小不等的圆形溃疡，其中心凹陷，外围隆起（中图）；

肾脏表面见散在的灰白色结节（右图）

5. 防制

（1）预防措施　进入温暖季节后，要以 25％二嗪农杀虫乳液 2.4 毫升，加水 1000 毫升，对牛舍和牛体进行喷洒以杀灭蜱，每月 1 次。

（2）发病后措施　可采用以下处方治疗。

【处方 1】①磺胺甲氧吡嗪 50 毫克/千克体重、甲氧苄氨嘧啶 25 毫克/千克体重、磷酸伯氨喹啉 0.75 毫克/千克体重，混合均匀，温水调灌服，1 次/天，连用 2～3 天。②10％葡萄糖注射液 1500～2500 毫升、生理盐水注射液 500～1000 毫升、10％安钠咖 20 毫升，静脉注射，2 次/天，连用 3～5 天。③0.1％维生素 B_{12} 注射液 2 毫升，肌内注射，1 次/天，连用 3～5 天。④右旋糖酐铁注射液 10 毫克/千克体重，深部肌内注射。

【处方 2】①三氮脒 5～7 毫克/千克体重，以注射用水配成 7％溶液，深部肌内注射，1 次/天，连用 2～3 次。如果红细胞染虫率下降不明显，应继续用药 2 次。②0.1％维生素 B_{12} 注射液 2 毫升，肌内注射，1 次/天，连用 3～5 天。③右旋糖酐铁注射液 10 毫克/千克体重，深部肌内注射。

第四节　营养代谢病诊治

一、母牛卧倒不起综合征（生产瘫痪）

母牛卧倒不起综合征是指母牛分娩前后发生卧倒后不能起立，用钙剂治疗无效或效果不明显的一种临床综合征。其多发于分娩后 2～3 天的高产奶牛。

1. 病因

由矿物质代谢紊乱引起，尤其是低钙血症、低磷酸盐血症、低钾血症和低镁血症。低钙血症用钙剂治疗有效。病牛用钙剂治疗时，精神沉郁和昏迷状态虽然有所好转，但依然爬不起来，多为低磷酸盐血症；精神抑郁和昏迷状态完全消失，甚至开始有食欲，但仍不能站起来，多为低钾血症引起的肌肉衰弱所致；若爬不起来，还伴有抽搐、感觉过敏、阵发性或强直性肌肉痉挛等症状，则可能为低镁血症。

由于胎儿过大，产道开张不全，粗暴助产，损伤产道及周围神经，犊牛产出后，母牛发生麻痹，如果同时伴有低钙血症，则常发展为该病。若躺卧超过 4 小时，可因血液供应障碍造成局部缺血性坏死，尤其是坐骨区肌肉和髋关节周围组织发生坏死，使症状加重。

产前饲喂高蛋白、低能量日粮，由于瘤胃内异常发酵，产生大量有毒物质，以分娩为契机，造成自体中毒而引起该病。

此外，酮病、髋关节脱臼、四肢骨及骨盆骨骨折、败血性子宫内膜炎、子宫扭转、败血性乳腺炎、闭孔神经麻痹等疾病，也可能诱发该病。

2. 临床症状

病初呈现短暂的兴奋，头、颈及四肢肌肉震颤，呆立不动，摇头、磨牙，消化功能紊乱，食欲减退，反刍减少，体温一般正常。后肢僵硬无力，平衡失调，当挣扎站立时，常前肢伏于地上，呈犬坐姿势。继之转为精神沉郁，卧地不起，反应迟钝，后躯麻痹，头屈于腹部一侧（见图 10-96）。鼻镜干燥，四肢末端发凉，体温略低，一般为 36～38℃，表情呆滞，食欲和反刍消失，瘤胃蠕动音减弱或消失，粪便干燥。很快转入昏迷状态（见图 10-97），病牛侧卧于地上，四肢无目的地划动，呼吸心跳微弱，呈昏睡状，最后体温下降而死亡。

图 10-96 母牛卧倒不起综合征病牛临床症状

典型的产后瘫痪病牛，表现头颈部弯曲（左图）；即使投予钙剂也倒地不起的病牛（右图）

图 10-97 产后瘫痪，横卧陷入昏迷状态的病牛

3. 防治

（1）预防措施　牛群不得使用单一精料饲喂，应供给配合的平衡日粮，以防钙、磷缺乏。奶牛产前 1 周，用维生素 D_3 注射液 1500～3000 单位/千克体重，肌内注射，1 次/天，连用 7 天；产前避免饲喂高蛋白、高能量日粮。

（2）发病后措施　可采用以下处方治疗。

【处方 1】 ①葡萄糖生理盐水注射液 1500～2500 毫升、10％葡萄糖酸钙注射液 800～1000 毫升，静脉注射，2 次/天，连用 2～3 天。②骨化醇注射液 0.15 万～0.3 万国际单位/次，肌内注射，1 次/天，连用 3～5 天。③骨粉 10 千克拌入 1000 千克饲料中，全群混饲，连用 5～7 天。

【处方 2】①葡萄糖生理盐水注射液 1500～2500 毫升、25％葡萄糖酸钙注射液 400～600 毫升，静脉注射，2 次/天，连用 2～3 天。②骨粉 10 千克拌入 1000 千克饲料中，全群混饲，连用 5～7 天。③维生素 D_3 注射液 1500～3000 单位/千克体重，肌内注射，1 次/天，连用 5～7 天。

【处方 3】以上处方无效时，应考虑低镁血症和低钾血症。疑为低钾血症（母牛机敏，爬行和挣扎，但不能站立），用 10％氯化钾溶液 100～150 毫升、5％葡萄糖注射液 2000 毫升，混合，一次缓慢注射；疑为低镁血症（伴有抽搐和感觉过敏），用 20％～25％硫酸镁溶液 100～200 毫升，一次静脉注射。

二、奶牛醋酮血症

奶牛醋酮血症又称酮病，是由于脂肪代谢紊乱，使酮体在体内大量蓄积而引起的代谢性疾病。其多发生于产后 3 周以内的高产奶牛，临床上以精神异常、代谢紊乱、酮血、酮尿、酮乳和酮中毒为特征。

1. 病因

大量喂给高能量、高蛋白饲料，日粮中又缺乏优质的秸秆、青绿多汁的粗饲料，加之缺乏经常性的运动所致。

内分泌功能失调，如脑垂体的肾上腺皮质功能不全，甲状腺功能减退，微量元素钴缺乏，都可引起酮病。

皱胃变位、创伤性网胃炎、前胃弛缓、胃肠卡他、子宫内膜炎、产后瘫痪等疾病，也可继发该病。

2. 临床症状

根据血液中酮体含量和有无临床表现，可将该病分为临床型酮病和亚临床型酮病两种。

（1）临床型酮病 根据临床表现又可分为消化型、神经型和瘫痪型。消化型（见图 10-98）病初食欲减退，拒食精料，尚能采食少量干草。继而食欲废绝，发生异食症，喜喝污水、尿汤，吃污秽不洁的垫草。初便秘，后多排出恶臭的稀便。瘤胃弛缓，蠕动减弱。体温正常或下降，心跳增数，呼吸浅表。呼出气、尿液、乳汁中有刺鼻的酮臭味（烂苹果味）。神经型突然发作，上槽后不认槽，在棚内乱转，眼球突出，目光凶视，横冲直撞，站立不安，全身紧张，颈部肌肉强直[见图10-99（左图）]。有的牛在运动场内乱跑，空口咀嚼，流涎[见图10-99（右图）]，感觉过敏，舔舌，眼球震颤，哞叫，状似"疯牛"。有的表现沉郁症状，不愿走动，呆立槽前，头低耳耷，目光无神，状似睡态，对外界刺激反应迟钝。瘫痪型病牛许多症状与生产瘫痪相似，还出现酮病的一些主要症状，如食欲减退或废绝、前胃弛缓等消化系统功能紊乱表现，以及对刺激反应敏感、肌肉震颤、痉挛、泌乳量急剧下降等神经症状，但用钙制剂治疗效果微弱。

图 10-98　消化型病牛临床症状

（2）亚临床型酮病　无明显临床症状，仅见乳、尿、血中酮体含量升高，间或有产奶量下降和体重减轻现象。

3. 诊断

进行血酮、尿酮、乳酮以及血糖浓度检验。患酮病时，血酮升高至 1.72～17.2 毫摩尔/升（正常为 0～1.72 毫摩尔/升），尿酮升高至 13.76～22.36 毫摩尔/升（正常为 1.72～12.04 毫摩尔/升），乳酮升高至 6.88 毫摩尔/升（正常为 0.516 毫摩尔/升），血糖浓度降低至

1.12～2.24毫摩尔/升（正常为2.8毫摩尔/升）。

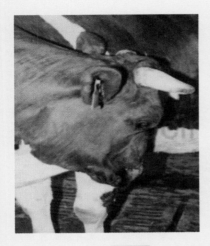 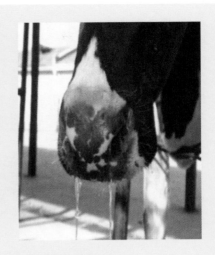

图 10-99　神经型病牛（左图）和流涎（右图）

4. 防制

（1）预防措施　奶牛应按不同的饲养阶段，供给不同的平衡日粮。舍饲奶牛每天必须定时进行舍外运动两次，每次1小时。高产奶牛应定期检查奶、尿中酮体含量，以便早发现，早防治。

（2）发病后措施　首先减少饼粕、黄豆等精料的饲喂量，增喂玉米、甜菜、干草等碳水化合物和粗饲料，并适当增加运动。治疗以提高血糖浓度、缓解酸中毒和调整胃肠功能为原则。

【处方1】①25%葡萄糖注射液500～1000毫升、葡萄糖生理盐水注射液2500～3500毫升、5%碳酸氢钠注射液300～800毫升、地塞米松磷酸钠注射液20毫克/千克体重、10%樟脑磺酸钠注射液20～30毫升，静脉注射，2～3次/天，连用2～3天。②乳酸铵200克，温水调灌服，1次/天，连用7天。③电解多维500克，加入清水1000千克，供全群饮用，连用5～7天。

【处方2】①10%葡萄糖酸钙注射液200～300毫升、地塞米松磷酸钠注射液 20 毫克/千克体重、葡萄糖生理盐水注射液 2500～3500 毫升、10％樟脑磺酸钠注射液 20～30 毫升，静脉注射，2～3 次/天，连用 2～3 天。②丙三醇（甘油）250 毫升、温水 1500 毫升，一次灌服，2 次/天，连用 5 天。③电解多维 500 克，加入清水 1000 千克，供全群饮用，连用 5～7 天。

【处方 3】①疏基丙酰甘氨酸 50 毫升（2500 毫克）、葡萄糖生理盐水注射液 2500～3000 毫升，静脉注射，1 次/天，连用 5 天。②电解多维 500 克，加入清水 1000 千克，供全群饮用，连用 5～7 天。

三、佝偻病

佝偻病指犊牛在生长过程中，由于矿物质钙、磷和维生素 D 缺乏所致的成骨细胞钙化不全、软骨肥大及骨骺增大的骨营养不良性疾病。其特征是消化紊乱、长骨弯曲和跛行。

1. 病因

病因为日粮中钙、磷缺乏，或者是由于维生素 D 不足影响钙、磷的吸收和利用，而导致骨骼异常，饲料利用率降低、异食、生长速度下降。

2. 临床症状

四肢各关节肿大，特别是腕关节和跗关节最为明显；四肢长骨弯曲变形，肋和肋软骨连结处肿大呈串珠样，脊柱变形；站立时拱背。两前肢腕关节外展呈"O"形；两后肢跗关节向内收呈"X"状，运步强拘，起立和运动困难，跛行，喜卧不起；牙齿发育不良，咀嚼困难；胸廓变形，鼻、上颌肿大、隆起，颜面增宽，呈"大头"。呼吸困难。重病牛有神经症状，抽搐、痉挛，易发生骨折，韧带剥脱。

3. 病理变化

主要病理变化是骨肿大、变形、质软；骨钙化不全。

4. 诊断

对饲料中钙、磷、维生素 D 含量检测可确切诊断。

5. 防制

（1）预防措施 加强妊娠后期母牛的饲养管理，防止犊牛先天性骨发育不良；出生后，加强犊牛的护理。尽早培养采食能力，饲料安排应以适口性好的，品质好的，保证蛋白质、矿物质及维生素的供给。犊牛舍应干燥、通风，并且日光充足。

（2）发病后措施　在饲养上给豆科牧草及其籽实、优质干草和骨粉。

【处方 1】维生素 D_2（骨化醇）200 万～400 万单位，肌内注射，隔日 1 次，3～5 次为 1 个疗程。

【处方 2】维生素 AD 注射液（维生素 A 25 万国际单位、维生素 D 2.5 万国际单位）50 万～100 万单位，或维丁胶性钙 5～10 毫升，一次肌内注射，每日 1 次，连续注射 3～5 天。

四、维生素 A 缺乏症

该病是由于日粮中维生素 A 原（胡萝卜素等）和维生素 A 供应不足或消化吸收障碍所引起的以黏膜、皮肤上皮角化变质，生长停滞，干眼病和夜盲症为主要特征的疾病。

1. 病因

长期饲喂不含动物性饲料或白玉米的日粮，又不注意补充维生素 A 时就易产生维生素 A 缺乏症。饲料中油脂缺乏、长期腹泻、肝胆疾病、十二指肠炎症等都可造成维生素 A 的吸收障碍。

2. 临床症状

维生素 A 缺乏多见于犊牛，主要表现生长发育迟缓，消瘦，精神沉郁，共济失调，嗜睡。眼睑肿胀、流泪，眼内有干酪样物质积聚，常将上、下眼睑粘连在一起，出现夜盲。角膜混浊不透明，严重者角膜软化或穿孔，直至失明[见图 10-100（左图）、图 10-100（中图）]。常伴发上呼吸道炎症或支气管肺炎，表现咳嗽，呼吸困难，体温升高，心跳加快，鼻孔流出黏液或黏液脓性分泌物。病牛前肢肿胀[见图 10-100（右图）]。

成年牛表现消化紊乱，前胃弛缓，精神沉郁，被毛粗乱，进行性消瘦，夜盲，甚至出现角膜混浊、溃疡。母牛表现不孕、流产、胎衣不下；公牛表现肾脏功能障碍，尿酸盐排泄受阻，有时发生尿结石，性功能减退，精液品质下降。

图 10-100 维生素 A 缺乏症病牛临床症状

去势育肥牛维生素 A 缺乏症，表现眼球突出和失明（左图）；
病牛表现突然出现神经症状和失明（中图）；病牛前肢明显肿胀（右图）

3. 诊断

测定日粮的维生素 A 含量可做出确切诊断。

4. 防制

（1）预防措施　停喂贮存过久或霉变饲料；全年均应供给适量的青绿饲料，避免终年只喂给农作物秸秆。

（2）发病后措施　可采用以下处方治疗。

【处方 1】①鱼肝油 50～80 毫升/次，拌入精料喂给，1 次/天，连用 3～5 天。②苍术 50～80 克/次，混入精料中全群喂给，1 次/天，连用 5～7 天。

【处方 2】①维生素 AD 注射液（维生素 A 25 万单位、维生素 D 2.5 万单位）10 毫升/次，肌内注射，1 次/天，连用 3～5 天。②胡萝卜 500 克/头，全群喂给，1 次/天，连用 10～15 天。

第五节　中毒病诊治

一、瘤胃酸中毒

瘤胃酸中毒是由于牛采食了多量富含碳水化合物的饲料后，在瘤胃内异常发酵产生大量乳酸，乳酸被吸收而引起的一种疾病。瘤胃酸中毒多发生于牛，尤其是分娩前后和泌乳盛期的乳牛，死亡率很高。

1. 病因

牛过量食入谷物精料，如玉米、大麦、小麦、高粱等，或块根、块茎类饲料，如甜菜、马铃薯、甘薯、萝卜等，缺乏粗饲料而引发；粗饲料品质不良，或突然改变饲料配方而大量添加谷物精料和块根、块茎类饲料。

2. 临床症状

急性病例常无明显的前驱症状，而突然死亡。亚急性病例，表现精神沉郁，行动迟缓，步态不稳，呼吸急促，心跳加快。瘤胃内容物呈粥状，临死前呻吟，倒于地上，四肢呈游泳状划动，高声哞叫。病情较缓和的病例，体温正常或稍升高，呼吸、心跳加快，食欲、反刍废绝，瘤胃蠕动弛缓或停止，嗳出酸臭气体。粪便稀软、有酸臭味。逐渐出现脱水症状，眼球下陷，皮肤干燥无弹性，血液浓稠，少尿或无尿。如治疗不及时，很快出现神经症状，表现兴奋不安或精神沉郁，最后卧地不起，呈昏睡状态，很快死亡。瘤胃酸中毒可引起瘤胃黏膜溃疡，周围黏膜出血（见图 10-101）。

3. 诊断

检查血液中乳酸、碱贮等含量以及尿液、瘤胃液酸碱度等，有助确诊。

4. 防制

（1）预防措施　精料中各种营养成分应达饲养标准，切忌以玉米、大麦、小麦、高粱等碳水化合物的饲料代替配合饲料喂牛。

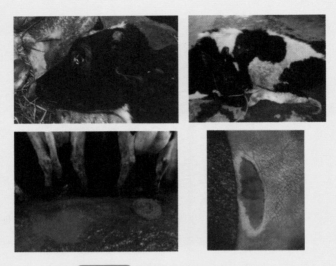

图 10-101 瘤胃酸中毒病病牛临床症状

处于严重脱水而眼球凹陷的牛（上左图）；瘤胃酸中毒引起的食欲完全废绝（上右图）；粪便稀软，有酸臭味（下左图）；瘤胃酸中毒引起瘤胃黏膜溃疡，周围黏膜充血（下右图）

（2）发病后措施　治疗原则是迅速排除有毒的瘤胃内容物，缓解酸中毒，纠正脱水，恢复胃肠功能。

【处方 1】①20％安钠咖 20～30 毫升、葡萄糖生理盐水注射液 3500～5500 毫升，静脉注射，2 次/天，连用 2～3 天。②平胃散 300～400 克、碳酸氢钠 200 克，温水调，一次灌服，1 次/天，连用 2～3 天。

【处方 2】①10％樟脑磺酸钠注射液 20～30 毫升、10％维生素 C 注射液 20～40 毫升、葡萄糖生理盐水注射液 3500～5500 毫升、10％葡萄糖酸钙注射液 800～1000 毫升，静脉注射，2 次/天，连用 2～3 天。②平胃散 300～400 克、碳酸氢钠 200 克，温水调，一次灌服，1 次/天，连用 2～3 天。

二、菜籽饼中毒

菜籽饼中所含的芥子油可水解生成异硫氰酸烯酯和硫氰酸盐，畜禽采食过多时引起肺、肝、肾及甲状腺等多器官损害，临床上以急性胃肠炎、肺气肿、肺水肿和肾炎为特征。

1. 病因

牛采食过多没有经过脱毒处理的菜籽饼。

2. 临床症状

患畜精神萎靡，不食，不反刍，站立不稳，口吐白沫，呼吸加快，鼻腔流出泡沫液体，黏膜淤血带黄，耳尖发凉，体温较低，腹胀，腹痛，腹泻，粪便带血，尿血，严重者全身出汗，导致死亡。

3. 防制

（1）预防措施　在饲用菜籽饼的地区，应在测定当地所产菜籽饼的毒性的基础上，严格掌握用量，并经过对少数家畜试喂表明安全后，才能供大群饲用。但对孕畜和幼畜最好不用。将菜籽饼脱毒：一是将菜籽饼经过发酵处理，以中和其有毒成分，可去毒90%以上；二是浸泡、漂洗处理，将菜籽饼用温水或清水浸泡半天并漂洗数次，可使之减毒；三是坑埋，将菜籽饼用土埋入容积约1立方米的土坑内，经放置两个月后，据测定可去毒99.8%。

（2）发病后措施　在发生中毒时，立即停喂，采用一些对症治疗，该病无特效疗法。

【处方1】①为保护胃肠黏膜，促进毒物排出，可用滑石粉600克、苏打200克、甘草末250克，加水一次灌服，日服1次，连用3天。②强心利尿，改善血液循环，稀释毒素，提高肝脏解毒功能，可用10%葡萄糖1500毫升、40%乌洛托品50毫升、10%安钠咖20毫升、维生素C 20毫升，1次静脉注射。体温偏低、末梢厥冷、脉不易触及时，可及时输入右旋糖酐500毫升，维护血浆胶体渗透压，改善末梢循环，输入液内加入重酒石酸去甲肾上腺素6毫克，以升高血压，结合皮下注射阿托品15毫克，以兴奋呼吸中枢和其他生命中枢。

【处方2】2％鞣酸溶液适量，洗胃，然后用牛奶、蛋清或面粉糊适量，内服。

【处方3】甘草200～300克 煎成汁、醋500～1000毫升。混合一次灌服。

【处方4】牛的溶血性贫血型病例，应及早输血并补充铁剂，以尽快恢复血容量。若病牛产后伴有低磷酸血症，则加用20％磷酸二氢钠注射液，或用含3％次磷酸钙的10％葡萄糖注射液，静脉注射，每日1次，连续3～4日。

三、食盐中毒

1. 病因

过量食用食盐或饲喂不当（牛的一般中毒量为每千克体重1.0～2.2克）都可引起。如饲料或饮水中添加过量；供水不足或长期缺盐饲养的牛突然加喂食盐又未加限制；乳期的高产奶牛饲喂正常盐量；饲喂腌菜的废水或酱渣以及料盐存放不当，被牛偷食过量等均能引起中毒。

2. 临床症状

病牛精神沉郁，食欲减退，眼结膜充血，眼球外突，口干，饮欲增加，伴有腹泻、腹痛症状，运动失调，步态蹒跚。有的牛只还伴有神经症状，如乱跑乱跳、做圆圈运动。严重者卧地不起，食欲废绝，呼吸困难，濒临死亡。

3. 防制

（1）预防措施　保证充足的饮水，特别对泌乳期的高产牛更要充分供给；喂给食盐时，应先少量再足量进行饲喂；对于临产母牛、泌乳期的高产牛，饲喂时应限制食盐的用量；料盐要注意保管存放，不要让牛接近，以防偷食。

（2）发病后措施　立即停喂食盐。该病无特效解毒药，治疗原则主要是促进食盐排出，恢复阳离子平衡，并对症治疗。

【处方】恢复血液中阳离子平衡，可静注10％葡萄糖酸钙200～400毫升。缓解脑水肿，可静注甘露醇1000毫升。病牛出现神经症状时，用25%硫酸镁10～25克肌注，也可静注，以镇静解痉（以上是针对成年牛发病的药物使用剂量，犊牛酌减）。

四、尿素中毒

1. 病因

尿素用于秸秆氨化或加入日粮中作为氮源，在养牛业中已被广泛应用，并取得了良好效果。但由于用量过大或使用方法不当而引起的中毒时有发生。

2. 临床症状

采食尿素后常在30～60分钟内发病，急性发作病例在数分钟至数小时内死亡。病程较长者，呈现不安，呻吟，肌肉震颤，步态不稳，呼吸困难，磨牙，口腔和鼻孔内流出泡沫样液体，瘤胃臌气，蹴腹，心跳加快，脉搏频数。后期全身痉挛，皮肤出汗，瞳孔散大，肛门松弛，眼睑反射消失，很快死亡。死后表现瘤胃极度臌气，尸体分解迅速，切开瘤胃可闻到刺鼻的氨味。

3. 防制

（1）预防措施　控制喂量。用尿素喂牛时一定要按饲喂程序由少到多添加，并严格执行添加量，不得任意增大添加量；搅拌均匀。添加饲料中的尿素，一定要与饲料搅拌均匀后喂给，以防搅拌不匀，个别牛食入尿素过多而发生中毒。犊牛饲料中不宜添加尿素，以防发生中毒。

（2）发病后措施　可采用以下处方治疗。

【处方1】①面粉浆3000毫升、食醋4000毫升、白糖300克，混匀一次灌服，4小时后可再使用1次。②以18#长针头瘤胃穿刺放气。

【处方2】①药用炭100～200克、食醋4000毫升，混匀一次灌服。②液体石蜡1 500～2000毫升，服用药用炭4小时后，灌服。③5%葡萄糖注射液2000～5000毫升、10%维生素C注射液60～80毫升，静脉注射，1～2次/天，连用2～3天。

第六节　其它疾病诊治

一、乳腺炎

乳腺炎是乳腺发生的各种不同性质的炎症，是奶牛泌乳期最多发的一种乳腺疾病。发病率为 20%～60%，甚至超过 80%。

1. 病因

病原微生物（主要有链球菌、葡萄球菌、化脓棒状杆菌、大肠杆菌、铜绿假单胞菌和产气荚膜杆菌等）侵入乳腺内感染而引起。其中，以链球菌最常见，它是引起乳腺炎的主要病原之一，其中以无乳链球菌感染最多。此外，其他细菌、病毒、真菌、物理性刺激和化学因素，都可引起乳腺炎。擦洗乳房的用具和水、挤奶员的手、挤奶杯消毒不严及吸吮乳头残奶的蝇类，往往是传播乳腺炎的媒介。另外，患子宫内膜炎、生殖器官疾病、产后败血症、布鲁氏菌病、结核病、胃肠道急性炎症的病牛，亦可伴发乳腺炎。遭受感染的重要因素，主要是管理不当。如挤奶方法不当、褥草污染、挤奶不卫生、病牛和健牛不分别挤奶等，均可成为感染条件。

2. 临床症状

乳腺炎的分类方法很多，有按炎症性质进行分类的，有按病程长短分的，还有按感染病原体的种类来分的。下面就比较常用的病程分类法作简单介绍。

（1）急性乳腺炎　患病乳区增大、变硬、发热、发红、疼痛（见图 10-102），乳腺淋巴结肿大。母牛泌乳减少，乳汁稀薄、混有粒状或絮状物，严重时乳汁呈淡黄色至淡红色水样，有时见有脓汁或血液。病牛常伴有不同程度的全身症状，如体温升高达 41～42℃，呼吸心跳加快，可视黏膜潮红，精神沉郁，食欲减退，瘤胃蠕动和反刍缓慢。病牛起卧困难，常站立不愿卧下，急剧消瘦，常因败血症而死亡。

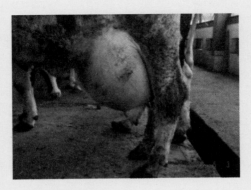

图 10-102 乳房肿大、发红和变硬

（2）慢性乳腺炎　多由于急性型未能彻底治愈转化而来。全身症状不明显，泌乳量显著减少，乳汁稀薄、清淡或不同程度的淡黄色，乳汁中混有粒状或絮状物。乳区组织弹性降低、僵硬，触诊乳房时，可发现有大小不一的硬块。

（3）隐性乳腺炎　没有可见的临床症状和乳汁的变化。

3. 诊断

隐性乳腺炎不显临床症状，可进行实验室检验诊断。

（1）体细胞计数法　按照国际奶牛联合会制定的标准，对乳汁中体细胞进行计数。如每毫升低于 50 万时，判为阴性；超过 50 万的，判为阳性。

（2）LMT 乳腺炎诊断液（由中国农业科学院兰州畜牧与兽药研究所研制）　在每一个检验盘中加入乳样 2 毫升，然后加等量诊断液，将盘平置旋转摇动，使诊断液与乳汁充分混合，经 10 秒后观察，根据显色、凝集和黏附情况判定有无乳腺炎。

4. 防制

（1）预防措施　牛舍和运动场要平整、排水通畅、干燥清洁、无粪尿残存、坚持定期进行消毒。经常刷拭牛体，保持乳房清洁。对较大的乳房，特别是下垂严重的乳房，要注意保护，避免外伤。挤奶前后均应以黏膜消毒剂，如 0.2%高锰酸钾、0.3%雷佛奴尔或 5%聚维酮碘溶液对乳房和乳头进行药浴。

（2）发病后措施　急性乳腺炎可用【处方 1】、【处方 2】；慢性乳腺炎可用【处方 3】、【处方 4】；隐性乳腺炎可用【处方 5】、【处方 6】。有些治疗方案中的方法，根据情况亦可重组应用。

【处方 1】①2%硼酸水溶液，加冰块使之降温后，于患病乳房冷敷，30 分/次，2～3 次/天。②青霉素 G 钠 100 万～200 万单位、0.25%普鲁卡因生理盐水注射液 100～150 毫升，患侧乳房基部封闭，1 次/天，连用 2～3 天。③等量蒲公英、紫花地丁适量，共研为细末，以鸡蛋清调为糊状，外敷于乳房患部，1 次/天，连用 2～3 次。

【处方 2】①硫酸镁饱和水溶液加热至 38～40℃，热敷，每次 30～40 分钟，3～5 次/天，连用 2～3 天。②以通奶针插入乳房，排净乳液后，注入 0.1%高锰酸钾冲洗，排出冲洗液，苄星青霉素 120 万国际单位与 0.25%普鲁卡因生理盐水注射液 100 毫升注入乳房，1 次/天，连用 3～5 次。③等量蒲公英、紫花地丁适量，共研为细末，以鸡蛋清调为糊状，外敷于乳房患部，1 次/天，连用 2～3 次。④葡萄糖生理盐水注射液 1500～2500 毫升、注射用氨苄西林钠 20 毫克/千克体重、板蓝根注射液 20～30 毫升，静脉注射，2 次/天，连用 3～5 天。

【处方 3】①以通奶针插入乳房，排净乳液后，注入 0.1%高锰酸钾冲洗乳房。排出冲洗液后，注入乳炎康 1～2 支，1 次/2 天，连用 2～3 次。②硫酸镁饱和水溶液加热至 38～40℃，乳房患部热敷，每次 30～40 分钟，3～4 次/天，连用 3～5 天。③肿痛消散 300～400 克/头，温水调灌服，1 次/天，连用 3～5 天。④盐酸林可霉素注射液，每千克体重 10 毫克，肌内注射，1 次/天，连用 3～5 天。

【处方 4】①硫酸镁饱和水溶液加热至 38～40℃，乳房患部热敷，每次 30～40 分钟，3～4 次/天，连用 3～5 天。②等量蒲公英、紫花地丁适量，共研为细末，以鸡蛋清调为糊状，外敷于乳房患部，1 次/天，连用 2～3 次。③硫酸庆大霉素-盐酸林可霉素注射液（以硫酸庆大霉素计）4 毫克/（千克体重·次），肌内注射，1～2 次/天，连续应用 5～7 天。④蒲公英散 250～400 克/头，温水调灌服，1 次/

天，连用 3～5 天。

【处方 5】 ①蒲公英散 250～400 克/头，温水调灌服，1 次/天，连用 5～7 天。②患病乳叶每叶从乳头管注入乳炎康 1～2 支，1 次/2 天，连用 2～3 次。

【处方 6】 ①归芪散 200～250 克/头，温水调灌服，1 次/天，连用 5～7 天。②板蓝根注射液 20～30 毫升/次，肌内注射，2 次/天，连用 5～7 天。

二、胎衣不下

胎衣不下又称胎盘滞留，是指母牛产犊 12 小时后，胎衣仍未排出。多发生于具子叶胎盘的反刍动物，尤以黄牛和奶牛多发。胎衣不下常继发其它产后疾病，导致不孕，有时甚至危及母牛生命。

1. 病因

胎衣不下多因妊娠母牛运动不足，精料过多，缺少优质青粗饲料，矿物质和维生素缺乏，钙磷比例失调等所致。

2. 临床症状和诊断

胎衣不下可分为部分胎衣不下和全部胎衣不下两种。全部胎衣不下，滞留的胎衣悬垂于阴门外，呈红色到灰红色再到灰褐色的条索状，且常被粪便、垫料污染。如悬垂于阴门外的部分呈灰白色膜状，其上无血管分布，则是尿-羊膜部分。少数母牛产后在阴门外无胎衣露出，只是从阴门流出血水，但卧地时阴门张开，可见内有胎衣。部分胎衣不下，胎衣已排出一部分或大部分，并且断离母体，只有经阴道探查时才能发现残留的部分胎衣，但阴门常有血水流出。

胎衣不下常伴有强烈努责，易并发子宫脱出。母牛呈现站立不安，腹痛。1～2 天胎衣开始腐败，散发出特殊的腐败臭味，并有红褐色的恶露和胎衣碎片从阴门排出。胎衣腐败产生的毒素被吸收后，母牛出现精神沉郁，食欲减退，排尿时拱背、呻吟、有痛感，产奶量下降，有的母牛体温升高。根据病史和临床症状不难做出诊断。

3. 防制

（1）预防措施　对怀孕母牛应加强饲养管理，注意饲料营养的合理搭配及维生素、矿物质的供给，钙、磷比例应适当。每 1000 千克精料中添加亚硒酸钠 200～300 毫升、50％醋酸维生素 E 粉 50 克，饲喂妊娠母牛。

（2）发病后措施　可采用以下处方治疗。

【处方 1】①催产素（缩宫素）100 单位/次，产后 6～8 小时肌内注射，4 小时后重复注射 1 次。②10％浓盐水注射液 500～1000 毫升、葡萄糖生理盐水注射液 1000～2500 毫升，产后 8～10 小时静脉注射，1 次/天，连用 2 天。③3％过氧化氢溶液 50～100 毫升，用橡胶管注入母牛子宫深处。

【处方 2】①甲硫酸新斯的明 20 毫克/次，肌内注射，1 次/天，连用 3～4 天。②3％过氧化氢溶液 50～100 毫升，用橡胶管注入母牛子宫深处。③生化散 250～350 克/次，温水调灌服，1 次/天，连用 2～3 天。

三、阴道炎

阴道炎是母畜阴道的炎症性疾病，多发生于牛、猪，以牛为多见。

1. 病因

配种、助产所致阴道损伤和感染，子宫内膜炎、胎衣及死胎宫内腐败等均可引发阴道炎。

2. 临床症状和诊断

依据病程可分为急性阴道炎和慢性阴道炎两种。急性阴道炎，前庭及阴道黏膜呈鲜红色，肿胀疼痛，阴道排出黏液或黏液脓性分泌物，阴门频频开闭，常作排尿姿势，但很少有尿液排出。发生化脓性炎症时体温升高，精神沉郁，食欲减退，排尿时拱背、呻吟、有痛感，常有大量脓性渗出物从阴门排出，污染尾部及后肢。慢性阴道炎，症状不甚明显，阴道排出少量黏液或黏液脓性分泌物，阴道黏膜呈苍白色，较干燥，一般无全身症状。根据病史和症状不难做出诊断。

3. 防制

（1）预防措施　在配种、助产时，要注意保护阴道，并做好消毒工作，以防造成阴道的损伤和感染。

（2）发病后措施　可采用以下处方治疗。

【处方1】①以0.1％高锰酸钾或0.1％雷佛奴尔溶液充分洗涤阴道。②排出冲洗液后，立即注入宫炎速康灌注剂20～30毫升/次，1次/天，连用3～5天。

【处方2】①以0.1％高锰酸钾或0.1％雷佛奴尔溶液充分洗涤阴道。②排出冲洗液后，大蒜20～30克、食盐5克，大蒜去皮，加入食盐捣泥，用纱布包成条状塞入阴道，2～4小时后取出，1次/天，连用5～7天。③葡萄糖生理盐水注射液1 500～2 500毫升、氨苄青霉素钠7毫克/千克体重、10％樟脑磺酸钠注射液10～20毫升，静脉注射，1～2次/天，连用5～7天。

四、子宫内膜炎

1. 病因

子宫内膜炎是由于人工授精、阴道检查、难产时助产消毒不严格或因胎衣不下、子宫脱出，引起葡萄球菌、大肠杆菌、链球菌、双球菌感染所致。

2. 临床症状和诊断

（1）急性子宫内膜炎　体温略微升高，食欲减退，泌乳量下降，拱背努责，常作排尿姿势，从阴门排出黏液或黏液脓性分泌物，卧地时排出量增多，有时带有血液，有腥臭。子宫颈外口黏膜充血、肿胀，颈口稍开张，阴道底部积有炎性分泌物。直肠检查时可感到体温升高，子宫角粗大而肥厚、下沉，收缩反应微弱，触摸子宫有波动感。急性炎症，只要治疗及时，多在半个月内痊愈。如病程延长，可转为慢性［见图10-103（下左图）］。

（2）慢性黏液性子宫内膜炎　发情周期不正常，或虽正常但屡配不孕，或发生隐性流产。病牛发情时，阴道排出混浊带有絮状物黏液，有时虽排出透明黏液，但含有小点絮状物。阴道及子宫颈外口黏膜充血、肿胀。子宫角变粗，壁厚粗糙，收缩反应微弱[见图10-103（上左图）、图10-103（上右图）]。

（3）慢性脓性子宫内膜炎　患牛出现全身性症状，体温升高、呼吸增数、脉搏增加、精神沉郁、食欲下降、瘤胃弛缓、消化紊乱。患牛发情周期不正常，从阴门中排出浓稠的渗出物，具臭味。阴门、尾根和飞节上有排出物或干痂[见图10-103（下右图）]。

（4）隐性子宫内膜炎　生殖器官无异常，发情周期正常，屡配不孕，发情时流出黏液略带混浊。

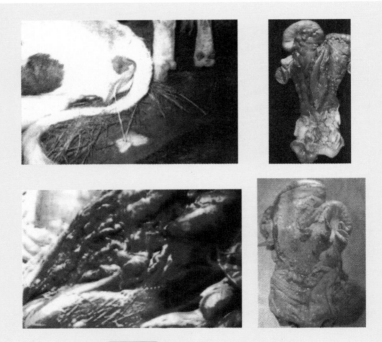

图 10-103　子宫内膜炎病牛临床症状

慢性子宫内膜炎牛的阴道分泌物（上左图）；慢性黏液性子宫内膜炎的子宫（上右图）；
亚急性子宫内膜炎，切开的左侧子宫角，其内膜弥漫性出血、肿胀（下左图）；
化脓性子宫内膜炎的子宫积存着大量的脓性分泌物（下右图）

3. 防制

（1）预防措施 应改善饲养管理，及早进行局部和全身治疗，一般可取得较好效果。

（2）发病后措施 可采用以下处方治疗。

【处方1】①以0.1%高锰酸钾或0.1%雷佛奴尔溶液充分洗涤子宫。②排出冲洗液后，立即注入宫炎速康灌注剂20～30毫升/次，1次/天，连用3～5天。

【处方2】①以0.1%高锰酸钾或0.1%雷佛奴尔溶液充分洗涤子宫。②缩宫素30～50单位/次，肌内注射，1～2次/天，连用3～5天。③氨苄青霉素钠7毫克/千克体重、注射用水10～20毫升，肌内注射，2次/天，连用5～7天。④露它净灌注剂20～30毫升/次，1次/天，连用3～5天。

五、前胃弛缓

前胃弛缓是以前胃兴奋性降低、收缩力减弱、消化功能障碍为特征的内科疾病。临床上以食欲减退、前胃蠕动减少或停止、反刍和嗳气减少等为特征。

1. 病因

原发性病因主要见于饲养管理不当。如长期采食麦糠、半干的甘薯藤、豆秸等富含粗纤维而不易消化的粗饲料，或饲喂发酵、腐烂、变质的青草、青贮饲料或酒糟、豆渣等品质不良的饲料，或饲料单纯、调制不当以及饲喂过热、冰冻饲料或饲喂大量的豆谷和尿素等。此外，由放牧迅速转变为舍饲，维生素和矿物质缺乏，冬季厩舍阴暗湿冷，长期缺乏光照，车船运输，甚至经常更换饲养员等因素，都会破坏前胃的正常消化反射，从而导致前胃功能紊乱。

继发性病因常见于瘤胃积食和膨气、创伤性网胃炎、瓣胃阻塞。此外，许多传染病（如结核病、布鲁氏菌病等）、寄生虫病（如肝片吸虫病、血孢子虫病等）、代谢性疾病（如酮病、骨软症等），也可造成前胃弛缓。

2. 临床症状

病牛表现精神沉郁，食欲减退，反刍、嗳气减弱，磨牙，有时呈现轻度臌气，瘤胃蠕动次数减少，力量减弱。胃内有时充满粥样或半液状内容物，触诊瘤胃较软。病初排便迟滞甚至便秘，粪便干硬色暗，继之发生腹泻，有时夹杂有未完全消化的饲料，其后便秘与腹泻交替发生。随着病情的发展，病牛日渐消瘦，鼻镜干燥，毛焦膁吊，四肢浮肿，行动困难，一般较少发生死亡（见图 10-104）。

图 10-104　病牛的营养状态不良（左图）和鼻镜干燥（右图）

3. 防制

（1）预防措施　平时应加强对牛群的饲养管理，不喂粗硬而难以消化的豆秸，不得长期饲喂豆渣、糖渣、酒糟。粗饲料应去除树枝等，并以铡刀铡短。喂给前应以大孔径筛筛除粗饲料中的泥沙和石子等杂物。

（2）发病后措施　可采用以下处方治疗。

【处方 1】①10%氯化钠注射液 250～500 毫升、葡萄糖生理盐水注射液 1500～2500 毫升、10%樟脑磺酸钠注射液 20～30 毫升，静脉注射，1 次/天，连用 3～5 天。②健胃散 300～500 克/头，温水调灌服，1 次/天，连用 3～5 天。

【处方 2】①10%氯化钠注射液 250～500 毫升、10%葡萄糖注射液 1500～2500 毫升、10%樟脑磺酸钠注射液 20～30 毫升，静脉注射，1 次/天，连用 3～5 天。②平胃散 300～400 克/头，温水调灌服，1 次/天，连用 3～5 天。③复合维生素注射液 20～30 毫升/头，1 次/天，连用 3～5 天。

六、瘤胃积食

瘤胃积食又称急性瘤胃扩张，是由于瘤胃内积滞过多食物，使瘤胃容积增大，以瘤胃运动和消化功能障碍为特征的消化系统疾病。

1. 病因

原发性病因主要见于一次采食大量麦草、谷草、稻草、豆秸、花生藤、马铃薯藤、甘薯藤等难消化的饲料；或一次饲喂、偷食大量豆谷；或突然更换饲料，由粗料换为精料，由劣草换为良草时等，均可致病。继发性病因见于前胃弛缓、瓣胃阻塞、创伤性网胃腹膜炎等。

2. 临床症状和病理变化

患牛左腹部显著膨大，触压坚实或呈面团样[见图 10-105（左图）、图 10-105（中图）]，叩诊呈浊音。病牛食欲废绝，反刍停止，嗳气减少或停止。背腰拱起，回头顾腹，磨牙，呻吟，后肢踢腹，站立不安，起卧不宁。鼻镜干燥[见图 10-105（右图）]，瘤胃蠕动音减弱或消失。粪便干黑难下，有的排出带有血液、黏液和饲料颗粒的黑色恶臭粪便。严重者出现呼吸促迫、心跳加快、眼结膜发绀，但体温正常。剖开瘤胃可见有大量的谷物，瘤胃的黑色黏膜极易剥离（见图 10-106）。

图 10-105　瘤胃积食病牛临床症状

左下部膨大，按压硬结（左图、中图）；牛的鼻镜干燥（右图）

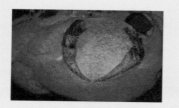

图 10-106 瘤胃积食病牛病理变化

瘤胃内有大量的谷物（左图）；瘤胃的黑色黏膜极易剥离（右图）

由过食豆谷所引起的瘤胃积食，除上述症状外，还可出现严重的脱水和酸中毒。病牛眼球凹陷、视力障碍、盲目直行或转圈，重者出现狂躁不安、头抵墙壁或攻击人畜，或肌肉震颤、站立不稳、步态蹒跚、卧地不起、昏迷。

3. 防制

（1）预防措施 加强饲养管理，定时定量供给配合饲料，可有效防止过食。

（2）发病后措施 以消除积滞、兴奋瘤胃蠕动为原则，同时根据病情采取补液、强心和纠正酸中毒等对症治疗。

【处方1】①以温水反复洗胃，排除过多的瘤胃内容物。②硫酸镁 500～800 克加水适量配成 5% 溶液、植物油 500～1000 毫升，一次灌服。③10% 氯化钠注射液 250～500 毫升、10% 樟脑磺酸钠注射液 20～30 毫升，静脉注射，1～2 次/天，连用 2～3 天。

【处方2】①以温水反复洗胃，排除过多的瘤胃内容物。②硫酸镁 500～800 克加水适量配成 5% 溶液、植物油 500～1 000 毫升，一次灌服。③甲硫酸新斯的明 8～20 毫升/头，肌内注射，2 小时后重复 1 次。④葡萄糖生理盐水注射液 2500～3500 毫升、地塞米松磷酸钠注射液 20 毫克/千克体重、5% 维生素 C 注射液 20～60 毫升、10% 樟脑磺酸钠注射液 20～30 毫升、5% 碳酸氢钠注射液 300～500 毫升，静脉注射，2 次/天，连用 3～5 天。

【处方3】①10% 氯化钠注射液 500 毫升、葡萄糖生理盐水注射液 2 500～3 500 毫升、地塞米松磷酸钠注射液 20 毫克/千克体重、5％维生素 C 注射液 20～60 毫升、10％樟脑磺酸钠注射液 20～30 毫升、5％碳酸氢钠注射液 300～500 毫升，静脉注射，2 次/天，连用 2～3 天。②大承气散 300 克，温水调灌服，1 次/天，连用 2～3 天。

七、瘤胃臌气

瘤胃臌气是瘤胃内容物急剧异常发酵产气，牛对气体的排出发生障碍，致使胃壁急剧扩张的内科病。临床上以腹围急剧膨大、反刍和嗳气障碍以及高度呼吸困难为特征。

1. 病因

原发性瘤胃臌气主要是采食大量易发酵的新鲜、肥嫩、多汁的豆科牧草、豆科籽实、作物幼苗所致。此外，采食雨后的青草，或经霜、露、冰冻过的牧草、发霉腐烂的牧草等，也可引起瘤胃臌气。

继发性瘤胃臌气多见于食管梗阻、前胃弛缓、创伤性网胃腹膜炎、瓣胃阻塞等。

2. 临床症状

左腹部急剧增大，常高出脊背，病牛腹痛不安，不断回头望腹，摇尾，后肢蹴腹，频频起卧（见图 10-107）。叩击瘤胃紧张，而发出击鼓音。食欲、反刍和嗳气完全停止，瘤胃蠕动减弱甚至消失。呼吸高度困难，前肢张开，头颈伸直，张口伸舌，口中流出大量混有泡沫的口涎。可视黏膜发绀，体表静脉怒张，心跳快而弱。体温一般无变化。病至末期，共济失调，站立不稳，不断呻吟。病程进展迅速，常于 1～2 小时内，因窒息和心脏衰竭而死。

3. 诊断

胃管探诊。胃管探诊可区别原发性瘤胃臌气和继发性瘤胃臌气，以及泡沫性臌气和非泡沫性臌气。如插入胃管后，很快排出大量气体，瘤胃臌气症状随之消除，则为原发性非泡沫性臌气；如气体很难排出，只有抽出含有泡沫的液体，症状才会消除，则为泡沫性臌气；如胃管不能通过食管，则为食管梗塞引起；若胃管插入胃中有气体排出，但除去胃管后又有气体产生，则为继发性瘤胃臌气。

图 10-107　左腹部增大（左图、中图）和慢性瘤胃臌气的牛（右图）

4. 防制

（1）预防措施　平时应注意青、干草合理搭配，不得一次大量投给豆科牧草、作物幼苗、沾有露水或雨水的青草等。精料不单一喂给，应多样化，并定量供给，并防止牛脱缰偷食豆类、玉米、块根植物的根茎等。

（2）发病后措施　治疗原则是迅速排除瘤胃内气体和制止瘤胃内容物发酵。

【处方1】①有窒息危险时，可以 18# 长针头进行瘤胃穿刺放气（见图 10-108），以防窒息死亡。②乳酸 15～20 毫升、温水 500～1000 毫升、石蜡油 500～1000 毫升，放气后一次注入瘤胃。③甲硫酸新斯的明 8～20 毫升/头，肌内注射，2 小时后重复 1 次。

【处方2】①二甲硅油片 3～5 克/头、50%酒精 100 毫升、温水 1000 毫升，一次灌服，如必要时，4 小时后可重复使用 1 次。②以椿树嫩枝沾上 10%鱼石脂少许，两端用绳索扎紧，系于牛口中，使其不停咀嚼，直至臌气消除。③瘤胃臌气消除后，健胃散 300～500 克/头，温水调灌服，1 次/天，连用 2～3 天。

八、热射病

热射病也称为中暑，为体温调节中枢功能紊乱的急性病。该病发生急，进展迅速，处理不及时或不当，常很快死亡，应引起高度注意。

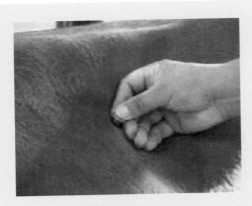

图 10-108 瘤胃穿刺

1. 病因

牛长时间受到阳光强烈照射或长时间处于高温、高湿和不通风的环境中而发生。

2. 临床症状

常突然发病，病牛精神沉郁，步态不稳，共济失调，或突然倒地不能站立。目光呆滞，张口伸舌，心跳加快，呼吸频数，体温升高达42～43℃，触摸体表感到烫手，第三眼睑突出。有的出现明显的神经症状，狂暴不安或卧地抽搐，很快进入昏迷状态，呼吸高度困难，眼睑、肛门反射消失，瞳孔散大而死亡。

3. 防制

（1）预防措施　炎热季节长途运输牛时，车上应装置遮阳棚，途中间隔一定时间应停车休息一下，并给牛群清凉饮水。进入炎热季节，牛舍的湿度大，应加强牛舍的通风管理，尤其是午后和闷热的黄昏，更应注意牛舍的通风。

（2）发病后措施

【处方1】①静脉放血500～1000毫升，以降低颅内压。②以清凉的自来水喷洒头部及全身，以促使散热和降温。③林格液 2500～3500 毫升、10％樟脑磺酸钠注射液 20～30 毫升，凉水中冷浴后，立即静脉注射，1～3 次/天。④维生素 C 粉 150 克，加入清凉饮水 1 000 千克中，全群混饮，连用 5～7 天。

【处方 2】①以清凉的自来水喷洒头部及全身，以促使散热和降温。②5％维生素 C 注射液 10～20 毫升/次、葡萄糖生理盐水注射液 2500～3500 毫升、10％樟脑磺酸钠注射液 20～30 毫升，腹腔注射，1～3 次/天。③十滴水 3～5 毫升/头，加入清凉的饮水中，全群混饮，连用 1～2 天。

参考文献

［1］ 张晋举．奶牛疾病图谱．哈尔滨：黑龙江科技技术出版社，2000.

［2］ 常新耀，魏刚才.规模化牛场兽医手册．北京：化学工业出版社，2013.

［3］ 魏刚才，宁红梅．养牛科学安全用药指南．北京：化学工业出版社，2012.

［4］ 金东航．牛病类症鉴别与诊治彩色图谱．北京：化学工业出版社，2020.

［5］ 陈怀涛．牛羊病诊治彩色图谱．北京：中国农业出版社，2004.

［6］ 李卫东，谷风柱．简明牛病诊断与防治原色图谱．北京：化学工业出版社，2009.

［7］ 朴范泽．牛的常见病诊断图谱及用药指南．北京：中国农业出版社，2008.